U0891765

交通职业教育教学指导委员会推荐教材
高职高专院校公路工程检测技术专业教学用书

高等职业教育规划教材

Suidao Shigong Yu Jiance Jishu

隧道施工与检测技术

范智杰　主　编
何少平　副主编
杨　平　主　审

人民交通出版社

内 容 提 要

本书是交通职业教育教学指导委员会推荐教材，由路桥工程专业指导委员会组织编写。全书共9章，主要内容包括：绪论，超前支护与预加固围岩施工及质量检测，开挖施工方法与质量检测，初期支护施工与质量检测，施工监控量测，防排水材料及施工质量控制，混凝土衬砌施工与质量检测，通风检测，隧道竣（交）工验收检测。每章后附有复习思考题。

本书是高职高专院校公路工程检测技术专业教学用书，也可供相关专业教学使用，或作为有关专业继续教育及职业培训教材。

图书在版编目（CIP）数据

隧道施工与检测技术/范智杰主编. —北京：人民交通出版社，2006.9（2020.3重印）
ISBN 978-7-114-06111-0

I. 隧... II. 范... III. ①隧道工程－工程施工 ②隧道工程－质量检验 IV. U45

中国版本图书馆CIP数据核字（2006）第090570号

书　　名：隧道施工与检测技术
著 作 者：范智杰
责任编辑：尤晓玮
出版发行：人民交通出版社
地　　址：（100011）北京市朝阳区安定门外外馆斜街3号
网　　址：http://www.ccpress.com.cn
销售电话：（010）59757973，59757969
总 经 销：人民交通出版社发行部
经　　销：各地新华书店
印　　刷：北京虎彩文化传播有限公司
开　　本：787×1092　1/16
印　　张：14
字　　数：352千
版　　次：2006年9月第1版
印　　次：2021年1月第6次印刷
书　　号：ISBN 978-7-114-06111-0
定　　价：25.00元

前言

QIAN YAN

为深入贯彻落实《高等教育面向21世纪教学内容和课程体系改革计划》，按照教育部“以教育思想、观念改革为先导，以教学改革为核心，以教学基本建设为重点，注重提高质量，努力办出特色”的基本思路，交通职业教育教学指导委员会路桥工程专业指导委员会在总结道路桥梁工程技术专业教学文件编制及其教材编写工作经验的基础上，又组织开发了相关专业的教学指导方案及部分专业教材，其中包括三年制高职高专院校公路工程检测技术专业教学指导方案及5门课程的规划教材。

公路工程检测技术专业教材依据教育部对高职高专人才培养目标、培养规格、培养模式及与之相适应的知识、技能、能力和素质结构的要求进行编写，并融入了全国交通类高职高专院校公路工程检测技术专业的教学改革成果，同时，结合最新的行业技术标准、规范及公路科技进步等情况，具有较强的针对性。教材编写中较好地贯彻了素质教育的思想，力求体现以人为本的现代职业教育理念，从交通行业岗位群对人才知识结构和实践技能的要求出发，结合对培养学生创新能力、职业道德方面的要求，提出教学目标和教学内容，在教材的理论体系、组织结构、内容描述上与传统教材有了明显的区别。

《隧道施工与检测技术》是高职高专院校公路工程检测技术专业规划教材之一，内容包括：绪论、超前支护与预加固围岩施工及质量检测、开挖施工方法与质量检测、初期支护施工与质量检测、施工监控量测、防排水材料及施工质量控制、混凝土衬砌施工与质量检测、通风检测、隧道竣（交）工验收检测。

参加本书编写工作的有：重庆交通大学应用技术学院范智杰（编写第一章）、唐德兰（编写第三章）、刘玲（编写第九章），湖北交通职业技术学院何少平（编写第二、六、七章），第四章由范智杰和云南昆磨高速公路公司罗绍建共同编写，第五章由范智杰和云南路桥建设集团胡瑞宁、蒋文权共同编写，第八章由胡瑞宁、蒋文权共同编写。全书由范智杰担任主编，何少平担任副主编，四川交通职业技术学院杨平担任主审。

本套教材是路桥工程专业指导委员会委员及长期从事公路工程检测技术专业教学与工程实践的教师们工作经验的总结。但是，随着各项改革的逐步深入，书中难免有不妥之处，敬请广大读者批评指正。

本套教材在编写过程中得到了交通职业教育教学指导委员会的关心与指导，全国各交通职业技术学院的领导也给予了大力支持，在此，向他们表示诚挚的谢意。

交通职业教育教学指导委员会

路桥工程专业指导委员会

2006年8月

目　录
—MULU

第一章
绪　论

知识目标

1. 公路隧道施工前预设计与信息反馈修正设计的内容及其设计参数的修改或认定的方法；

2. 公路隧道的特点；

3. 公路隧道工程施工要点和施工特点；

4. 公路隧道检测技术的主要内容。

●第一节　我国公路隧道发展概况●

我国山地、丘陵和高原面积约占国土总面积的69%，过去在山区修筑公路，由于建设资金严重短缺，多以盘山绕行为主。我国公路隧道建设非常缓慢，20 世纪 50 年代，仅有 30 多座总长约 2.5km 的公路隧道。在 20 世纪五六十年代，我国干线公路上曾修建了百米以上的公路隧道，例如 1964 年修建的北京至山西原平公路（四级公路）上有两座 200m 以上的隧道，当时已是非常大的工程。

改革开放以来，随着国民经济的迅速发展，公路交通建设规模日益扩大，技术进步达到新的水平，公路隧道不仅在山区和丘陵地区公路建设中，而且在东部江河桥隧跨越方案比选中，日益引起人们重视，并得到很大发展。据统计，1979 年我国公路隧道通车里程仅为 52km/374 座，而 2004 年底，全国公路隧道通车里程已达 1245.6km/2495 多座，其中特长隧道 126.3km/33座，长隧道 493.3km/299 座，中隧道 297.8km/428 座，短隧道 328.1km/1735 座，比 1979 年增长了 20 多倍，比 1993 年增长了 8 倍多。目前在建的 3km 以上的特长隧道达 60 座，在建 5km 以上隧道有 14 座。可以毫不夸张地说，目前我国公路隧道发展已进入全盛时期。

特别是近十年来，我国修建了不少特长隧道、长隧道以及隧道群，隧道占公路里程比重不断增大，同时隧道建设技术得到了日新月异的提高和发展。例如 1995 年建成的成渝高速公路上的中梁山隧道长 3.165km，解决了我国长大公路隧道的通风问题，在我国的现代化隧道建设中具有重要意义；1999 年 9 月全线通车的四川广安地区华蓥山公路隧道长 4.795km，地质情况复杂，集溶洞、涌泥、突水、岩爆、高瓦斯和石油天然气于一身，是有名的“烂洞子”，经过科研人员和施工技术人员的联合攻关，都得到了成功地解决；1999 年底实现双洞通车的全长 2×4.116km的浙江省甬台高速公路大溪岭—湖雾岭隧道，设置了照明、通风、防火监控等完善的运营机电设施,它是我国自行设计施工及采用国产材料设备为主的现代化大型隧道;2003年9月贯通的京福高速公路美菰林隧道,双洞总长11.2 km,其中左线长5.563km,右线长5.58 km,全面采用湿喷混凝土和混合通风技术,大大降低了粉尘污染,改善了施工作业环境,同时广泛采用新型防水材料等综合止水技术,有效防止了地下水的流失,保护了原始林区的生态环境,是目前我国已通车的最长的公路隧道;2004年12月通车的国道317线鹧鸪山隧道长4.448km,隧底海拔3400m,最低气温达-30℃,空气含氧量仅为海平面的60%,属典型的"高海拔、高严寒、低含氧"的高原特长公路隧道,隧道沿线地处断层破碎带,地质异常复杂,几乎集中了世界上高海拔地带隧道施工的所有疑难杂症,被隧道专家形象地称为"'生命禁区'的高原隧道病害博物馆"。

同时,我国还修建了不少大跨度隧道、连拱隧道和小间距隧道。沈大高速公路改建工程中的金州隧道,单向四车道行车,单洞开挖宽度23m,是亚洲最宽的公路隧道。京珠高速公路五龙岭隧道为双连拱结构,总开挖宽度达32.52m,在地质条件不利的条件下,采用三导坑分部开挖,挂网锚喷加刚拱架联合支护,成功地将我国隧道修建技术向前推进了一步。

此外,我国应用暗挖法、盾构法、沉管法成功地修建了多座水下隧道,标志着我国已具备了修建水下隧道的能力并掌握了相关技术。2003年6月通车的上海外环越江隧道设计为8车道,是上海外环线两个过江段之一,是目前亚洲最大的沉管隧道,共有7个管段,全长2880m;世界最大直径盾构隧道——上海上中路隧道工程于2004年1月9日正式开工。上中路隧道位于徐浦大桥和卢浦大桥之间,全长2.8km,其中盾构掘进段长度为1.25km,采用直径为14.87m的超大型盾构掘进机施工,隧道建成后外径达到14.5m,隧道内分设上下两层双向4车道,小车上层开,大车下层过,是当今世界上第一条双层双向4车道隧道。建成后的上中路隧道将成为世界上最大的越江公路隧道。

21世纪我国进入了第十一个五年计划的建设时期,加强基础设施建设是今后5至10年一项十分重要的任务。随着高等级公路向西部延伸,21世纪前10年中,有总长155km以上的公路隧道已经投入建设。其中西安至安康高速公路上穿越秦岭山脉的秦岭终南山特长公路隧道,全长18.4km,属世界规模第一、长度第二的山岭公路隧道。为确保隧道掘进精度,隧道洞内外控制测量全部采用了GPS全球定位系统,贯通精度高程误差为1mm,中线误差为12mm。西安至汉中高速公路上穿越秦岭山脉的3座特长隧道单洞总长34km,整个西汉高速公路隧道单洞总长度约100km。除上海、广州地铁区间越江隧道外,上海计划在2010年前采用盾构法建成20多座越江隧道,其中有穿越长江的双向6车道公路崇明隧道。另外有武汉穿越长江的双向4车道隧道,南京穿越长江的双向6车道公路隧道、温州鸥江隧道等都进入施工期或前期准备中。

同时,我国还有许多特长隧道正在规划和研究中。例如,贯穿我国沿海大走廊的渤海海峡隧道与琼州海峡隧道等,修建连接台湾省与祖国大陆的台湾海峡隧道也在研讨之中。

今后,从可持续发展战略出发,我国隧道工程技术发展的重点,一是隧道工程质量,包括工程质量的控制和检测技术;另一方面是隧道工程与生态环境的协调,例如洞口环境的保护、围岩变形和地表沉降的控制、地下水资源的保护等。这些问题不但涉及施工新技术的开发,而且还关系到设计理念的转变。

●第二节 公路隧道施工前预设计与信息反馈修正设计简介●

一、施工前预设计简介

施工前预设计一般包括：隧道断面形式及几何尺寸的拟定；衬砌类型的选择和支护参数的确定；预留变形量的大小；施工方法和施工工序的选择；现场监测设计；必要时作辅助施工措施设计以及排、防水设计等。

1. 隧道断面设计

1）隧道断面形式的确定

衬砌断面的内轮廓，应按《公路隧道设计规范》（JTG D70—2004）中有关规定进行。

断面形式应尽可能圆顺，其目的是为减少衬砌围岩中产生较大的应力集中。

III 类及 III 类以下围岩地段应采用曲墙式带仰拱的衬砌断面，这是因为 III 类及以下围岩地质条件较差，隧道支护体系除必须考虑施工过程中的受力状态外，还应考虑隧道建成后衬砌的受力状态及运营中振动对支护体系的影响。设置复合式衬砌能较好地保证隧道在上述应力作用下的长期稳定性。IV 类及 IV 类以上围岩地段的双线隧道宜采用曲墙式衬砌断面，其目的是防止衬砌产生较大的偏心压缩。对于 IV 类以上围岩，由于围岩稳定或基本稳定，且侧压力较小，墙部是稳定的，也可采用直墙式衬砌断面，既可便利施工，又可减少墙部开挖量。

2）公路隧道横断面尺寸的规定

（1）公路隧道横断面设计除应符合隧道建筑限界的规定外，还应考虑洞内路面、排水、通风、照明、消防、监控、营运管理等设施提供安装空间，并考虑围岩变形、施工方法影响的预留富裕量，使确定的断面形式及尺寸达到安全、经济、合理的原则。

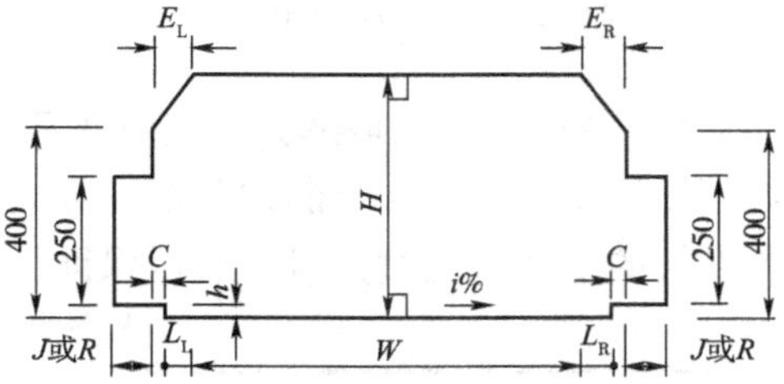

图 1-1 公路隧道建筑限界（尺寸单位：cm）

H-建筑限界高度；*W*-行车道宽度；L_L-左侧向宽度；L_R-右侧向宽度；*C*-余宽；*J*-检修道宽度；*R*-人行道宽度；*h*-检修道或人行道的高度；E_L-建筑限界左顶角宽度，$E_L = L_L$；E_R-建筑限界右顶角宽度，当 $L_R \leq 1\text{m}$ 时，$E_R = L_R$，当 $L_R > 1\text{m}$ 时，$E_R = 1\text{m}$

人行道设计应结合考虑隧道所在地区的行人密度、隧道长度、交通量及交通安全等因素而定。

不设人行道时，除短隧道外，应设置避车洞。

（2）各级公路隧道建筑限界一般规定如图 1-1 所示。在建筑限界内，不得有任何部件侵入。

各级公路隧道建筑限界基本宽度见表 1-1 所列。

（3）长、特长隧道应在行车方向的右侧设置紧急停车带。双向行车隧道，其紧急停车带应双侧交错设置。紧急停车带的宽度，包含右侧向宽度应取 3.5m，长度应取 40m，其中有效长度不得小于 30m。紧急停车带的设置间距不宜大于 750m。停车带的路面横坡，长隧道可取水平，特长隧道可取 0.5% ~1.0% 或水平。

3）隧道纵断面

（1）隧道内纵断面线形应考虑行车安全性、营运通风规模、施工作业效率和排水要求，隧道纵坡不应小于 0.3%，一般情况不应大于 3%。受地形等条件限制时，高速公路、一级公路的中、短隧道可适当加大，但不宜大于4%；短于100m的隧道纵坡可与该公路隧道外路线的指标相同。当采用较大纵坡时，必须对行车安全性、通风设备和营运费用、施工效率的影响等作充分的技术经济综合论证。

公路隧道建筑限界横断面组成最小宽度（单位：m）　　表1-1

公路等级	设计速度（km/h）	车道宽度 W	侧向宽度 L		余宽 C	人行道 R	检修道 J		隧道建筑限界净宽		
			左侧 L_L	右侧 L_R			左侧	右侧	设检修道	设人行道	不设检修道、人行道
高速、一级公路	120	3.75×2	0.75	1.25			0.75	0.75	11.00		
	100	3.75×2	0.50	1.00			0.75	0.75	10.50		
	80	3.75×2	0.50	0.75			0.75	0.75	10.25		
	60	3.50×2	0.50	0.75			0.75	0.75	9.75		
二级、三级、四级公路	80	3.75×2	0.75	0.75		1.00				11.00	
	60	3.50×2	0.50	0.50		1.00				10.00	
	40	3.50×2	0.25	0.25		0.75				9.00	
	30	3.25×2	0.25	0.25	0.25						7.50
	20	3.00×2	0.25	0.25	0.25						7.00

注：①三车道隧道除增加车道数外，其他宽度同表；增加车道的宽度不得小于3.5m；

②连拱隧道的左侧可不设检修道或人行道，但应设50cm（120 km/h与100 km/h时）或25cm（80km/h与60km/h时）的余宽；

③设计速度为120 km/h时，两侧检修道宽度均不宜小于1.0m；设计速度为100 km/h时，右侧检修道宽度不宜小于1.0m。

（2）隧道内的纵坡形式一般宜采用单向坡。地下水发育的长隧道、特长隧道可采用双向坡。纵坡变更的凸形竖曲线和凹形竖曲线的最小半径和最小长度应符合表1-2的规定。隧道内纵坡的变换不宜过大、过频，以保证行车安全视距和舒适性。

竖曲线最小半径和最小长度（m）　　表1-2

设计速度（km/h）		120	100	80	60	40	30	20
凸形竖曲线半径	一般值	17000	10000	4500	2000	700	400	200
	极限值	11000	6500	3000	1400	450	250	100
凹形竖曲线半径	一般值	6000	4500	3000	1500	700	400	200
	极限值	4000	3000	2000	10000	450	250	100
竖曲线长度		100	85	70	50	35	25	20

（3）隧道洞外连接线应与隧道线形相协调，并应符合以下规定：

①隧道洞口内外各3s设计车速行程长度范围的平面线形应一致。

②隧道洞口内外各3s设计车速行程长度范围的纵面线形应一致，有条件时宜取5s设计车速行程。

③当隧道建筑限界宽度大于所在公路的建筑限界宽度时，两端连接线应有不短于50m的、与隧道等宽的路基加宽段；当隧道限界宽度小于所在公路建筑限界宽度时，两端连接线的路基宽度仍按公路标准设计，其建筑限界宽度应设有4s设计车速行程的过渡段与隧道洞口衔

接,以保持隧道洞口内外横断面顺适过渡。

④长、特长的双洞隧道,宜在洞口外合适位置设置联络通道,以利车辆调头。

(4)间隔100m以内的短隧道群,宜整体考虑其平、纵线形技术指标。

2. 隧道衬砌设计

公路隧道一般应做衬砌,根据隧道围岩地质条件、施工条件和使用要求可分别采用喷锚衬砌、整体式衬砌、复合式衬砌。高速公路、一级公路、二级公路的隧道应采用复合式衬砌;三级及三级以下公路隧道,在I、II、III级围岩条件下,隧道洞口段应采用复合式衬砌或整体式衬砌,其他段可采用喷锚衬砌。

隧道衬砌设计应综合考虑地质条件、断面形状、支护结构及施工条件等,并应充分利用围岩的自承能力。衬砌应有足够的强度和稳定性,以保证隧道长期安全使用。

衬砌结构类型和尺寸,应根据使用要求、围岩级别、工程地质和水文地质条件、隧道埋置深度、结构受力特点,并结合工程施工条件、环境条件,通过工程类比和结构计算综合分析确定。在施工阶段,还应根据现场监控量测调整支护参数,必要时可通过试验分析确定。

衬砌设计应符合下列规定:

(1)衬砌断面宜采用曲边墙拱形断面。

(2)隧道围岩较差地段应设仰拱。仰拱曲率半径应根据隧道断面形状、地质条件、地下水、隧道宽度等条件确定。路面与仰拱之间可采用混凝土或片石混凝土填充。当隧道边墙底以下为整体性较好的坚硬岩石时,可不设仰拱。

(3)隧道洞口段应设加强衬砌。加强衬砌段的长度应根据地形、地质和环境条件确定,一般情况下双车道隧道应不小于10m,三车道隧道应不小于15m。

(4)围岩较差地段的衬砌应向围岩较好地段延伸5~10m。

(5)偏压衬砌段应向一般衬砌段延伸,延伸长度应根据偏压情况确定,一般不小于10m。

(6)净宽大于3.0m的横通道与主洞的交叉段均应设加强段衬砌,加强段衬砌应向各交叉洞延伸,主洞延伸长度不小于5.0m,横通道延伸长度不小于3.0m。

在确定开挖断面时,除应满足隧道净空和结构尺寸外,还应考虑围岩及初期支护的变形,并预留适当的变形量。预留变形量的大小可根据围岩级别、断面大小、埋置深度、施工方法和支护情况等,采用工程类比法预测。当无预测值时,可参照表1-3选用,并应根据现场监控量测结果进行调整。

预留变形量(mm) 表1-3

围岩级别	两车道隧道	三车道隧道	围岩级别	两车道隧道	三车道隧道
I	—	—	IV	50~80	80~120
II	—	10~50	V	80~120	100~150
III	20~50	50~80	VI	现场量测确定	

注:围岩破碎取大值;围岩完整取小值。

3. 选择施工方法与施工顺序

隧道施工属地下作业,洞内工作条件与地面工作有很大不同,工作面狭小,机具集中,光线不足,噪声大,施工中不安全因素多,所以隧道施工要特别强调安全,要有严格的安全生产制度和完备的安全设施。隧道建筑一经完成,修复和改建都比较困难,因此,施工要求高质量、高标准。隧道开挖和围岩的变形有一定的规律,衬砌的设置有最佳的时机,开挖面长时间的暴露会直接影响其自身的稳定,给后续施工造成困难,甚至形成坍塌。所以贯彻快速施工是隧道施工的基本原则,经济效益也体现其中。所以,施工方法的选择对设计与施工都有重要意义。施工方法选择是否正确,直接影响工程造价、工期长短,甚至工程的成败。地质条件是选择施工方法的主要依据,除此之外,还要考虑到隧道的长短及辅助坑道的设置。而断面尺寸、跨度的大小也是选择施工方法的重要因素。公路隧道一般跨度在 8 ~ 13m 之间,对于三车道大跨度的公路隧道,有其特有的施工要求,如果施工方法选择不当,会给施工造成一定的困难,同时会直接影响造价和工期。对施工单位来讲,选择施工方法时,除了考虑以上因素外,还要结合本单位的设备情况、技术力量和施工习惯等因素,充分发挥自己之长,使施工快、好、省,隧道达到高质量的标准。

新奥法是已被工程实践所证实了的先进的隧道修筑方法,它是集设计与施工为一体的完整的工程概念,是国内外普遍采用的隧道施工方法。我国在推广新奥法方面也取得了不少经验。在选择掘进方法时,宜优先采用全断面法;在三车道和双车道紧急停车带区段属特大断面,为了防止围岩失稳应采用台阶法施工。如果隧道断面较大,拱部围岩自稳性差,可采用先拱后墙的施工顺序,拱部支护后再开挖下部岩体;如果侧墙岩体稳定性差,可采用先墙后拱的施工顺序,先从隧道两侧沿边墙轮廓以小断面分别开挖两侧边墙部分的岩体,中间留下适当的岩柱,边墙支护后,再开挖拱部岩体,拱部支护后,最后挖出中间岩柱,这样的施工顺序较为安全可靠。

总之,对地质条件变化较大的隧道,在选择施工方法与施工顺序时,要有较大的适应性,以便地质条件发生变化,原有的开挖方式不能继续使用时,能尽快地调整施工方法与施工顺序,从而较少地影响施工进度。

二、信息反馈修正设计

1. 信息反馈设计的基本要求

采用新奥法时,设计、施工必须紧密配合,共同研究,综合分析各项施工信息,及时反馈,最终确定修正参数。

(1)反馈修正设计,系指在隧道开挖后,根据施工观察、现场地质调查、现场监控量测等信息(施工信息),对施工前预设计所确定的结构形式、支护参数、预留变形量、施工工艺、施工方法以及各工序施作时间等的检验和修正,是贯穿于整个施工过程的设计阶段。

(2)信息施工是隧道开挖后围岩稳定性的动态反映,也是修正设计的依据。对各种信息进行综合分析,互相印证,对预设计支护参数的修正和施工方法的改进是不可缺少的过程。

及时整理量测资料,分析研究各项施工信息,是保证施工安全的需要。当出现异常现象时,立即采取加强锚喷支护,改变施工对策(方法、顺序、工艺),及早形成闭合环等措施,使可能出现的险情、塌方防患于未然,以保证隧道稳定。

(3)公路、铁路隧道采用新奥法以来,取得了许多成功的经验,但个别工点也有过一些教训。同一隧道、同类围岩、同样的设计参数,可得到两种完全不同的结果,其根本原因在于施工中是否认真遵循新奥法的基本原则。因此,需要对反馈的信息的全面分析,不应对新奥法设计任意进行修正。

2. 施工信息的应用

(1)根据一个断面的施工信息综合分析结果进行设计参数修正,只运用于该断面前后不大于5m 的同类围岩地段。

(2)隧道较长地段同类围岩设计参数的修正,特别是降低设计参数,必须以不少于 3 个断面的施工信息综合分析为依据。按修正后的设计参数进行开挖地段,其设计参数的正确性和合理性仍应根据施工信息综合分析予以验证。

由于围岩是千差万别的地质体,同一地段同类围岩的物理力学性质、工程地质和水文地质条件相同时,可以根据断面施工信息修正设计参数。同一隧道不同地段的同类围岩,地质条件不完全一致,物理力学性质也有差别,因此,规定同一地段必须有 3 个以上断面施工信息的综合分析,才能修正本段该类围岩的设计参数。

3. 信息反馈修正设计的内容

(1)施工方法变更的建议。由于采用的施工方法与断面形式不同,围岩—支护体系的应力状态也不一样,当某种方法不能满足该类围岩稳定性要求时,应及时变更施工方法及选择对隧道稳定有利的断面形式或辅助施工措施。

(2)施工工序更改的建议。当施工信息给出不稳定征兆时,应检查是否是因工序不当所造成。改变施工工序,如暂停开挖、及时锚喷、二次喷混凝土紧跟或提前施作仰拱等,都可以促使围岩—支护体系趋向稳定。

(3)预留变形量的修正。施工前预设计的预留变形量,是采用工程类比或理论计算确定的。因此,不可能和实际变形完全一致。当预留变形量与现场量测结果不符时,应及时修正未开挖地段的预留变形量,以满足设计净空和二次衬砌厚度的要求,或减少开挖量及二次衬砌回填量,以节省开支。

4. 设计参数的修改或认定

1)预设计参数的修改

在隧道施工过程中,通过对工作面目测观察和围岩内空监测后,认为预设计有关支护参数满足要求,即可按预设计参数继续进行施工。若发现以下两种情况时,应及时修改设计参数。

(1)在施工过程中,如发现以下现象之一时,应修改设计参数,增强初期支护:

①隧道开挖后,工程地质、水文地质条件、围岩类别比预计的差。

②实测位移量超出表 1-3 规定的或类似条件下的隧道位移值。

③观察发现混凝土层裂纹多、裂缝大或不断扩展时。喷射混凝土是初期支护的重要组成部分,一般喷射 2 ~ 3 层可达设计厚度。第一次喷射混凝土是在隧道开挖后立即施作的。由于围岩应力调整,洞轴产生径向位移,以及受喷射混凝土收缩及温差等因素的影响,喷射混凝土一般都会出现裂纹。当某处喷射混凝土喷足设计厚度并距开挖面一倍洞径后,喷射混凝土层不应再出现裂纹,即使有裂纹也不应再有扩展的趋势,否则属异常状态,应予加强。

④位移量可能超出预留变形量。位移量可能超出预留变形量时,将影响二次衬砌或喷射混凝土的厚度,因此,必须预先采取加强措施。

⑤稳定特征出现异常状态。一般正常状态的稳定性特征为:开挖工作面超过埋测点时,位

移可能出现加速度,此后位移迅速减缓,并不再出现加速度(可能出现负加速度);地表下沉速度小于对应位置的隧道拱顶下沉速度;20～30d 内可以达到围岩初期支护变形基本稳定及施作二次衬砌的条件。

(2)增强初期支护的措施。增强初期支护可用降低围岩类别的办法,改用相应的设计参数,或选用以下加强措施:

①增设钢筋网或改用钢纤维喷射混凝土;

②加密或加长锚杆;

③增加喷射混凝土厚度;

④改用早强喷射混凝土或早强砂浆锚杆;

⑤采用和加密钢拱架;

⑥增设临时仰拱及时形成支护封闭环;

(3)在施工过程中,若发现以下现象之一时,应改变设计参数,适当降低初期支护:

①确认围岩类别、工程地质条件、水文地质条件比预计的有明显好转,或有具体工程类比;

②初期支护未全部完成前,位移已收敛,达到施作二次衬砌的指标;

③初期支护全部施作完毕,位移量远小于隧道周边允许的相对位移值时,可按施工信息应用的要求及有关规定,降低其他地段初期支护设计参数。

降低初期支护的措施为:

可按提高围岩类别,改用相应的设计参数,或选用以下方法处理:

①减少锚杆数量,缩短锚杆长度,或减少喷层的厚度,取消钢架等;

②取消或改用其他辅助措施,改变辅助措施的设计参数。

2)二次衬砌设计参数的修正

二次衬砌施作时间必须符合前述的有关规定,在局部塌方地段,二次衬砌应根据实际受力情况予以加强。

二次衬砌的加强可采用以下措施:

(1)在满足隧道建筑界限的条件下,根据断面实际情况,增加衬砌厚度;

(2)由于净空限制,不能采用上述措施时,根据验算,改用钢筋混凝土衬砌;

(3)提高衬砌混凝土的强度等级。

●第三节　公路隧道的特点与施工要点●

一、公路隧道的特点

1. 断面大

一般来说,公路隧道与铁路隧道、水工隧洞、矿山地下巷道相比断面较大,双车道公路隧道的断面面积可达 $80m^2$ 左右。因此公路隧道围岩受扰动范围较大,其轮廓对围岩块体的不利切割增多,围岩内的拉伸区与塑性区加大,导致施工难度增大。若公路隧道位于土层或软弱岩体内,施工难度更大,通常需要采用特殊的施工方法来建造。

2. 形状扁平

在满足使用功能和施工安全的前提下，尽可能地降低工程造价是隧道设计的基本要求。由于公路隧道的建筑限界基本上是一个宽度大于高度的截角矩形断面，在设计开挖断面、衬砌结构时，总是在保证施工安全和结构长期稳定条件下，尽量围绕建筑限界设计开挖断面和净断面，因此，公路隧道的断面常为形状扁平的马蹄形。

断面扁平容易在拱顶围岩内出现拉伸区，而岩土之类天然材料，其抗拉强度较低，因此，施工中隧道顶部容易崩落，威胁人身安全。正是因为断面呈扁平状，在断面面积相同条件下，公路隧道较之铁路隧道、水工隧洞和矿山巷道施工难度大。

3. 需要营运通风

机动车辆通过隧道时，要不断地向隧道内排放废气。对于短隧道，由于受自然风和交通风的影响，一般来说有害气体的浓度不会太高，不会对司乘人员的身体健康和行车安全构成威胁。但是对于较长及特长隧道，自然风和交通风对隧道内空气的置换作用相对较小，如不采取措施，隧道内有害气体的浓度就会逐渐升高。其中汽油车排放的 CO 浓度达到一定量值时会使人感到不适甚至窒息；柴油车排出的烟尘将不断恶化行车环境，使隧道内能见度降低。因此，必须根据隧道的具体条件，采用适当的通风方式，将新鲜空气送入隧道，稀释有害气体，使其浓度降至安全指标以内。

4. 需要营运照明

高速行驶的车辆在白天接近并穿过隧道时，行车环境要经历一个“亮—暗—亮”变化过程，驾驶员的视觉在此过程中也要发生微妙的变化以适应环境。为了减轻通过隧道时驾驶员的生理和心理压力，消除车辆进洞时的黑框或黑洞效应，消除出洞时的眩光现象，从有利于安全行车角度考虑，高等级公路上的隧道一般都根据具体情况，对隧道进行合理有效的照明。

5. 防水要求高

在高等级公路上，车辆行驶速度较快，如果隧道出现渗漏或路面涌水，则会造成路面湿滑，不利于安全行车。特别是在严寒地区，冬季隧道内的渗漏水或在隧道上部吊挂冰柱，或在路面形成冰湖，常常会诱发交通事故。此外，长期或大量的渗漏水，还会对隧道内的机电设备、动力及通讯线路构成威胁。因此，我国《公路隧道设计规范》（JTG D70—2004）对隧道防排水提出了很严格的要求。

根据公路隧道目前的发展情况来看，对防水工程的要求有愈来愈高的趋势。

二、隧道工程施工特点

隧道工程属于地下结构物，地下结构是多种多样的，构筑地下结构的施工方法和技术也是多种多样的。施工方法和技术的形成与发展和地下结构物的特点有关。隧道是纵向长度从几米到十几公里，断面相对比较小，一般高 5 ~6m，宽 5 至十几米的纵长地下结构物，其施工的特点主要有：

(1) 隐蔽性大，未知影响因素多。

(2) 作业空间有限，工作面狭窄，施工工序干扰大。

(3) 施工作业过程的循环性强。因隧道工程是纵长的，施工严格地按照一定顺序循环作业,如开挖就必须按照“钻孔—装药—爆破—通风—出渣”的顺序循环。

(4)施工作业的综合性强。在同一工作环境下进行多工序作业如掘进、支护、衬砌等。

(5)施工过程的地质力学状态是变化的,围岩的物理力学性质也是变化的,因此施工是动态的。

(6)作业环境恶劣,作业空间狭窄,施工噪声大,粉尘、烟雾、潮湿、光线暗、地质条件差及安全问题等给施工人员带来了不利的工作环境。

(7)作业风险性大。风险性是和隐蔽性和动态性相关联的,在施工过程中,施工人员必须随时关注隧道施工的风险性。

三、隧道工程施工要点

(1)施工过程中维护和保护围岩。隧道施工要穿过岩体,应尽量做到不损伤或少损伤遗留围岩的固有支护能力,为此,通过采用机械开挖技术(无爆破)和控制爆破技术(光面爆破,控制装药量,周边眼加密,少装药或不装药),及各种技术措施、手段和方法,如采用临时支护、加固或预加固技术以及各种辅助施工技术增强围岩的自支护能力。

(2)隧道圬工工程做到内实外美。隧道圬工工程是指模筑混凝土、喷射混凝土、干砌和浆砌工程。

内实关键是保证“六密实”,即混凝土捣固要密实、喷混凝土要密实、喷混凝土与围岩结合要密实、二次衬砌与初期支护要密实、喷混凝土与钢结构支护、围岩三者结合要密实、回填石料要密实。外美即混凝土外露表面要美。其中内实是关键。

(3)隧道施工要重视环境。隧道施工环境包括内部环境和外部环境。内部环境指隧道施工作业的环境。由于隧道施工空间小,多工种同时施工对作业环境产生污染,直接危害施工人员的身心健康,因此,施工过程要不断改善作业环境。外部环境是指隧道施工对周边环境的影响,如施工污水、弃渣处理、施工噪声扰民等。重视环境保护是社会进步的要求,环境技术是随着社会发展而发展的,在隧道施工过程中许多标准是根据环境保护的要求而制定的。

(4)隧道施工是动态施工。隧道施工穿过山体,因此,隧道施工过程中的地质条件是不断变化的,岩石的力学状态也是不断变化的。我们在施工过程中要采用各种不同的施工方法和技术,适应这种变化的状态。隧道施工决策都是建立在施工阶段的地质勘探技术、围岩的量测技术及质量控制技术的基础之上,体现了动态施工的基本含义。

上述 4 个要点也是隧道工程施工的基本原则。

• 第四节　公路隧道施工中常出现的问题 •

目前公路隧道施工中常出现的问题主要有:

(1)施工阶段地质判断技术不完善,缺乏有效的判断方法和手段。如地质超前预报技术和设备,还没有推广和应用。

(2)在施工过程中,人们没有牢固树立“保护围岩、爱护围岩”的观点和理念,致使不能有效地控制遗留围岩的损伤和松弛。如:为加快施工进度,在掘进时装药不按爆破设计用药量装药,随意增加药量,使遗留围岩损伤严重,或初期支撑不在要求时间内支护完毕,遗留围岩暴露时间过长，使围岩松弛。这些现象都是造成隧道施工塌方的隐患。

(3)隧道施工方法工厂化程度不高。特别是软弱破碎围岩的施工方法的工厂化程度更加有待提高。工厂化可使施工快速，及时使围岩形成自应力，有效避免塌方。

(4)"重外美，轻内实"，圬工结构存在严重的隐患。如衬砌厚度不够，欠挖不处理，使得衬砌厚度严重不足；衬砌背后填充不按规定施工，靠近衬砌先用浆砌片石填充，余下超挖空间再用干砌片石填密，因此，留下空洞；衬砌初期开裂普遍存在；拱脚、基底清理不彻底就浇筑混凝土；拱部和边墙接触不密，形不成衬砌整体作用，基底与隧道铺底工程分离开，营运后出现翻浆、冒泥现象等。例如宁夏某隧道，由于种种原因，隧道衬砌做完后，衬砌混凝土出现了大量的裂缝。在1500m范围内有5段裂缝发育区，其中一条连续纵向裂缝长达33m，裂缝的最大宽度达20mm，最大水平错距达40mm。这些裂缝对结构的稳定及建成后隧道的安全营运构成了潜在的威胁。又如，陕西境内某黄土隧道，由于土压力大，施工中衬砌混凝土存在质量问题，隧道尚未通车，衬砌便先由局部开裂发展为结构失稳，最终导致大范围的塌方。

(5)隧道施工过程中，地下水处理始终是薄弱环节，防治工程施工质量存在问题，造成隧道成洞地段衬砌渗水、漏水现象常有发生。例如，辽宁八盘岭隧道、吉林密江隧道都是在建成后不久，隧道内便出现大量渗漏，春、夏、秋三季隧道变成了"水帘洞"，冬季洞内则变成了"冰湖"。由于反复冻融，造成衬砌结构开裂。为了不使结构遭受进一步破坏，防止隧道的大量渗漏，两隧道均不得不提前大修，在原衬砌内部复衬一层混凝土。虽然这一措施暂时使问题得以解决，但隧道断面减小，限界受侵，影响行车。

(6)施工阶段工程质量的检测体制不完善，更重要的是缺乏有效的检测手段和方法。

(7)环境意识薄弱。洞内施工作业环境欠佳，水管漏水，通风管漏风，粉尘含量超过标准，机械、车辆废气超标准等。控制洞外对周边环境和结构物的影响措施不利。

(8)参加施工人员(技术人员、管理人员及职工)的应变能力不强，没有对不良施工灾害进行预测，一旦出现施工灾害，有时束手无策。

(9)没有真正地实现隧道的动态施工和动态管理。如隧道施工的地质条件经常变化，如何根据施工实际情况，改变施工方法适应变化的地质条件，同时相应的改变施工组织适应施工方法并加以控制做得不够。

(10)隧道洞内施工干扰普遍存在，如何统一调度，缺少现代化的管理方法和手段。

这些问题的存在是多方面的原因，如设计、施工、业主、监理方面的原因。只有解决好这些问题，才能提高隧道施工技术和施工管理水平，缩短与发达国家的差距。

● 第五节　公路隧道检测技术的内容 ●

公路隧道的建造是百年大计，保证工程质量是业主的基本要求，检测技术作为质量管理的重要手段越来越为人们所重视。

按隧道修建过程分，公路隧道检测的内容有：原材料质量检测、工序检测(超前支护与预加固围岩施工质量检测、开挖质量检测、初期支护施工质量检测、防排水质量检测、施工监控量测、混凝土衬砌质量检测)、施工监控量测、施工环境检测(通风检测、照明检测)、交(竣)工检测等。

一、原材料检测

工程所需的原材料、半成品、构配件等都将构成为永久性工程的组成部分，所以，它们质量的好坏直接影响到未来工程产品的质量，因此，需要事先对其质量进行严格控制。只有用合格的原材料才能修建出合格的公路隧道。

在隧道工程的常用原材料中，衬砌材料属土建工程的通用材料，其检测方法可参阅有关文献；支护材料和防排水材料较具隧道和地下工程特色。支护材料包括锚杆、喷射混凝土和钢构件等；隧道防排水材料包括注浆材料、高分子合成卷材、排水管和防水混凝土等。

二、工 序 检 测

公路隧道工程出现的种种质量问题，如渗漏水、衬砌开裂和限界受侵等，绝大部分都是在施工过程中埋下了质量隐患，因此必须对施工过程中进行工序质量检测。其主要内容包括超前支护及预加固、开挖、初期支护、防排水和衬砌混凝土质量检测。

(1)在浅埋、严重偏压、岩溶、流泥地段、砂土层、砂卵(砾)石层、自稳性差的软弱破碎地层、断层破碎带以及大面积淋水或涌水地段进行施工时，由于隧道在开挖后自稳时间小于完成支护所需时间，或由于初期支护的强度不能满足围岩稳定的要求等原因，而产生坍塌、冒顶等工程事故，影响了施工安全，延误了工期、费工费料，危害极大。为避免上述情况，必须在隧道开挖前或开挖中采用辅助施工方法以增强隧道围岩稳定。显而易见，做好辅助施工措施的质量检查工作也是至关重要的。

(2)爆破成形好坏对后续工序的质量影响极大。目前爆破成形质量检测技术发展很快，发达国家已广泛使用隧道断面仪来及时检测爆破成形质量，我国在一些长大铁路隧道施工中也已开始使用断面仪。该仪器可以迅速测取爆破后隧道断面轮廓，并将其与设计开挖断面比较，从而得知隧道的超欠挖情况。应用隧道断面仪还可监测锚喷隧道围岩的变形情况。

(3)支护质量主要指锚杆安装质量、喷射混凝土质量和钢构件质量。对于锚杆，施工质量检测的内容有锚杆的间排距、锚杆的长度、锚杆的方向、注浆式锚杆的注满度、锚杆的抗拔力等。对于喷射混凝土，施工中应主要检测其强度、厚度和平整度。对于钢构件，则要检测构件的规格与节间连接、架间距、构件与围岩的接触情况以及与锚杆的连接。此外，对支护背后的回填密实度也要进行探测。

(4)防排水系统的施工方法目前尚在研究与发展之中，对施工质量的检测也处于探索阶段，本书将对工程上常用的一些检测或检查方法作简单介绍。

(5)衬砌混凝土质量检测包括衬砌的几何尺寸、衬砌混凝土强度、混凝土的完整性、混凝土裂缝、衬砌背后的回填密度和衬砌内部钢架、钢筋分布等的检测。其中外观尺寸容易用直尺量测，混凝土强度及其完整性则需用无损探测技术完成，混凝土裂缝可用塞尺等简单方法检测，衬砌背后的回填密实度可采用地质雷达法和钻孔法检测。

三、施工监控量测

新奥法构筑隧道的特点是：借助现场量测对隧道围岩进行动态监测，并据以指导隧道的开挖作业和支护结构的设计与施工。因此，量测工作是监视设计、施工是否正确的眼睛，是监视围岩是否安全稳定的手段，它始终伴随着施工的全过程，是新奥法构筑隧道非常重要的一环。

量测的基本内容有隧道围岩变形、支护受力和衬砌受力。量测工作的作用（或目的）为：

（1）掌握围岩动态和支护结构的工作状态，利用量测结果修改设计，指导施工。

（2）预见事故和险情，以便及时采取措施，防患于未然。

（3）积累资料，为以后的新奥法设计提供类比依据。

（4）为确定隧道安全提供可靠的信息。

（5）量测数据经分析处理与必要的计算和判断后，进行预测和反馈，以保证施工安全和隧道稳定。

四、施工环境检测

施工环境检测的主要任务是检测施工过程中隧道内的粉尘和有害气体，保证施工安全、洞内工作人员身体健康和提高施工生产效率。这里的有害气体主要指 CH_4，我国西南地区修建隧道时经常遇到。若 CH_4 达到一定浓度，施工中防治措施不当，则可能引发 CH_4 爆炸，造成人身伤亡或经济损失。

五、交（竣）工检测

1. 隧道施工中变形的观测

隧道施工过程中的变形观测，可与洞内所布设三角点、导线点、中线点及水准点的复测工作相结合，可以及时观测到变形大小及方向。

2. 检测测标高程变形和水平位移的方法

（1）检测测标高程变形，可采用水准测量的方法进行观测计算。

（2）检测测标水平位移，可采用准直法和测角法进行观测。

复习思考题

1. 公路隧道的作用有哪些？
2. 公路隧道具有哪些特点？它们对施工有什么影响？
3. 隧道施工的特点有哪些？隧道施工的要点有哪些？
4. 公路隧道施工前预设计与信息反馈修正设计包括哪些内容？其作用与意义是什么？
5. 公路隧道的常见质量问题有哪些？如何预防？
6. 公路隧道检测技术的内容有哪些？
7. 试述加强隧道工程检测的作用与意义。

第二章

超前支护与预加固围岩施工及质量检测

知识目标

1. 公路隧道辅助施工措施设计；
2. 超前支护施工质量控制；
3. 预加固围岩施工质量控制。

技能目标

注浆材料性能试验。

●第一节　公路隧道辅助施工措施设计简介●

一、辅助施工措施适用范围及一般规定

1. 辅助施工措施的适用范围

隧道在浅埋软岩地段、自稳性差的软弱破碎围岩、严重偏压地段、岩溶泥流地段、砂土泥、砂卵(砾)石层、断层破碎带以及大面积淋水或涌水地段施工时，常会发生开挖面(或称掌子面)围岩失稳，或由于初期支护的强度不能满足围岩稳定的要求，以及由于大面积淋水、涌水而导致洞体围岩失稳，产生坍塌、冒顶等现象，这不仅使围岩条件更加恶化，造成支护和开挖面前方的更大坍方，甚至影响后方的施作支护部分的稳定，或波及地表沉陷。还会给施工带来极大的困难，而且造成人力、物力、财力的大量消耗，并影响施工安全，延误工期，费工费料，影响工程质量和隧道的使用年限。当地下水较多时，这种情况就更为严重。为了避免发生上述情况，可在隧道开挖前或开挖中采用辅助施工方法与稳定措施，以加强隧道围岩稳定等。

2. 隧道施工辅助稳定方法一般规定

(1)应根据工程地质和水文地质条件、施工队伍的技术水平、机械设备状况等，选用辅助施工方法，并做好相应的工序设计；

(2)应按采用的辅助施工方法，准备所需的材料及机具，并制订有关的安全施工措施；

(3)在施工中，应经常观察地形、地貌的变化以及地质和地下水的变异情况，预防突然事故的发生，并做好详细的施工记录。

(4)必须坚持“先支护(强支护)、后开挖(短进尺、弱爆破)、快封闭、勤测量”的施工原则。

二、隧道施工辅助稳定措施

由于初期锚喷支护强度的增长速度不能满足开挖洞体围岩稳定的要求，可能导致洞体失稳，或由于大面积淋水、涌水地段，难以保证洞体稳定时，应采用对地层进行预加固、超前支护或止水等辅助施工措施。

随着隧道开挖技术、锚喷支护技术、地层改良技术的研究应用和发展，隧道工作者研究和发明了许多辅助施工方法，从而使得现代隧道工程施工的开挖和支护变得简捷、及时、有效，也更具有可预防性和安全性。

1. 隧道施工中常用的辅助施工措施

1）稳定隧道开挖工作面措施

（1）留核心土稳定开挖面；

（2）喷射混凝土封闭开挖工作面。

2）超前锚杆或超前小钢管锚固前方围岩

3）管棚超前支护前方围岩

（1）短管棚超前支护；

（2）长管棚超前支护；

（3）钢插板超前支护。

4）注浆加固围岩和堵、截水的措施

（1）超前小导管注浆；

（2）超前深孔帷幕注浆。

5）临时仰拱封底

上述隧道施工辅助稳定方法的选用，应视围岩地质条件、地下水情况、施工方法、环保要求等具体情况而定，并尽量与常规施工方法相结合，进行充分的技术经济比较，选择其中一种或几种方法同时结合使用。下面将上述辅助施工方法措施作简要介绍。

2. 稳定开挖面的方法

1）留核心土稳定开挖面的方法

采用上弧形导坑开挖，留一定长度的核心土体，其目的是降低开挖面临空高度，并减缓开挖面的坡面角度，抵抗开挖面的下滑和坍方。

2）喷射混凝土封闭工作面的方法

由于经喷射混凝土层封闭了的工作面，可以使被封闭的围岩和开挖面前方的岩土体的含水量不变，即能使其岩土体的强度和稳定性不会产生明显降低；同时，新开挖工作面经封闭后不与洞体内潮湿气体接触，可以减缓岩土体风化作用的影响等。

3. 超前锚杆或超前小钢管预支护的方法

1）超前锚杆和超前小钢管预支护构造组成

超前锚杆和超前小钢管是沿开挖轮廓线，以稍大的外插角，向开挖面前方安装锚杆或小钢管，形成对前方围岩的预锚固（预支护），在提前形成的围岩锚固圈的保护下进行开挖、装渣、出渣和衬砌等工作。

2)超前锚杆或超前小钢管性能特征及适用性

超前锚杆、超前小钢管是一种起预支护作用的措施。这种超前预支护的柔性较大,整体刚度较小。它们都可以与系统锚杆焊接以增强其整体性,但对于围岩应力较大时,其后期支护刚度仍有些不够大。因此,这种超前支护主要适用于围岩应力较小、地下水较少、岩体软弱破碎,开挖工作面有可能坍滑的砂土质地层、弱膨胀性地层、流变性地层、裂隙发育的岩体、断层破碎带等隧道施工中。浅埋无大偏压的隧道地段,也适用于用中小型机械施工。

3)超前锚杆和超前小钢管设计要求

(1)此种超前锚杆、超前小钢管的直径、超前量、环向间距、外插角等设计参数,应视围岩类别、施工断面大小、开挖循环进尺和施工条件等,参照表2-1选用。一般超前长度为循环进尺的3~5倍,搭接长度宜为超前长度的40%~60%,即大致形成双层或双排锚杆。

超前锚杆、超前小钢管设计参数 表2-1

围岩类别	锚杆直径(mm)	小钢管直径(mm)	锚杆、小钢管长度(m)	环向间距(cm)	外插角	
					锚杆	小钢管
II	20~24	32	3~5	30~50	5°~20°	5°~7°
III	18~22	32	3~5	40~60	5°~30°	5°~7°

注:①外插角为锚杆或小钢管与隧道纵向开挖轮廓线间的夹角;

②超前锚杆、超前小钢管的长度应与掘进循环进尺一起考虑,并应根据实际施工能力适当选择。

(2)超前锚杆、超前小钢管的设置应充分考虑岩体结构面特性,一般可以仅在拱部设置,必要时也可以在边墙局部设置。超前锚杆、超前小钢管纵向两排的水平投影,应有不小于1.0m的搭接长度,如图2-1所示。

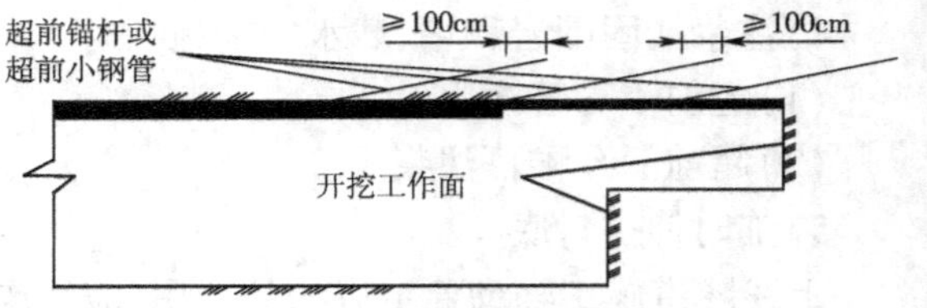

图2-1 超前锚杆、超前小钢管支护布置示意

(3)超前锚杆、超前小钢管支护,宜和钢拱架支撑配合使用,并从钢拱架腹部穿过。超前锚杆宜采用早强砂浆锚杆,使其提早发挥超前支护的作用;超前小钢管应平直、尾部焊箍、顶部呈尖锥形状。在安设前应检查小钢管尺寸,钢管顶入钻孔长度不应小于小钢管长度的90%;超前锚杆的安装误差,一般要求孔位偏差不超过10cm,外插角不超过1°~2°,锚入长度不小于设计长度的96%。

(4)超前锚杆、超前小钢管尾端,一般应置钢架腹部或焊接于系统锚杆尾部的环向钢筋,以增强共同支护作用。超前锚杆可根据围岩具体情况,采用双层或三层超前支护。

4.管棚钢架超前支护的方法

1)管棚构造

管棚由钢管和钢拱架组成。管棚是利用钢拱架,沿着开挖轮廓线,以较小的外插角,向开挖面前方打入钢管或钢插板构成的管棚,形成对开挖面前方围岩的顶支护。

采用长度小于10m的小钢管的称为短管棚;采用长度为10~45m且较粗钢管的称为长管棚;采用长度小于10m钢插板的称为板棚预支护。

2)管棚的性能特点及适用条件

管棚是利用钢管或钢插板作为纵向支撑,钢拱架作为横向环形支撑,构成纵、横向整体刚度较大，能阻止和限制围岩变形的性能，并能提前承受早期的围岩压力。

管棚适用于特殊困难地段，如极破碎岩体、塌方体、岩锥地段、砂土质地层、强膨胀性地层、强流变性地层、裂隙发育岩体、断层破碎带、浅埋大偏压等围岩的隧道施工中采用。上述地段宜在管内辅以灌浆效果更好。如遇流塑状岩体或岩溶严重流泥地段，采用管棚与围岩预注浆相结合措施，亦是行之有效的预支护方法。

此外，一般在无胶结的土质或砂质围岩中，可采用钢插板封闭；在地下水较多时，则可采用钢管注浆堵水和加围岩。

短管棚一次超前量较少，与开挖作业交替进行，占用循环时间较多，而钻孔安装或顶入安装短管棚则较容易。长管棚一次超前量较大，可减少安装钢管次数，并减少与开挖作业之间的干扰，适用于大中型机械进行大断面开挖。

3）管棚预支护结构设计要点

（1）钢管直径宜选用80～180mm，钢管中心距离为30～50cm。钢管长度一般为10～45m。当采用分段连接时，可采用长4～6m钢管，并用丝扣连接，丝扣长度不小于15cm。

（2）管棚支护结构一般按松弛荷载理论进行设计。根据围岩地质条件和施工条件及力学计算，如需要可在钢管内灌注水泥砂浆、混凝土或放置钢筋笼并灌注水泥砂浆，以增加钢管刚度。

（3）纵向两组管棚间应有不小于1.5m的水平搭接长度。钢管宜采取沿隧道开挖轮廓纵向接近水平方向设置；外插角1°～2°；钻孔孔径比钢管直径大2～3cm，环向间距20～80cm；钢拱架常用工字钢拱架或钢筋格栅钢架。

5. 地面砂浆锚杆预支护方法

1）地面砂浆锚杆构造

地表砂浆锚杆是一种从地表预加固地层的措施，地面锚杆按矩形或梅花形布置，按先钻孔→吹净钻孔→用灌浆管灌浆→垂直插入锚杆杆体→在孔口将杆体固定顺序。即地面锚杆预支护，是由普通水泥砂浆和全粘结型锚杆构成地表预加固地层。

2）地面砂浆锚杆性能特点及适用条件

地面砂浆锚杆可起预加固地层的作用，应用效果良好，适用于浅埋、洞口地裂和某些偏压地段岩体松软破碎处。

3）地面砂浆锚杆预加固的设计要点

（1）锚杆宜采用20锰硅螺纹钢，直径为16～22mm，锚杆长度可根据洞室覆盖层厚度和实际施工能力确定；安置地面锚杆的钻孔直径一般不小于50mm。

（2）地面横向加固范围，可根据地形和推测破裂面面积大小进行确定；地面锚杆一般为垂直设置，根据地形及岩层层面具体情况，也可倾斜设置。锚杆间距一般为1.0～1.5m，并按矩形或梅花形布置。

（3）地面锚杆宜采用全长粘结式普通水泥砂浆锚杆，其砂浆配合比为：水泥:砂＝1:1～1:1.5（质量比），水灰比宜为0.45～0.50，砂的粒径不宜大于3mm。为保证预加固的效果，锚固砂浆达到设计强度70%以上后，才能进行下方隧道洞体的开挖作业。

6. 小导管周壁预注浆的方法

1）超前小导管注浆构造

超前小导管预注浆前，先对开挖面及5m范围内的坑道喷射厚为5～10cm混凝土，或采用模筑混凝土封闭，然后沿开挖外轮廓线（即坑道周边）向前以一定角度打入管壁带小孔的小导管，并以一定压力向管内压注起胶结作用的浆液（注浆压力应为0.5～1.0MPa），待浆液硬化后，坑道周围岩体能得到预加固，并形成具有一定厚度的加固圈。此加固层能起超前预支护作用，在其保护下即可安全地进行开挖作业。

2）超前小导管周壁预注浆性能特点及适用条件

浆液被超前压注到岩体裂隙中并硬化后，它既能将破碎岩块或颗粒胶结成整体的预加固，又能起超前预支护作用，同时，注浆填充了裂隙，阻隔了地下水向坑道渗流的通道，起到了堵水、防水的作用。超前小导管周壁注浆适用于自稳时间很短的砂层、砂卵（砾）石层、断层破碎带、软弱围岩浅埋地段或处理塌方地段、地下水较多的软弱破碎围岩等地段。

3）超前小导管周壁预注浆的设计要点

超前小导管周壁预注浆可根据围岩地质条件、施工条件、技术水平和机械设备能力等参照下列技术要求和参数进行设计：

（1）小导管外径可根据钻孔直径选择，小导管采用ϕ32mm焊接钢管或ϕ40mm无缝钢管制作，长度宜为3～5m。管壁每隔10～20cm交错钻眼，眼孔直径6～8mm。钻孔直径应较管径大2.0cm以上；环向间距应按地层条件确定，一般采用20～50mm，渗透系数较大的，环向间距应适当加大些；外插角应控制在10°～30°沿隧道纵向开挖轮廓线向外以10°～30°的外插角钻孔。将小钢管打入地层，亦可在开挖上钻孔将小导管打入地层。

（2）采用水泥砂浆或水泥水玻璃浆液灌注时，浆液配合比应由现场试验确定；浆液可采用水灰比为0.8:1～1.5:1，或体积比为1:0.3～1:1的水泥与水玻璃浆液，或其他水泥类、化学类浆液（水玻璃浓度为25°～40°Bé）。采用水泥浆液时，水泥浆的水灰比可采用0.8:1～1:1，需要缩短凝结时间，则可加入食盐、三乙醇胺速凝剂。注浆压力应为0.5～1.0MPa，必要时可在孔口处设置止浆塞。止浆塞应能承受规定的最大注浆压力或水压，注浆后至开挖前的时间间隔，视浆液种类宜为4～8h。开挖时，应保留1.5～2.0m的止浆墙，防止下一次注浆时孔口跑浆。

（3）沿隧道纵向两组小导管间有不小于1.0m的水平搭接长度，环向间距为20～50cm。注浆钻孔应做到：孔壁圆、角度准、孔身直、深度够、岩粉清洗干净。当出现严重卡钻、孔口不出水时应停止钻孔，立即安设注浆管并迅速注浆。注浆压力应根据地质条件、岩性、施工条件等因素在现场试验确定。

（4）注浆方式可根据围岩类别、地质条件、机械设备及注浆孔的深度选用前进式、后退式或全孔式。注浆顺序为：先注内圈孔，后注外圈孔；先注无水孔，后注有水孔；从拱顶顺序对称向下进行。如遇窜浆或跑浆，则可间隔一孔或数孔灌注。注浆结束后，应利用止浆阀保持孔内压力，直至浆液完全凝固。小导管布置方法为：II类围岩劈裂、压密注浆时采用单排管；I类围岩或处理坍方时可采用双排管；地下水多的松软层，可采用双排管以上的多排管；大断面或注浆效果差时，可采用双排管。小导管插入钻孔后应外露一定长度，以便于连接注浆管，并用塑胶泥（浓度为40Bé水玻璃拌52.5级水泥）将导管周围孔隙封堵密实。

（5）注浆机具设备应性能良好，工作压力应满足注浆压力及使用上的要求，操作应简便，并应进行现场试验运转。注浆压力与地层条件及注浆范围要求有关，一般要求单管注浆能扩散到管周0.5～1.0m的半径范围内。应控制注浆量，即每根小导管内已达到规定注入量时就可结束，若孔口压力已达到规定压力值而注入量尚不足时，亦应停止注浆，以防压裂开挖面。

(6)浆液扩散半径，可根据导管密度确定。考虑注浆范围相互重叠的原则，扩散半径 R_k，可按式(2-1a)计算。

$$R_k=(0.6-0.7)L_0 \tag{2-1a}$$

式中：L_0——小导管之间中心距离。

单根小导管的浆液注入量 Q_1 可按式(2-1b)进行估算。

$$Q_1=\pi R_k^2\cdot l\cdot \eta \tag{2-1b}$$

式中：R_k——浆液扩散半径(m)；

l——导管长度(m)；

η——岩体孔隙率。

(7)注浆结束后，应做一定数量的钻孔检查或用声波探测仪检查注浆效果，如未达到要求，应进行补注浆。注浆后应视浆液种类，等待4h(水泥水玻璃浆)~8h(水泥浆)方可开挖，开挖长度应按设计循环进尺的规定，以保留下一定长度(1.5~2.0m)的止浆墙。

(8)注浆材料应根据地质条件及涌水情况确定。在断层破碎带和砂卵石地层，当裂隙宽度(或粒径)大于1mm时，加固地层或堵水注浆宜优先选用水泥类浆液和水泥—水玻璃浆液；在断层泥地带，当裂隙宽度(或粒径)小于1mm时，加固注浆宜优先选用水玻璃类和木胺类浆液；在中、细、粉砂层及细小裂隙岩层、断层地段，宜采用渗透性好、低毒及遇水膨胀的化学类浆液，如聚胺酯类。另外，对于不透水的黏土层，宜采用高压劈裂注浆。

7. 超前围岩深孔预注浆加固地层方法

超前围岩预注浆又称深孔注浆(亦称长孔注浆)，它是加固地层、封堵水源的一种方法。

1)深孔预注浆构造

在特殊困难地段，采用深孔预注浆(含地表超前注浆、平导超前注浆和洞内围岩超前注浆)，通过超前围岩深孔预注浆后，即可形成较大范围的筒状加固区，称为帷幕注浆。

深孔预注浆加固围岩堵水的作用原理为：对于破碎岩层、砂卵石层、中、细、粉砂层等有一定渗透性的地层，采用中低压力将浆液压注到上述地层中的裂隙、裂缝、空隙里凝固后将岩土或颗粒胶结为整体，称为“渗透注浆”。对于颗粒更细的不透水、不透浆液的黏土层，采用高压浆液强行挤压深孔周围，使黏土层劈裂并填充浆液且凝结于其中，从而对黏土层起到挤压加固和增加高强夹层加固作用，称为“劈裂注浆”。

2)超前围岩深孔预注浆性能特点和适用性

超前围岩深孔预注浆，主要是依靠浆液压力，将软弱破碎围岩或黏土层压裂成缝用浆液充填、固结，通过挤压加固即压密作用，从而达到加固地和堵水的作用。深孔预注浆方法适用于软弱围岩及断层破碎带、自稳性能较差的含水地质地段的加固，它更适用于有压地下水及地下水较多的地层中的加固与堵水，并还适用于采用大中型机械化施工的方法。

3)超前围岩深孔预注浆的设计要点

(1)在进行地层深孔预注浆设计前，应搜集有关注浆地段的岩性、涌水量、涌水压力、水温、涌水的化学性质等，以决定注浆设计参数(包括浆液的选用、注浆范围、注浆压力和设计配合比、胶凝时间、注浆量、注浆孔的布置、注浆顺序和注浆方式等)。为了获得理想的注浆效果，并考虑因注浆而引起对周围环境的变化，在现场应做单孔或群孔注浆试验，从而掌握岩土的渗透性、土颗粒的组成、空隙率、饱和度及地下水量、水压和水质等物理和化学性质。

(2)注浆范围应根据工程地质、水文地质、注浆目的及开挖方式等因素确定,洞周岩体被加固范围半径一般为毛洞开挖半径的2~5倍。每一循环注浆长度为15~40m。注浆孔深一般在15~30m。注浆孔可在地表层或开挖面正面分层布置,或在平行导坑纵向呈伞形辐射状。要求注浆孔孔底间距按各个注浆孔的扩散半径互相重叠的原则确定,8~16m的浅孔可采用钻孔台车钻注浆孔;当孔深超过16m时,则应采用重型风钻或钻机钻孔。

注浆孔孔径为ϕ75~ϕ110mm;注浆终孔间距按1.5~1.6倍浆液扩散半径决定,一般为2~3m;浆液扩散半径为1~2m;注浆范围为开挖轮廓线以外0~3m。安装注浆管时,应在注浆管孔口处用胶泥与麻丝缠绕,使之与钻孔孔壁充分挤压塞紧,实现注浆管的止浆和固定。胶泥凝固到有足够的强度后方可进行注浆。

(3)注浆压力应根据岩性、注浆目的、施工条件、涌水压力等因素做现场试验确实。因为注浆压力是促使浆液在地层中流动扩散及填充裂缝的一种动力,必须有足够的压力来克服地下水压和地层裂隙阻力,才能使浆液扩散充填饱满紧密,达到堵水和加固的作用。一般最终压力为涌水压力的2~3倍,即$p_z=(2\sim3)p$。当涌水压力很小时,注浆最终压力可以按式(2-2)计算:

$$p_z=p+(2\sim4)\text{MPa} \tag{2-2}$$

式中:p_z——深孔预注浆的注浆压力;

p——涌水压力(MPa)。

注浆最终压力一般为1.5~4MPa。对于密实性好,颗粒较小的中、细、粉砂及砂黏土,注浆压力可稍高些;有特殊要求的地段,如为防止地表隆起影响地面建筑物安全时,注浆压力应适当降低,一般应在现场试验确定。

(4)浆液可采用水泥浆液、水泥玻璃浆液或其他水泥类、化学类浆液。水泥浆液的水灰比可采用1:1~0.5:1,水泥与水玻璃两液的体积比可取1:0.5~1:1(水玻璃模数$n=2.4\sim3.4$,波美度Bé=30~40)。

(5)总注浆量根据岩体空隙率及浆液在其中的充填率进行估算。一般可按式(2-3)计算:

$$Q_z=V\cdot\eta\cdot a/10000 \tag{2-3}$$

式中:Q_z——总注浆量(m^3);

V——注浆有效范围内岩体体积(m^3);

η——岩体空隙率(%);

a——过去工程实践证明了充填率(%),其取值为:黏土类20~30,砂类40~60,砾石类约60。

(6)深孔预注浆方式一般有前进式、后退式及全孔一次式等。可根据涌水量大小及注浆孔的深度选用。当钻孔遇有较大涌水时,应暂停钻孔,待压浆后重复钻孔、注浆,这种注浆方式称为前进式注浆。当钻孔中涌水量较小时,钻孔可直钻到设计深度,然后从孔底向孔口进行分段注浆,这种注浆方式称为后退式注浆。当钻孔直至孔底,然后一次注浆完毕(不分段注浆),这种注浆方式称为全孔一次注浆。一般在软弱地层中多采用分段前进式注浆。

(7)深孔预注浆的注浆顺序为:一般总是先注无水孔,后注有水孔。在无水地段,可以从拱脚起顺序注浆，也可以从拱顶起顺序注浆。注浆速度应根据注浆出水量大小而定，一般应从快到慢。

（8）调制浆液的拌浆步骤为：

①水泥浆液搅拌应在拌和机内进行，根据拌和机容量大小，严格按要求投料。

②搅拌投料的顺序为：在放水的同时，将外加剂一并加入搅拌，待水量加足后，继续搅拌1min，并将水泥投入，搅拌时间不应小于3min，并在注浆过程中不停搅拌浆液。

③采用水玻璃浆液时，其浓度宜为25～40Bé。为稀释水玻璃，宜采取边加水，边搅拌，边用波美计量测的办法进行。

④配制水泥浆或稀释水玻璃浆液时，严防水泥包装纸及其他杂物混入。拌好的浆液在进入贮浆槽及注浆泵之前均应对浆液进行过滤，未经过滤网过滤的浆液不允许进入泵内。

⑤配制的浆液应在规定时间内注完。

注浆后至开挖的时间间隔，应视浆液种类决定。当采用单液水泥浆时，开挖时间为注浆后8h；采用水泥－水玻璃浆液时为4h左右。这主要是为了保证注浆材料有充分的胶凝时间，使与地层充分胶结硬化，达到加固、堵水的目的。由于深孔预注浆加固地层及堵水，费工、费料、费时、技术难度大、投资高，所以仅在特殊困难地段必要时采用。

• 第二节　注浆材料性能试验 •

注浆防水是利用压力将能固化的浆液通过钻孔注入岩土体孔隙或混凝土结构裂隙中的一种防水方法。注浆所用的材料一般由主剂（原材料）、溶剂（水或其他溶剂）及外加剂混合而成，本节着重讨论主剂及注浆材料的性能试验。

一、注浆材料的特点

注浆材料的性能对注浆工艺、注浆效果起决定性作用。理想的注浆材料要求具有以下特点：

（1）浆液的初始黏度低，流动性好，可注性强，能渗透到细微的裂隙或孔隙内。

（2）胶凝时间可以在几秒到数小时之间任意调整，并能准确控制。

（3）稳定性好，在常温、常压下较长时间存放不改变其基本性质。存放不受温度、湿度变化的影响。

（4）无毒、无臭、无环境污染，对人体无害，属非易燃、非易爆品。

（5）浆液对注浆设备、管道、混凝土结构物等无腐蚀性，并容易清洗。

（6）浆液固化时无收缩现象，固化后与岩体、混凝土等有一定的黏结力。

（7）结石体具有一定的抗压、抗拉强度，抗渗性好，抗冲刷及耐老化性能好。

（8）材料来源丰富，价格便宜。

（9）配制方便，操作简单。

目前，已有的浆液不可能同时满足上述全部要求。一种浆液只能符合上述几项要求，因此，在注浆施工时，应根据具体情况选用较为适合的浆液。

影响注浆材料性能的基础参数包括密度、pH值、黏度、胶凝时间、结石率等。材料密度对浆液配制、结石体的密度和强度都有影响；pH 值决定浆液的固结环境，同时也能显示浆液本身是否污染环境；黏度大小影响浆液的注入性能、扩散半径等，黏度小，扩散半径大，注浆效果好，但容易造成浪费，反之则难以注入。胶凝时间是控制注浆半径和注浆效果的最重要因素，胶凝时间应当具有可调性并可准确控制。

注浆材料可以按原材料分为粒状材料和化学材料，也可按照材料性质分为无机类注浆材料和有机类注浆材料，下面介绍常用的一些注浆材料。

二、水泥类注浆材料

1. 纯水泥浆

采用水泥浆作为注浆堵水材料已经有近百年的历史。作为一种基本注浆材料，它具有来源丰富、价格低廉、浆液结晶度高、抗渗性能好、耐久性台、无毒、工艺简单等优点。纯水泥浆最常用的是普通硅酸盐水泥，某些情况下采用矿渣水泥、火山灰水泥等。当有侵蚀性水时，宜用耐蚀性高的水泥，还可以采用膨胀水泥。水泥强度一般不低于 32.5MPa。

水泥的细度是决定水泥性能的重要因素之一。水泥的颗粒越细，其比表面积越大，水化反应速度越快，标准强度越高，其渗透性也越好。注浆工程一般要求筛余量（水筛法用 0.080mm 方孔筛）不大于 5% 。

水灰比是表征水泥浆浓度的参数。水灰比对水泥浆的黏度、密度、结石率、胶凝时间和抗压强度都有较大的影响，是注浆设计中要重点控制的一个参数。水灰比应当根据岩（土）层裂隙发育程度进行选择，一般控制在 0.5～2.0 之间，小于 0.5 时，压浆困难，大于 2.0 时，则易被地下水冲走。不同水灰比纯水泥浆的性质见表 2-2 所列。

不同水灰比下纯水泥浆的基本性能　　表 2-2

水灰比	黏度（10^{-3}Pa·s）	密度（g/cm^3）	结石率（%）	凝胶时间		抗压强度（MPa）			
				初凝	终凝	3d	7d	14d	28d
0.5:1	139	1.86	99	7h41min	12h36min	4.14	6.46	15.3	22.0
0.75:1	33	1.62	97	10h47min	20h33min	2.43	2.60	5.54	11.2
1:1	18	1.49	85	14h56min	24h27min	2.00	2.40	2.42	8.90
1.5:1	17	1.37	67	16h52min	34h47min	2.04	2.33	1.78	2.22
2:1	16	1.30	56	17h7min	48h15min	1.66	2.56	2.10	2.80

注：①采用 42.5 级普通硅酸盐水泥；
②测定数据为平均值。

因纯水泥浆易沉淀析水、稳定性差、凝结时间较长，在地下水流速较大的条件下注浆时，浆液易受水的冲刷和稀释。为了改善水泥浆的性质，常在水泥中掺入各种附加剂，见表 2-3 所列，附加剂对水泥浆的性能影响见表 2-4 所列。为了使水泥颗粒能较长时间悬浮于水中，需加入悬浮剂。为了降低水泥浆液黏度，提高浆液的注入能力，往往要加入分散剂。分散剂、悬浮剂对水泥浆稳定性的影响见表 2-5 所列。这些添加剂可单独加入到主剂中，也可混合后再加入到主剂中，所有外加剂能溶于水的均以水溶液状态加入。根据不同的需要，可配制出各种性能的浆液。

水泥浆的附加剂及掺量 表 2-3

名称	试剂	用量(占水泥质量)(%)	说明
速凝剂	氯化钙	1～2	加速凝结和硬化
	水玻璃	1～5	加速凝结
	硅酸钠 铝酸钠	0.5～3	
缓凝剂	木质磺酸钙	0.2～0.5	增加流动性
	酒石酸	0.1～0.5	
	糖	0.1～0.5	
流动剂	木质磷酸钙	0.2～0.3	
	去垢剂	0.05	产生空气
	钠磺酸盐甲醛缩合物	0.2～1.5	
加气剂	松香树脂	0.1～0.2	产生约10%的空气
膨胀剂	铝粉	0.005～0.02	约膨胀15%
	饱和盐水	30～60	约膨胀1%
防析水剂	膨润土	2～10	
	纤维素	0.2～0.3	
	硫酸铝	约20	产生空气

掺加附加剂后水泥浆的基本性能 表 2-4

水灰比	附加剂		凝结时间		抗压强度(MPa)				备注
	名称	用量(%)	初凝	终凝	1d	3d	7d	28d	
1:1	—	—	14h56min	24h27min	0.8	2.0	5.9	8.9	(1)水泥为42.5级普通硅酸盐水泥; (2)附加剂用量为占水泥质量的百分数; (3)氯化钙用量一般占水泥5%以下; (4)水玻璃用量一般占水泥3%以下
1:1	水玻璃	3	7h20min	14h23min	1.0	1.8	5.5		
1:1	氯化钙	2	7h10min	15h4min	1.0	1.9	6.1	9.5	
1:1	氯化钙	3	6h50min	13h8min	1.1	2.0	6.5	9.8	
0.4:1	“711”	3	1min	2min	15.1		30.9	47.8	
0.4:1	“711”	5	4min	5min	19.8		35.9	47.1	
0.4:1	阳泉一型	2	3min	6min	0.6			34.1	
1:1	三乙醇胺/氯化钙	0.05/0.5	6h45min	12h35min	2.4	3.9	7.2	14.3	
1:1	三乙醇胺/氯化钙	0.1/0.1	7h23min	12h58min	2.3	4.6	9.8	15.2	
1:1	三异丙醇胺/氯化钙	0.05/0.5	11h3min	18h22min	1.4	2.7	7.7	12.0	
1:1	三异丙醇胺/氯化钙	0.1/0.1	9h36min	14h12min	1.8	3.5	8.2	13.1	

分散剂、悬浮剂对水泥浆稳定性的影响　　表 2-5

附加剂		水灰比	最终析水率(%)	全析水时间(min)	备注
名称	用量(%)				
—	—	1:1	42.8	60	水泥为 42.5 级矿渣硅酸盐水泥，加水搅拌 5min 后，放置于 250mL 量筒中，每隔 10min 观测一次析水率，直至稳定为止
$FeSO_4$	1	1:1	23.5	50	
$FeSO_4$	3	1:1	15.1	50	
$FeSO_4$	5	1:1	12.6	30	
膨润土	3	1:1	27.05	50	
膨润土	5	1:1	24.58	70	
膨润土	8	1:1	20.4	50	
纸浆废液	1	1:1	34.41	120	
纸浆废液	5	1:1	32.58	120	
Na_2PO_4	1	1:1	31.55	70	
Na_3PO_4	3	1:1	28.2	70	

根据注浆工程需要，为改善纯水泥浆的性能，同时降低工程造价，水泥浆中可掺入下列掺合料。

砂应为质地坚硬的天然砂或机制砂，粒径不宜大于 2.5mm，细度模数不宜大于 2.0，SO_3 含量宜小于 1%，含泥量不宜大于 3%，有机物含量不宜大于 3%。

黏性土塑性指数不宜小于 14，黏粒（粒径小于 0.005mm）含量不宜低于 25%，含砂量不宜大于 5%，有机物含量不宜大于 3%。

粉煤灰应为精选的粉煤灰，烧失量宜小于 8%，SO_3 含量宜小于 3%，细度不宜低于同时使用水泥的细度。

水玻璃模数宜为 2.4 ~ 3.0，浓度宜为 30 ~ 45Be′。

掺入掺合料的水泥浆液常称为混合浆液。塑性屈服强度大于 20Pa 的混合浆液则称为膏状浆液。

2. 水泥黏土浆

黏土的粒径一般极小（0.005mm），而比表面积较大，遇水具有胶体化学特性。黏土矿物的特征是原子呈层状排列，不同的排列形式组成了不同的黏土矿物，最常见的是高岭石、伊利石、蒙脱石。其中蒙脱石晶格与晶格之间的联结力很弱，水分子可无定量地进入晶格之间而产生膨胀，吸水性极强，吸水后体积可增大数倍，土颗粒变得更细。这是一种水化能力极强、膨胀性极大和分散性高的活性新土，被广泛地采用在工程中。

水泥浆中掺入黏土可使浆液结石率提高，还可改善水泥分层离析程度，但掺入黏土过多会降低结石体的强度，凝结时间延长。黏土用量对浆液性能的影响见表 2-6 所列。

黏土用量对浆液性能的影响　　表 2-6

水灰比	黏土用量占水泥(%)	黏度(%)	密度(g/cm^3)	凝胶时间		结石率(%)	抗压强度(MPa)			
				初凝	终凝		3d	9d	14d	28d
0.5:1	5	滴流	1.84	2h42min	5h52min	99	11.85	—	33.2	13.6
0.75:1	5	40	1.65	7h50min	13h1min	93	4.05	6.96	7.94	7.89
1:1	5	19	1.52	8h30min	14h30min	87	2.41	5.17	4.28	8.12
1.5:1	5	16.5	1.37	11h5min	23h50min	66	1.29	3.45	3.24	7.36
2:1	5	15.8	1.28	13h53min	51h52min	57	1.25	2.58	2.58	7.85
0.5:1	10	不流动		2h24min	5h29min	100				20.3
0.75:1	10	65	1.68	5h15min	9h38min	99	2.93	6.96	5.12	
1:1	10	21	1.56	7h24min	14h10min	91	1.68	4.55	2.88	
1.5:1	10	17	1.43	8h12min	20h15min	79	1.56	2.79	3.30	
2:1	10	16	1.32	9h16min	30h24min	58	1.25	1.58	2.52	
0.75:1	15	71	1.70	4h35min	8h50min	99	0.40	2.40	2.95	
1:1	15	23	1.62	6h20min	14h13min	95	1.30	1.56	2.18	
1.5:1	15	19	1.51	7h45min	24h5min	80	0.85	0.97	1.40	
2:1	15	16	1.34	9h50min	29h16min	60	0.73	1.13	2.24	

此外，水泥黏土浆也可掺入其他附加剂，如水玻璃、速凝剂等。

3. 水泥—水玻璃浆

水泥—水玻璃浆液(CS 浆液)是以水泥和水玻璃为主剂，两者按照一定的比例采用双液注浆方式注入，必要时可以加入速凝剂或缓凝剂。

水玻璃不是一种单一的化合物，而是氧化钠(Na_2O)与无水二氧化硅(SiO_2)以各种比例结合的化学物质。水泥浆中加入水玻璃，当掺入量少时(3% ~5%)，作为速凝剂使用；掺入量较多时，则作为主剂使用。通过掺入水玻璃，可以克服水泥浆液凝结时间长且不能控制、结石率低等缺点，改善注浆效果。

水玻璃主要性能参数有模数和浓度(波美度)。模数为水玻璃中 SiO_2 克分子数与 Na_2O 克分子数的比值。模数小，二氧化硅含量低，凝结时间长，结石体强度低；模数大则相反。模数过大或过小都不利于注浆，一般注浆用的水玻璃模数在 2.4 ~3.4 较为合适。另一个参数为浓度，用波美度表示。一般水玻璃出厂浓度为 50 ~56Be′，注浆使用的水玻璃浓度为 30 ~45Be′。因此，在使用前都需要对水玻璃进行稀释。

水玻璃浓度对浆液胶凝时间有较明显的影响，浓度越大，胶凝时间越长，反之越短。水泥浆浓度(用水灰比表示)的影响则相反，水灰比越小，水泥浓度越大，胶凝时间越短，反之越长。而决定水泥—水玻璃浆液结合体抗压强度的主要因素是水灰比，其影响见表 2-7 所列。从表中可以看出，其他条件相同时，水泥浆浓度越大，抗压强度越高。

水灰比对水泥水玻璃浆液结石体抗压强度的影响　　表 2-7

水玻璃浓度(Be′)	水泥浆浓度(水灰比)	水泥浆与水玻璃体积比	抗压强度(MPa)		
			7d	14d	28d
40	0.5:1	1:1	20.4	24.4	24.8
40	0.75:1	1:1	11.6	11.7	18.5
40	1:1	1:1	4.4	10.6	11.3
40	1.25:1	1:1	0.9	4.4	9.0
40	1.5:1	1:1	0.5	0.9	2.3

水玻璃浓度对强度的影响较复杂。当水泥浆浓度较大时,随着水玻璃浓度的增加,抗压强度增高;当水泥浆浓度较小时,随着水玻璃浓度的增加,抗压强度降低。但当水泥浆浓度处于中间状态时,则其抗压强度变化不大。

水泥浆与水玻璃体积比对结石体抗压强度有一定的影响。当水泥浆与水玻璃体积比在1:0.4～1:0.6时,其抗压强度最高,说明水泥浆与水玻璃有一个适当的配合比,在这个配合比的范围内,反应进行得最完全,强度也就最高。实际上,浓水泥浆需要浓水玻璃;稀水泥浆需要稀水玻璃,水玻璃过量对其抗压强度将产生不良影响。

综合考虑凝胶时间、抗压强度、施工及造价等因素,当采用42.5级或52.5级普通硅酸盐水泥配制浆液时,水泥水玻璃浆液的常用配方为:

水泥浆的水灰比为0.8:1～1:1;

水泥浆与水玻璃的体积比为1:0.6～1:0.8;

水玻璃模数为2.4～3.4,浓度为35～40Be′。

水泥水玻璃浆液的组成及配制方法见表2-8所列。

水泥—水玻璃浆液组成及配方　　表 2-8

原　料	规格要求	作用	用量	主要性能
水泥	42.5级或52.5级普通矿渣硅酸盐水泥	主剂	1	凝胶时间可控制在几十秒至几十分钟范围内; 抗压强度为5～20MPa
水玻璃	模数:2.4～3.4,浓度:30～45Be′	主剂	0.5～1	
氢氧化钙	工业品	速凝剂	0.05～0.20	
磷酸氢二钠	工业品	缓凝剂	0.01～0.03	

水泥—水玻璃浆液的特点主要有:

①浆液胶凝时间可控制在几秒至几十分钟范围内;

②结石体抗压强度高,可达到10～20MPa;

③凝结后结石率可达100%;

④结石体渗透系数为10^{-3}cm/s;

⑤可用于裂隙为0.2mm以上的岩体或粒径为1mm以上的砂层;

⑥材料来源丰富,价格较低;

⑦对环境及地下水无毒无污染,但有NaOH溶出,对皮肤有腐蚀性;

⑧结石体易粉化,有碱溶出,化学结构不够稳定。

4. 超细水泥浆

普通水泥颗粒较大,渗透能力有限,一般只能渗入大于0.1mm的裂隙或孔隙。为解决细小孔隙的注浆问题，有时不得不使用价格较贵、耐久性差、结石体强度低、有时还存在环境污染的化学注浆材料。为解决普通水泥颗粒较大、渗透能力有限的问题，一种渗入性与化学浆液相似，强度高于一般化学浆液，且对地下水和环境无污染的注浆材料被研制出来，那就是超细水泥。

超细水泥是一种性能优越的注浆材料（物理特性见表2-9、化学组成见表2-10），其颗粒的最大粒径为12μm，平均粒径为4μm，比表面积相当大，因而在非常细小的裂隙中的渗透能力远高于普通水泥。如在其中加入一些助剂，可改善超细水泥浆液的可注性能。国内外的注浆实践证明，在细小的孔隙中，超细水泥具有较高的渗透能力，能渗入细砂层（渗透系数为10^{-3}～10^{-4}cm/s）和岩石的细裂隙中，与一般化学浆材相比具有较高的强度和较好的耐久性能。表2-11是超细水泥与其他水泥的结石强度对比。由于其表面积很大，同等流动性条件下用水量增加，欲配制流动性较好的浆液需水量较大，而保水性又很强的浆液中多余的水分不易排除，将影响结石体的强度。所以当采用超细水泥注浆时，浆液的水灰比应控制在一定范围内，往往需要掺入高效减水剂来改善浆液的流动性。目前超细水泥价格较贵，影响其使用范围。表2-12为3组有代表性的配方，可供注浆设计和施工控制参考。

超细水泥的物理特性 表2-9

项目	指标	项目		指标
外观	浅灰色粉末	气味		无
相对密度	3.00±0.1	细度	比表面积(cm^2/g)	约8000
单位质量(kg/L)	1.00±0.1		50%颗粒粒径(μm)	约4

超细水泥的化学组成（%） 表2-10

烧失量	SiO_2	Al_2O_3	Fe_2O_3	CaO	MgO	SO_3	总量
0.4	30.6	12.4	1.1	48.4	5.8	0.8	99.5

超细水泥和其他泥浆结石强度 表2-11

项目	抗弯强度(MPa)				抗压强度(MPa)			
龄期	3	7	28	91	3	7	28	91
超细水泥	5.1	6.4	8.3	8.8	25.6	39.8	54	62.3
胶体水泥	2.9	4.4	7.1	7.4	12.8	20.5	44.8	51.6
高早强硅酸盐水泥	5.5	6.5	8.1	8.3	24.8	33.9	46.6	49.8
普通硅酸盐水泥	3.4	4.9	7.0	7.3	13.7	23.4	41.2	49.1

超细水泥浆配方及性能 表2-12

编号	配方(质量比)			密度	凝结时间		抗折强度(MPa)			抗压强度(MPa)		
	水泥	水	助剂	(g/cm^3)	初凝	终凝	7d	28d	90d	7d	28d	80d
1	100	60	1	1.71	5h55min	7h10min	4.92	6.28	5.25	34.2	37.3	37.5
2	100	80	1	1.59	7h2min	8h40min	4.82	5.74	5.78	20.9	23.5	25.8
3	100	100	1	1.50	7h53min	9h3min	3.99	5.59	5.73	20.5	23.1	24.5

三、水玻璃类注浆材料

水玻璃又称硅酸钠($Na_2O \cdot nSiO_2$),在某些固化剂作用下,可以瞬时产生凝胶,因此可作为注浆材料。水玻璃类浆液是以水玻璃为主剂,加入胶凝剂,反应生成凝胶。它因为来源广泛,价格便宜,对环境无害而被广泛采用。它既可作为单一浆液灌注,还可用作为水泥注浆的速凝剂使用。一般用于注浆的水玻璃模数以2.4~3.4为宜。

水玻璃浆液用作主剂时,可以根据工程需要采用不同的固化剂,其凝胶时间及性能可通过不同的配方试验来确定。作水泥掺加剂时,也应依不同目的与要求通过试验确定。现介绍几种应用较多的浆液。

1. 水玻璃氯化钙浆液

水玻璃、氯化钙两种浆液在土体中相遇时发生反应而生成二氧化硅胶体,与土颗粒一起形成整体,起到防渗和加固的作用。这种浆液主要用于建筑、交通部门的地基加固或无黏性土的堵水。

加固每立方米土体所需浆液视土体的孔隙率而定。加固后的地基承载力:砂土为1500~3000kPa,粉砂约为500 kPa,黏性土约为800 kPa。

水玻璃氯化钙浆液可用一根管交替注入,但在换液前必须清洗管路;也可用双管注入法,即一根管注入水玻璃,另一根管注入氯化钙浆液,使两种浆液在地基中相遇而起化学反应凝胶。为提高浆液的扩散能力,可为两根管通直流电,称为电动硅化法。需要说明的是:两种浆液在相遇时的瞬间可产生化学反应,凝胶时间不好控制,因此注浆效果受操作技术及施工经验影响较大。

2. 水玻璃铝酸钠浆液

水玻璃与铝酸钠在地基中反应而生成的凝胶物——硅胶和硅酸铝盐可以胶结土颗粒。这种浆液主要用于堵水或加固地基。改变水玻璃模数、浓度、铝酸钠含铝量可调节凝胶时间。水玻璃模数越高,凝胶时间越短;浓度越低,凝胶时间越短;铝酸盐含铝量增加,凝胶时间缩短。高浓度浆液的黏度虽高,若被地下水稀释时,反而具有凝胶时间缩短的性质。其次,铝酸盐含量的多少会影响结石体的抗压强度。

3. 水玻璃氟硅酸浆液

氟硅酸(H_2SiF_6)水溶液无色,呈强酸性,能侵蚀玻璃,需保存于塑料容器中。浆液的凝胶时间主要受水玻璃、氟硅酸用量的多少影响,水玻璃浓度降低,或水玻璃用量减少均使凝胶时间缩短。固结体抗压强度随水玻璃浓度的增加而增加,随氟硅酸用量的增加而增加。这种浆液配方简单、操作方便。使用时,水玻璃与氟硅酸两者可等体积注入,氟硅酸不足部分可加水补充。工程中应注意的是:两种药液相遇时会有絮状沉淀物产生,可能影响浆液在地基中的扩散能力,并且氟硅酸有腐蚀性,成本较高,浆液凝胶体的耐久性尚没有可靠的资料说明。

4. 水玻璃乙二醛浆液

这是一种性能良好的水玻璃浆液,但其成本较高且受来源的限制,因而使用上受到了影响。影响凝胶时间的因素有乙二醛用量、浓度及水玻璃用量和浓度等。

几种浆液的组成、性能及主要用途见表2-13所列。

水玻璃浆液的组成、性能及主要用途 表 2-13

浆液	原料	规格要求	用量	凝胶时间	注入方式	抗压强度(MPa)	主要用途	备注
水玻璃氯化钙浆液	水玻璃 氯化钙	模数:2.5~3.0 浓度:43~45Be′ 密度1.26~1.28g/cm³ 浓度:30~32Be′	45% 55%	瞬间	单管或双管	<3.0	加固	注浆效果受操作技术影响较大
水玻璃铝酸钠浆液	水玻璃 铝酸钠	模数:2.3~2.4 浓度:40Be′ 含铝量:160~190g/L	1 1	几十秒~几十分	双液	<3.0	堵水或加固	改变水玻璃模数、浓度、铝酸钠含铝量和温度,可调节凝胶时间。铝酸钠含铝量多少会影响其抗压强度
水玻璃硅氟酸浆液	水玻璃 氟硅酸	模数:2.4~3.4 浓度:30~45Be′ 浓度:28%~30%	1 0.1~0.4	几秒~几十分	双液	<1.0	堵水或加固	两液等体积注入,硅氟酸不足部分加水补充。两液相遇时有絮状沉淀物产生
水玻璃乙二醛浆液	水玻璃 乙二醛 乙酸	模数:32 浓度:42Be′ 浓度:35% 浓度:90%	1 0.2~0.6 0~0.02	几秒~几十分	双液	<2	堵水或加固	两液等体积注入,乙二醛不足部分加水补充,乙酸为速凝剂

胶凝剂的品种较多,有些胶凝剂如氯化钙、磷酸和硫酸铝等,与水玻璃的反应速度很快,它们和主剂必须在不同的注浆管或不同的时间内分别注入,所以称为双液注浆法;另一些胶凝剂如盐酸、碳酸氢钠和铝酸钠等与水玻璃的反应速度较慢,因而主剂与胶凝剂能在注浆前预先混合注入同一钻孔中,所以称为单液注浆法。

双液法中两种化学剂的反应几乎是立即发生,而单液法中浆液的凝胶时间长,黏度增长速度较慢,故单液法的有效扩散半径比双液法大,但单液法的凝胶强度一般比双液法低。为克服单液法的这一缺点,近年来用有机剂乙二醛、醋酸乙酯、甲酸胺等作为胶凝剂的研究和应用得到迅速发展。

四、有机类注浆材料

有机类注浆材料的品种很多,包括丙烯酸胺类、聚氨酯类、木质素类、不饱和聚酯类、热沥青类、环氧树脂类等。本节仅叙述几种在工程中常用的注浆材料。

1. 丙烯酰胺类浆液

丙烯酰胺类浆液,国内简称丙凝浆液,国外称为 AM—9,是以有机化合物丙烯酰胺为主剂,配合其他药剂而制成的液体。其黏滞性与水接近,且凝结前维持基本不变。以水溶液状态注入土中,发生聚合反应后形成具有弹性的、不溶于水的聚合物。

1)组成

主剂丙烯酰胺(简称A)是白色结晶粉状物质,相对密度为1.12,极易溶于水,易聚合,在温度30℃以下的干燥环境中可长期保存。

交联剂为N—N′—亚甲基双丙烯酰胺(简称M)。因丙烯酰胺在适当的条件下易生成水溶性的线性聚合物,而这种聚合物作为注浆材料是不合适的,所以要加入N—N′—亚甲基双丙烯酰胺,使聚合物成为不溶于水的凝胶物。A和M合起来称为MG—646。

引发剂过磷酸胺(简称AP)为水溶性粉状材料,相对密度为1.98,在某些还原剂作用下可生成游离基而使丙烯酰胺聚合。

促进剂二甲氨基丙腈(简称DAP)为黄色液体,常温下相对密度为0.86。近年来常用性能相当的三乙醇胺代替二甲氨基丙腈。DAP和AP都属于催化剂,它们掺量的多少决定了丙烯酰胺浆液的凝胶时间,对浆液的黏度及稳定性也有重要影响。

缓凝剂铁氰化钾(简称KFe)是赤褐色粉状物质,用以延缓浆液的凝胶时间。丙烯酰胺类浆液的组成及配方见表2-14所列。

丙烯酰胺浆液的标准配方　　表2-14

试剂名称	代号	作用	浓度（质量比%）	黏度（$\times10^{-3}$Pa·s）	凝胶时间	抗压强度（MPa）
丙烯酰胺	A	主剂	95	1.2	十几秒至几十分钟	0.4~0.6
N—N′—亚甲基双丙烯酰胺	M	交联剂	0.5			
过磷酸胺	AP	引发剂	0.5			
二甲氨基丙腈	DAP	促进剂	0.4			
铁氰化钾	KFe	缓凝剂	0.01			

2)浆液及凝胶体的特点

(1)浆液黏度小,与水接近,常温标准浓度下为1.2×10^{-3}Pa·s,且在凝胶前保持不变,因此具有良好的可注性。

(2)凝胶时间可准确地控制在几秒至几十分钟之间,且凝胶是在瞬间发生并在几分钟之内就达到其极限强度,聚合体体积基本上为浆液体积的100%。

(3)凝胶体抗渗性好,其渗透系数为$10^{-9}\sim10^{-10}$cm/s。

(4)凝胶体抗压强度较低,约为0.2~0.6MPa,一般不受配方的影响,在较大裂隙内的凝胶体易被挤出,因此仅适用于防渗注浆。

(5)丙凝浆液及凝胶体耐久性较差,且具有一定的毒性,对神经系统有毒害,对空气和地下水有污染。

(6)丙烯酰胺浆液价格较贵,材料来源也较少。

(7)丙凝浆液与铁质易引起化学作用,具腐蚀性,凡浆液所流经的部件均宜采用不与浆液发生化学作用的材料制成。

3)浆液配合比实例

(1)丙烯酰胺与N—N′—亚甲基双丙烯酰胺溶液(MG—646)的配制,根据试验和应用经验，国内外均以10%作为主剂标准浓度。先将丙烯酰胺和N—N′—亚甲基双丙烯酰胺按95:5的比例称量好，配制成25%浓度的溶液。

(2)过磷酸胺(AP)的配制。一般情况下过磷酸胺在总浆液中的浓度为0.3%～1.2%，体积占全浆液体积的1/2。在配制时先固定一个浓度。如欲配制1000mL溶液，实际浆液体积为2000mL，先确定AP的浓度为1%，实际需先配2%浓度的溶液，即取AP20g，溶解在少量水中，然后倒入量杯中，再加水稀释到1000mL即可。

(3)二甲氨基丙腈(DAP)的配制。一般情况下二甲氨基丙腈的浓度为浆液总浓度的0.3%～1.2%，其在甲液中应为0.6%～2.4%。在配制时要先配制最浓的浆液，其他浓度的溶液可用浓溶液稀释获得。如1000mL溶液中，二甲氨基丙腈取100mL，实际配制二甲氨基丙腈的浓度为欲配浓度的10倍。即欲配1.2%的浓度，实际上先配12%的浓度，先称取12g二甲氨基丙腈，小心倒入100ml量杯中，用水反复冲洗几次，冲洗的水都应倒入量杯中，最后加水稀释到100mL。

2. 聚氨酯类浆液

聚氨酯类浆液采用多异氰酸酯和聚醚树脂等作为主要原料，加入各种外加剂配制而成。浆液注入地层后与水发生反应生成聚氨酯泡沫体，起加固地基和防渗堵水作用。它分为非水溶性聚氨酯浆液(简称PM)和水溶性聚氨酯浆液(简称SPM)。

1)非水溶性聚氨酯类浆液

非水溶性聚氨酯类浆液只溶于有机溶剂。其浆液组成及配方见表2-15所示。

PM型浆液组成及主要性能　　表2-15

原　料	外　观	作　用	凝胶时间	粘度(10^{-3}Pa·s)	抗压强度(MPa)
甲苯二异氰酸酯(TDI)	浅黄色液体，有刺激性臭味	制成预聚体为主剂	十几秒至几十分钟	十几至几百	6.0～10.0
丙二醇聚醚(N－204)	无色透明液体，无味	制成预聚体为主剂			
丙三醇聚醚(N－303)	浅棕色注液体，无味	制成预聚体为主剂			
邻苯二甲酸二丁酯(DBP)	无色液体，无味	溶剂			
丙酮	无色液体	溶剂			
发泡灵	棕色黏稠液体	表面活性剂			
三乙胺	无色液体，有刺激性臭味	催化剂			

PM型浆液的配方变化较大，甲苯二异氰酸酯(TDI)可用二苯基亚甲基二异氰酸酯(MDI)或多苯基多亚甲基多异氰酸脂(PAPI)代替，聚醚也可选用其他型号。聚氨酯浆液的特点有：

(1)浆液相对密度为1.036～1.125，是非水溶性，遇水开始反应，因此不易被地下水冲稀，可用于动水条件下堵漏，封堵各种形式的地下、地面及管道漏水，止水效果好。

(2)浆液遇水反应时，放出CO_2气体，使浆液产生膨胀，向四周渗透扩散，直到反应结束时止。由于膨胀而产生了二次扩散现象，因而有较大的扩散半径和凝固体积比。

(3)浆液粘度低，可注性好，可与水泥注浆相结合；采用单液系统注浆，工艺设备简单。

(4)固结体抗压强度高，一般在0.6～1.0MPa之间，渗透系数可达10^{-6}～10^{-8}cm/s。

(5)不污染环境。

(6)浆液遇水开始反应，所以受外部水或水蒸气影响较大，在存放或施工时应防止外部水进入浆液中。

(7)注浆后，管道、设备需用丙酮、二甲苯等溶剂清洗。

2)水溶性聚氨酯类浆液

水溶性聚氨酯与非水溶性聚氨酯的主要区别在聚醚。PM浆液所用的聚醚是环氧丙烷聚合物，而SPM浆液所用的聚醚是环氧乙烷聚合物，后者具有亲水性。

SPM浆液的组成、配方及主要性能见表2-16所列。

SPM型浆液的组成、配方及主要性能 表2-16

原　料	作　用	用量(质量比)	凝胶时间	抗压温度(MPa)	备　注
甲苯二异氰酸酯聚醚	制成预聚体为主剂	1	<2min可调	<1.0	SPM与PM的主要区别在于聚醚。SPM中的聚醚是环氧乙烷聚合物，分子量控制在3000～4000
邻苯二甲酸二丁酯	溶剂	0.15～0.5			
丙酮	溶剂	0.5～1			
2,4－二氨基甲苯	催化剂	适量			
水	反应剂	5～10			

水溶性聚氨酯也采用预聚体法，即将聚醚(固体)加热溶化，而后与甲苯二异氰酸酯按一定比例混合摇匀，在80℃条件下保持4h，即得到蜡状预聚体，使用时先加热溶化后，再加入一定量的溶剂即可注浆。其浆液特点有：

(1)浆液能均匀地分散或溶解在大量水中，凝胶后形成包有大量水的弹性体。

(2)浆液相对密度为1.10，黏度0.1Pa·s左右。

(3)凝胶时间几秒到几十分钟，凝胶体的抗压强度与包水量有关。

(4)可用于水工建筑物及地下工程的防渗堵漏。

3.木质素类浆液

木质素类浆液是以纸浆废液为主剂，加入一定量固化剂所组成的浆液。为了加快凝胶速度和提高结合体抗压强度，往往加入促进剂。木质素类浆液包括铬木素和硫木素两种浆液。

1)铬木素浆液

铬木素浆液的固化剂是重铬酸钠，由于重铬酸钠的毒性较大(饮水中的允许含量<0.05mg/L)，因此这种浆材难以大规模使用。最早的铬木素浆液只有纸浆废液和重铬酸钠两种组成。由于这种浆液凝胶时间较长，为缩短其凝胶时间，采用三氯化铁作为促进剂。为提高其强度，又用铝盐和铜盐作为促进剂，但未减小其毒性。随后东北大学又研制出铬渣木素养浆液，从而使其毒性大幅度降低，成本也大大降低。由于这几种浆液按不同情况均有实用价值，所以现将各浆液的组成、配方及性能列于表2-17及表2-18所列。

纸浆废液重铬酸钠浆液组成、配方及主要性能 表2-17

体系	原料	作用	浓度(%)	用量(体积比)	注入方式	凝胶时间	抗压强度
甲液	纸浆废液	主剂	20~45	1	双液	几分钟至几小时	0.4MPa
乙液	重铬酸钠	固化剂	100	0.1~1			

注:甲、乙两液等体积注入,重铬酸钠用量不足部分加水补充。

纸浆废液—三氯化铁—重铬酸钠浆液组成、配方及主要性能 表2-18

体系	原料	作用	浓度(%)	用量(体积比)	注入方式	凝胶时间	抗压强度
甲液	纸浆废液	主剂	20~45	1	双液	几分钟至几小时	0.4MPa
乙液	重铬酸钠	固化剂	100	0.1~0.5			
	三氯化铁	促进剂	100	0.1~0.5			

注:①甲、乙两液等体积注入,乙液不足部分加水,三氯化铁量增加会降低强度;

②重铬酸钠和三氯化铁的用量之比对凝胶时间有很大影响。

2)硫木素养浆液

硫木素浆液是在铬木素浆液的基础上发展起来的,是采用过硫酸铵完全代替重铬酸钠,使之成为低毒、无毒木质素浆液,这是一种很有发展前景的注浆材料。其浆液组成、配方见表2-19所列。

硫木素浆液组成、配方及性能 表2-19

材料	性状及规格	配比	用途	基本性能
纸浆废液	黑色黏液,固体物含量40%	50 mL	主剂	(1)凝胶时间可控制在几十秒至几十分钟范围内; (2)黏度为4×10^{-3}Pa·s; (3)其固结体强度为0.5MPa左右
过硫酸铵	白色粉末,化学纯或工业品	7g	固化剂	
氯化锌	白色粉末,浓度0.5g/mL	4mL	催化剂	
氯化铵	白色结晶,浓度0.2g/mL	16mL	催化剂	
氯化铜	绿色结晶,浓度0.1g/mL	2~3mL	催化剂	
氨水	无色透明液体,含氨25%	4mL	催化剂	
水	加至100mL		溶剂	

纸浆废液亦可以采用氢氧化钠调节pH值,以后直接用过硫酸铵进行固化。其结果见表2-20所列。

氢氧化钠、过硫酸铵对凝胶时间的影响 表2-20

甲液			乙液	凝胶时间	乙液	凝胶时间
30%纸浆废液(mL)	50%氢氧化钠(mL)	水(mL)	50%过硫酸铵(mL)		50%过硫酸铵(mL)	
25	5	0	15	0min43s	30	2min16s
25	4	1	15	0min57s	30	3min31s
25	3	2	15	1min30s	30	5min48s

4.环氧树脂浆液

环氧树脂是一种高分子材料,具有强度高、黏结力强、收缩性小、化学稳定性好、能在常温下固化等性能。作为注浆材料则存在一些问题，如浆液黏度大、可注性小、憎水性强、与潮湿裂缝黏结力差等。某些浆液的配方见表2-21所列，力学性能见表2-22所列。由中国水利水电科学研究院研制出黏度低、亲水性能好、与潮湿裂缝黏结力强的SK—E浆液，在许多混凝土结构加固防渗工程中得到应用，其浆液配方及力学性能见表2-23所列。

环氧树脂浆液配方 表2-21

配方	6101环氧树脂	501号环氧丙烷丁基醚	662号甘油环氧树脂	丙酮	糠醛	651号聚酰胺	二乙烯三胺	三乙胺	六次甲基四胺	DMP-30
	主剂	稀释剂	亲水剂	稀释剂	稀释剂	固化剂	固化剂	固化剂	固化剂	固化剂
1-1	100	30				40				
2-2	100	40				50				
13-2	100	40	30			20	16			
15-2	100	40	30				18			
22-1	100	30	30	20	20		15			10
23-2	100			35	35		15	5		
24-3	100	25	50	50			20		2	

环氧树脂浆液结石体强度 表2-22

配方	抗冲击强度(MPa)	抗压强度(MPa)	抗拉强度(MPa)	黏结强度(MPa)		备　注
				干缝	湿缝	
1-1	3.83	8.82	25.5	1.85	1.51	
2-2	4.08	8.72	34.4	1.84		
13-2	6.20	12.15	50.5	1.67	1.07	抗压变形较大
15-2	5.61	6.75	41.5	2.03	1.16	
22-1		8.15		1.97	1.90	
23-1				1.68	1.59	聚合物较软
24-1				1.42	1.42	聚合物较软

SK—E浆液配方及主要性能 表2-23

材　料	用量(g)	黏度(MPa)	抗压强度(MPa)	抗拉强度(MPa)	粘结强度(MPa)
环氧树脂主剂(6101号)	100	$6\times10^{-3}\sim12\times10^{-3}$	60~80	70~80	1.2~2.8
稀释剂	25~80				
增塑固化剂	20				
促进剂	5~15				

5. 甲凝浆液

甲凝是以甲基丙烯酸甲酯为主要成分,加入引发剂等组成的一种低黏度的注浆材料。甲基丙烯酸甲酯是无色透明液体,黏度很低,在25℃时,仅为5.7×10^{-4}Pa·s,渗透力很强,可注入0.05~0.1mm的细微裂隙,在一定的压力下,还可渗入混凝土材料中一定距离。聚合后的强度和黏结力较高。但甲凝是憎水性材料,在液态时,它怕水,也怕氧,同时浆液黏度的增长和聚合速度都较快,在湿度较高的环境中更是如此。所以,在注浆前,必须用风吹干裂缝和在浆液内加入一定的阻聚剂等,以取得较好的注浆效果。

6. 丙凝浆液

丙凝浆液注浆是在丙凝浆液基础上发展起来的,它是主要以丙凝与脲醛树脂作为注浆材料的一种化学注浆浆液。丙凝浆液及其聚合体既基本保存了丙凝的特性,又因脲醛树脂的存在而提高了强度。因此,丙凝具有防渗和加固的双重作用。丙凝浆液的黏度比丙凝大,约为$(5\sim6)\times10^{-3}$Pa·s,相对密度为1.19~1.20。聚合体的渗透系数可达10^{-8}cm/s,经丙凝灌注的砂,其聚合体的抗压强度可达8MPa。

五、注浆材料评价

理想的注浆材料应能满足工程力学性能要求,浆液应具有良好和可注性,凝胶时间可任意调整,价格低廉,无毒、无污染,施工方便等。虽然要找出满足所有这些条件的注浆材料是很困难的,但上述的每种浆材都有其可取之处,因此需要在熟悉各种注浆材料特性的基础上,按工程需要,选择一种合适的注浆材料或几种浆材配合使用。

水泥浆具有结石体强度高和抗渗性强的特点，既可用于防渗又可用来加固围岩，而且原材料成本较低，无毒性和环境污染问题，因而被广泛采用。但水泥浆析水性大，稳定性差，注入能力有限，且凝胶时间长，在地下水流速较大的条件下，浆液易受冲刷和稀释，影响注入效果。

由于水泥有颗粒性,一般只能灌注岩土的大孔隙或裂隙(0.2~0.3mm)。为提高水泥浆的可注性,采用各种细水泥可提高浆液的注入能力。目前粒径最细的超细水泥经掺入适当的分散剂后,可注入0.05~0.09mm的岩石裂隙。但超细水泥的高成本影响了其应用范围。为改善水泥浆液的析水性、稳定、流动性和凝结特性,可的掺入适当的助剂进行改性。某些方面的性能也可通过一定的工艺技术得以改善。

在冲积层或基岩裂隙堵漏注浆时,往往采用水泥水玻璃浆液,该种浆液具有水泥浆和化学浆液的特点,成本和来源都比纯化学浆液优越。水泥、水玻璃等为无机硅酸盐材料,来源丰富,价格低廉,是基本的注浆材料。化学浆液具有一些独特性能,如浆液黏度低、可注性好、凝胶时间可准确控制等。但化学浆材价格昂贵,且往往有毒性和污染环境的问题,所以只在必要时才采用化学浆液注浆。

总之，对注浆材料的选择应根据工程的具体要求、地质条件、浆液性能、注浆工艺及成本等因素综合考虑，选择最适合的浆材，使工程达到理想的技术经济指标。现将各种注浆材料的基本性能、应用范围、主要成分、用途和成本汇总成表2-24及表2-25，供注浆选择时参考。

各种注浆材料基本性能、成分及适用范围 表 2-24

浆液	黏度(10^{-3}Pa·s)	可注最小粒径(mm)	渗透系数(cm/s)	胶凝时间	抗压强度(MPa)	注入方式	扩散半径(m)	适用范围	主要成分	备注
水泥浆	15~140	1	10^{-1}~10^{-3}	6~15h	10~25	单液	20~30	地面、工作面预注浆，岩石裂隙注浆	水泥及其他附加剂	
水泥水玻璃浆	15~140	1	10^{-2}~10^{-3}	数秒~十分钟	5~20	双液	20~30	地面、工作面预注浆，岩石裂隙注浆，及壁后注浆，封堵涌水，地基加固等	水泥及玻璃	
水玻璃类	3~4	0.1	10^{-2}	瞬间~几十分钟	<3	双液	30~40	地基加固，冲积层注浆	水玻璃及助剂	有些助剂成本高
铬木素类	3~4	0.03	10^{-3}~10^{-5}	十几秒~几十分钟	0.4~2	单液或双液	30~40	冲积层注浆、壁内或壁后注浆	纸浆废液、重、铬酸钠、过硫酸铵	重铬酸钠对地下水有污染
丙烯酸胺类	1.2	0.01	10^{-5}~10^{-6}	十几秒~几十分钟	0.4~0.6	双液	50~60	冲积层注浆、壁内或壁后注浆	丙烯酸胺、过硫酸铵、N－N″－亚甲基双丙烯酸胺	

岩石裂隙中注浆材料及浆液浓度选择 表 2-25

项目	裂隙含水岩层中注浆孔涌水量(m^3)					岩层中冲洗液漏失量(m^3)		
	<	6~12	12~30	30~60	>60	<3	3~4.8	4.8~6
浆液类型	单液水泥浆	单液水泥浆	水泥水玻璃浆	水泥水玻璃浆	水泥水玻璃浆	单液水泥浆	单液水泥浆	水泥水玻璃浆
水灰比	1:1~0.8:1	0.8:1~0.6:1	1:1~0.8:1	0.6:1~0.8:1	0.6:1	1:1~0.8:1	1:1~0.8:1	1:1~0.8:1
水泥外加剂用量	氯化钙 3%~5% 或水玻璃 3%~5% 或三乙醇胺 0.05% 及食盐 0.5%					氯化钙 3%~5% 或水玻璃 3%~5% 或三乙醇胺 0.05% 及食盐 0.5%		
水玻璃浓度(Be′)			35~40	35	30~35			35~40
水泥浆与水玻璃体积比			1:1~0.8:1	1:0.8~1:0.6	1:0.6~1:0.3			
凝胶时间(min)	300~400		2~3	1~2	<1	600	300~400	2~3

六、注浆材料主要性质

1. 黏度

黏度是表示浆液流动时，因分子间相互作用，产生的阻碍运动的内摩擦力。其单位为帕斯卡秒(Pa·s)，工程上常用厘泊(CP)来计量，$1CP=10^{-3}Pa\cdot S$。现场常以简易黏度计测定，以"秒"作单位。一般称之黏度，系指浆液配成时的初始黏度。黏度大小影响浆液扩散半径，影响注浆压力、流量等参数的确定。

浆液在固化过程中，黏度变化有两种类型，如图2-2所示。曲线I是一般浆液材料，如单液水泥浆、环氧树脂类、铬木素等，黏度逐渐增长，最后固化。随着黏度增长，浆液扩散由易到难。

曲线II表示如丙烯酰胺类浆液，凝胶前随聚合反应开始，但黏度不变，到凝胶发生，黏度突变，顷刻形成固体，有利于注浆。

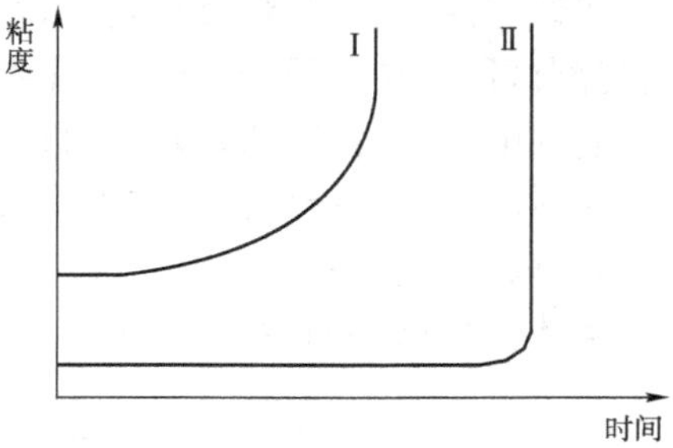

图2-2　浆液粘度变化曲线

2. 渗透能力

渗透能力即渗透性，指浆液注入岩层的难易程度。对于悬浊液，渗透能力取决于颗粒大小；对于溶液，则取决于黏度。

根据试验，砂性土孔隙直径D的3倍以上浆液才能注入，即：

$$K=\frac{D}{d}\geqslant 3 \tag{2-4}$$

式中：K——注入系数。

据此，国内标准水泥粒径为0.085mm，只能注入到0.255mm的孔隙或粗砂中。凡水泥不能渗入的中、细、粉砂只能用化学浆液。

3. 凝胶时间

凝胶时间是指参加反应的全部成分从混合时起、直到凝胶发生、浆液不再流动为止的一段时间。其测定方法，凝胶时间长的用维卡仪。一般浆液，通常采用手持玻璃棒搅拌浆液，以手感觉不再流动或拉不出丝为止，来测定凝胶时间。

4. 渗透系数

渗透系数是指浆液固化后结石体透水性的高低，或表示结石体抗渗性的强弱。

5. 抗压强度

注浆材料自身抗压强度的大小决定了材料的使用范围，大者可用以加固，小者则仅能堵水。在松散砂层中，浆液与介质凝结之结石体强度，对于在流砂层中修建隧道或凿井是至关重要的。

七、注浆材料的性能试验

1. 化学浆液黏度测定

1)测定工作依据

本试验方法的工作原理、试样制备、结果表示等部分参照《合成胶乳粘度测定法》(GB

2956—82)的规定。

2)仪器

(1)NDJ—79 型旋转式黏度计。选择转速为750r/min,第二单元2号转子(因子为10)。

(2)恒温水。温控精度25℃ ±1℃。

3)测定步骤

将试样注入测试器,直到它的高度达到锥形面下部边缘;将转筒浸入液体直到完全浸没为止,将测试器放在仪器支柱架上,并将转筒挂于仪器转轴钩上。

启动电动机,转筒从开始晃动直到完全对准中心为止。将测试器在托架上前后左右移动,以加快对准中心。指针稳定方可读数。

2. 水泥细度检验

具体参见《道路材料》*[1]教材。

●第三节　施工质量控制●

一、稳定开挖面辅助施工方法技术要求

1. 地面砂浆锚杆施工技术要求

(1)锚杆宜垂直地表设置,根据地形及岩层层面具体情况也可倾斜设置。

(2)锚杆长度可根据隧道覆盖层厚度和实际施工能力确定。

(3)砂浆锚杆的施工应按下列规定执行:

①锚杆施工安设应符合设计要求。

②锚杆施工的准备工作如下:

a. 检查锚杆材料、类型、规格、质量以及性能是否与设计相符;

b. 根据锚杆类型、规格及围岩情况选择钻孔机具设备;

c. 砂浆锚杆应按设计要求截取杆体,并整直、除锈和除油及去污;

d. 采用楔缝式锚杆时,应检查杆体长度、楔缝、楔块、螺母与螺栓的尺寸和配合情况。

③钻孔前应根据设计要求定出孔位,作出标记,孔位允许偏差为 ±15mm。

④钻孔施工应符合以下要求:

a. 钻孔应圆而直,钻孔方向宜尽量与岩层主要结构面垂直;

b. 水泥砂浆锚杆孔径应大于杆体直径15mm;其他形式锚杆孔径应符合设计要求;

c. 树脂锚杆和早强药包锚杆孔深应与杆体长度配合恰当。

⑤普通水泥砂浆锚杆的施工要求如下:

a. 砂浆配合比(质量比)为:水泥:砂:水宜为1:1 ~1.5:(0.45 ~0.5),砂的粒径不宜大于3mm。

b. 砂浆应拌和均匀,随拌随用,一次拌和的砂浆应在初凝前用完。

c. 灌浆作业应遵守以下规定:

---

* 高等职业教育规划教材《道路材料》,陈晓明主编,人民交通出版社,2005年。

● 注浆开始或中途暂停超过 3min 时，应用水润滑灌浆罐及其管路；

● 注浆孔口压力不得大于 0.4MPa；

● 注浆管应插入至距孔底 5 ~ 10cm 处，随水泥砂浆的注入缓慢匀速拔出，随即迅速将杆体插入，锚杆杆体插入孔内的长度不得短于设计长度的 95%；若孔口无砂浆流出，应将杆体拔出重新注浆。

d. 锚杆安设后不得随意敲击，其端部 3d 内不得悬挂重物。

⑥早强水泥砂浆锚杆的施工要求如下：

a. 早强水泥砂浆锚杆施工，应遵守上述普通水泥砂浆锚杆施工的技术要求；

b. 早强水泥砂浆锚杆采用硫铝酸盐早强水泥并掺早强剂；

c. 注浆作业开始或中途停止超过 30min 时，应测定砂浆坍落度，其值小于 10mm 时，不得注入罐内使用。

⑦楔缝锚杆（包括胀壳式锚杆）的施工要求如下：

a. 楔缝式锚杆安装前，应将杆体与部件（如楔子、胀壳、托板）组装好；锚杆插入钻孔时楔子不得偏斜或脱落，锚头必须楔紧，保证锚固可靠；安设杆体后立即上好托板，拧紧螺帽。锚杆施加预张拉力时，其拧紧力矩不应小于 100N · m。

b. 打紧楔块时不得损坏丝扣。

c. 楔缝锚杆——昼夜后应再次紧固，以后还要定期检查，如发现有松弛，应再行紧固。

d. 楔缝式锚杆只能作为临时支护，如作为永久支护应灌注水泥浆或水泥砂浆。

⑧树脂锚杆的施工要求如下：

a. 树脂锚杆安装前，应检查树脂卷的质量，变质者不得使用。

b. 安装时，用杆体将树脂卷入孔底，用搅拌器搅拌树脂时，应缓缓推进杆体，搅拌时间一般为 30s。搅拌完毕后，将孔口处杆件临时固定，15min 后可安装托板。

⑨早强药包锚杆的施工要求如下：

a. 早强药包锚杆的施工应遵守①、②、④条规定；

b. 将药包推入孔内要配备专门工具，中途药包不得破裂；

c. 锚杆杆体插入时应注意旋转，使药包充分搅拌均匀。

⑩在有水地段，采用普通水泥砂浆锚杆时，如遇孔内流水，应在附近另行钻孔后再安设锚杆，亦可采用速凝早强药包锚杆或采用钢管锚杆向围岩压浆止水。

⑪锚杆钻孔可采用一般凿岩机械，当在土层中钻孔时，宜采用干式排渣的回旋式钻机。注浆可采用风动牛角泵，也可使用挤压式注浆机。

⑫锚杆宜采用 II 级钢筋制作，灌浆锚杆宜采用螺纹钢筋，杆体直径以 16 ~ 22mm 为宜。楔缝锚杆的杆体直径以 16 ~ 25mm 为宜。

2. 超前锚杆或超前小钢管支护施工要求

(1) 超前锚杆或超前小钢管支护，宜和钢架支撑配合使用，并以钢架腹部穿过，特殊情况下亦可以拱架底部或顶部穿入；

(2) 超前锚杆或超前小钢管支护，与隧道纵向开挖轮廓线间的外插角宜为 5° ~ 10°，长度为大于循环进尺，宜为 3 ~ 5m；

(3) 超前锚杆宜用早强水泥砂浆锚杆；

(4)超前小钢管应平直,尾部焊箍,顶部呈尖锥状。在安设前应检查小钢管尺寸,钢管顶入钻孔长度不应小于管长的90%。

3. 管棚钢架超前支护施工要求及要点

(1)检查开挖的断面中线及高程,开挖轮廓线应符合设计要求。在开挖工作面处应先安设受力拱架,并在其上正确标明管棚位置。

(2)钢架安装垂直度允许误差为±2°,中线及高程允许误差为±50mm。在钢架上沿隧道开挖轮廓线纵向钻设管棚孔,其外插角以不侵入隧道开挖轮廓线越小越好。孔深不宜小于10m,一般为18~45m,孔径比管棚钢管直径大约20~30mm。钻孔环向中心间距视管棚用途确定。钻孔顺序一般由高孔伴向低孔位进行。

(3)在钻进时,若出现卡钻、坍孔时,应注浆后再钻,也可直接将管棚钢管钻入,开孔时应低速低压,待成孔后可加压到1.0~1.5MPa。将钢管打入管棚孔眼中。管棚外径宜为ϕ70~ϕ180mm,长度宜为4~6m。接长管棚钢管时,接头应采用厚壁管箍,上满丝扣,丝扣长度不小于15cm,以确保连接可靠,接头应在隧道横断面上错开。

(4)当需增加管棚钢架支护的刚度时,可在钢管内注入水泥砂浆。管棚钢管内水泥砂浆应用牛角泵灌注,封堵塞应有进料孔和出气孔,在出气孔流浆后,方可停止压注。

4. 超前小导管预注浆施工要求

(1)小导管采用ϕ32mm焊接钢管或ϕ40mm无缝钢管制作,长度宜为3~5m。管壁每隔10~20cm交错钻眼,眼孔直径宜为ϕ6~8mm。

(2)沿隧道纵向开挖轮廓线向外以10°~30°的外插角钻孔,将小导管打入地层、亦可在开挖面上钻孔将小导管打入地层,小导管环向间距宜为20~50cm。

(3)小导管注浆前,应对开挖面及5m范围内的坑道,喷射厚度为5~10cm混凝土或用模筑混凝土封闭,并将检查注浆机是否完好,备足注浆材料。

(4)小导管预注浆的工序流程,如图2-3所示。

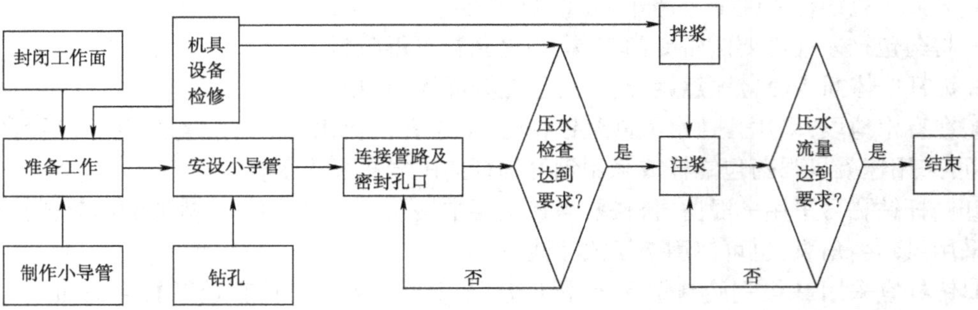

图2-3　小导管注浆工作程序

(5)为充分发挥机械效能,加快注浆进度,在小导管前安设分浆器,一次可注入3~5根小导管,注浆压力应为0.5~1.0MPa。必要时可在孔口处设置止浆塞,止浆塞应能承受规定的最大注浆力或水压。

(6)注浆后至开挖前的时间间隔,视浆液种类宜为4~8h。开挖时应保留1.5~2.0m的止浆墙,防止下次注浆时孔口跑浆。

5. 超前围岩预注浆加固施工要点

(1)注浆孔的布置角度及深度应符合设计要求,孔口位置与设计位置的允许偏差为±5cm;孔底位置偏差应小于孔深的10‰。

(2)注浆钻孔的孔壁圆、角度准、孔身直、深度够、岩粉清洗干净。当出现严重卡钻、孔口不出水时应停止钻孔,立即注浆。

(3)钻孔结束后应掏孔检查,在确认无塌孔和探头石时,才可安设注浆管。

(4)注浆前应平整注浆所需场地,检查机具设备,作好止浆墙并准备注浆材料。

(5)注浆压力根据地质条件的岩性,施工条件等因素在现场由试验确定。

(6)注浆方式可根据地质条件,机械设备及注浆孔的深度选用前进式,后退式或全孔式。其注浆顺序为:先注内圈孔、后注外圈孔;先注无水孔、后注有水孔,从拱顶顺序向下进行。如遇窜浆或跑浆,则可间隔一孔或数孔灌注。注浆结束后,应利用止浆阀保持孔内压力,直至浆液完全凝固。

(7)注浆作业的技术要求如下:

①浆液的浓度、胶凝时间应符合设计要求,不得任意变更。

②应经常检查泵口及孔口注浆压力的变化,发现问题应及时处理。

③采用双液注浆时,应经常测试混合浆液的胶凝时间,发现与设计不符,应立即调整。

(8)注浆结束的条件:

①单孔结束条件。注浆压力达到设计终压,浆液注入量已达到计算值的80%以上。

②全地段结束条件。所有注浆孔均已符合单孔结束条件,无漏注浆的情况。

(9)注浆后必须对注浆效果进行检查,如未达到要求,应进行补孔注浆。注浆效果有以下3种:

①分析法。分析注浆记录,看每个孔的注浆压力、注浆量是否达到设计要求;在注浆过程中,漏浆、跑浆是否严重;以浆液注入量估算浆液扩散半径,分析是否与设计相符。

②检查孔法。用地质钻机按设计孔位和角度钻检查孔,取岩心进行鉴定。同时测定检查孔的吸水量(即漏水量)应于小于0.2~0.4L/min·m。

③声波监测法。用声波探测仪测量岩体的声速,判断注浆效果。

(10)注浆后至开挖前的时间间隔,可按有关规定执行。注浆后,应视浆液种类,等待4~8h方可开挖。开挖时应按设计要求留设止浆岩盘。每开挖循环长度应根据注浆段(导管)长度而定,但必须留3~5m止浆墙。单注水泥浆开挖时间为注浆后8h左右,水泥—水玻璃浆为4h左右。

6. 注浆材料选用

注浆材料的选用应根据地质条件及涌水情况确定。

断层破碎带和砂卵石地层,当裂隙宽度(或粒径)大于1mm时,加固地层或堵水注浆,宜优先选用料源广、价格较便宜的单液水泥浆和水泥—水玻璃浆液。

(1)采用水泥浆液时,水灰比可采用0.8:1~2:1。需缩短胶凝时间,可加入食盐,三乙醇胺1.5:1,水玻璃浓度为25°~40°Be′水泥浆与水玻璃的体积比宜为1:1~1:0.3。

(2)断层泥地带,当裂隙宽度(或粒径)小于1mm时,加固注浆宜优先采用水玻璃类和木胺类浆液。

(3)中、细、粉砂层及细小裂隙岩层，断层泥地段，宜采用渗透性好、低毒及遇水膨胀的化学类浆液。

7. 注浆机具设备

注浆机具设备应为性能良好，操作简便，并应满足使用的要求。

8. 平行导坑向正洞预注浆加固施工要点

(1)当隧道坑道开挖工作面注浆有困难，或为了增加了开挖工作面时，经技术、经济比选后，可设置由平行导坑向正洞进行预注浆加固。

(2)采用从平地导坑向正洞预注浆与开挖工作面预注浆只是注浆地点不同，其注浆参数、工艺要求、工序流程、注浆材料及机具设备都基本相同。

9. 周边劈裂注浆及周边短孔预注浆加固

对于粒径小于0.05mm以下的粉砂及黏性软弱地层，进行加固围岩和堵封出水，为节省注浆材料，可使用水泥类、水泥—水玻璃类浆液，并采用周边劈裂注浆法进行预注浆，加固围岩或止水。施工中需排放少量地下水的隧道，为节约注浆材料和加快施工进度，可采用周边短孔围岩预注浆加固。

10. 稳定开挖面方法选用

可选用遮挡壁法、特殊钢背板顶进法、锚索法以及钢筋混凝土管桩加固法等，以稳定开挖面，防止隧道地表地层下沉。

11. 注浆机具设备的选择

根据注浆目的、范围、注浆液类型和数量等，应选用性能好、操作简易的注浆机具设备。常用的有注浆机、钻机和搅拌机，分别见表2-26～表2-28所列。

常用注浆泵 表2-26

序号	名称	规格型号	主要技术指标		产地(厂家)
			p(MPa)	Q(L/min)	
1	液压调速注浆泵	YSB—250/120	12	250	
2	双液调速注浆泵	2TGZ—60/210	21	60	锦西注浆泵厂
3	双液调速注浆泵	2TGZ/120/105	10.5	120	锦西注浆泵厂
4	液压注浆泵	YZB—50/70	7	50	石家庄煤矿机械厂
5	隔膜计量泵	2MJ—3/40	4	50	
6	泥浆泵	BW—250/50	5	250	衡阳探矿机械厂
7	泥浆泵	TBW—200/40	4	200	衡阳探矿机械厂
8	液压注浆泵	HFV—C	13	200	日本
9	液压注浆泵	HFV—2D	20	100	日本
10	双液液压注浆泵	HFV—5D	10	70×2	日本
11	双液液压注浆泵	PF—40A	15	113×2	日本
12	液压注浆泵	ZBE	10	90	瑞典
13	化学灌浆计量泵	HGB	5	50	电力部华东设计院
14	立式双缸化学灌浆泵	HG20—12	2	12	
15	手压泵		3	5	

开挖工作面预注浆常用钻机 表 2-27

序号	名　称	规格型号	主要技术指标	产地(厂家)
1	坑道钻机	KD—100 回转	钻深 100m,开孔 108mm,360°	北京探矿机械厂
2	探水钻机	TXU—75 回转	钻深 75m,开孔 108mm,360°	石家庄煤矿机械厂
3	地质钻机	TXU—100 回转	钻深 100m,开孔 108mm,360°	石家庄煤矿机械厂
4	地质钻机	TXU—200 回转	钻深 200m,开孔 108mm,360°	石家庄煤矿机械厂
5	钻机	SGZ—1 回转	钻深 150m,开孔 108mm,360°	水电部杭州钻探机械厂
6	导轨式独立回转凿岩机	YGZ—90	钻深 30m	南京战斗机械厂
7	注浆钻机	PD—200	钻深 70m,左右 40°,上下 25°	日本
8	凿岩机	PR—123	钻深 70m	日本
9	凿岩机	PR—143	钻深 120m	日本
10	凿岩机	DIAMEC—260		瑞典
11	两臂液压台车	TH286		瑞典

常用进口搅拌机 表 2-28

序号	名　称	型　号	主要技术指标	产地(厂家)
1	上下双筒搅拌机	MVT—400	有效搅拌 400L	日本
2	水平双筒搅拌机	MS—400	有效搅拌 400L	日本
3	叶片立式搅拌机	CEMAG—400	有效搅拌 400L	瑞典
4	立式搅拌机	CEM—200	有效搅拌 200L	瑞典

注:国内搅拌机多为自制。

二、喷射混凝土强度控制

1. 喷射混凝土强度

喷射混凝土的强度,应根据现场 28d 龄期抗压强度的试验结果,绘制强度图以便采用强度控制。显然,喷射混凝土是由非匀质材料所组成的,施工中又受到各种因素影响,如喷射混凝土原材料的规格和质量、水泥用量与水灰比、外加剂的品种与掺入量、配合比与拌制质量、机具设备与喷射技术水平、施工工艺技术与控制水平、现场温度与养护条件、强度试验频率与质量管理等因素的影响,导致喷射混凝土强度有时大、有时小,有较大的离散性。但是,如果实行严格的质量管理与控制,喷射混凝土支护的质量是可以保证的。施工中应绘制强度控制图表,以及时发现问题,并采取补救措施。

喷射混凝土强度控制图表的格式与绘制方法见表 2-29 所列。

1)单次试验强度图

将全部强度试验结果按制取的先后顺序标点绘制。图上设有设计强度等级线,施工应达到平均强度线,以此作为控制。

喷射混凝土强度控制图表 表2-29

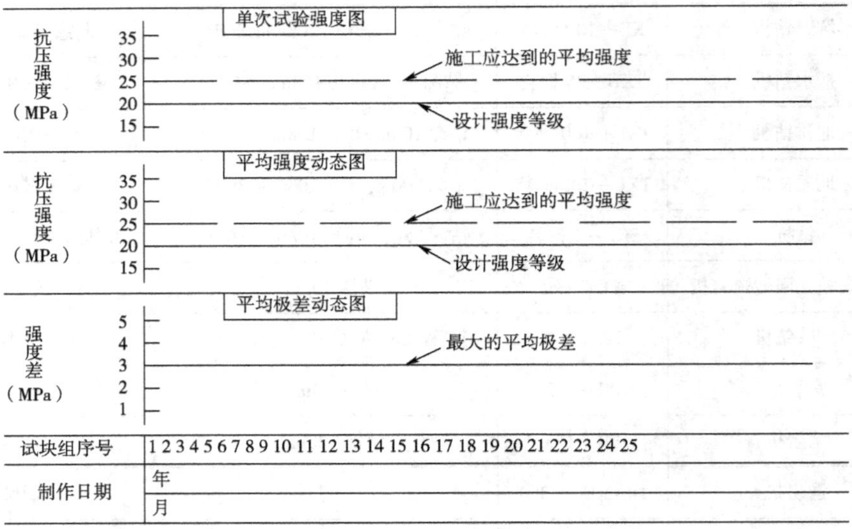

2)平均强度动态图

每个点所标绘的是本组和前9组,共10组的平均极差值,以最大的平均极差作上限。

评价喷射混凝土的施工控制水平,主要参数是其抗压强度的标准差 S_n 和变异系数 V_n。根据国内隧道喷射混凝土施工的实际质量状况,并参考国外用于现浇混凝土的强度参数,喷射混凝土强度的匀质性可按表2-30的控制水平表示。

喷射混凝土的匀质性指标 表2-30

主要参数	施工控制水平	优	良	及　格	差
标准差 S_n (MPa)	母体的离散	<4.5	4.5~5.5	5.5~6.5	>6.5
	一次试验的离散	<2.2	2.2~2.7	2.7~3.2	>3.2
变异系数 V_n (%)	母体的离散	<15	15~20	20~25	>25
	一次试验的离散	<7	7~9	9~11	>11

2. 喷射混凝土强度匀质性

根据现场同批 n 组试块28d龄期抗压强度,按式(2-5)求得标准差 S_n 和变异系数 V_n。

$$S_n = \sqrt{\frac{1}{n-1} \cdot \sum_{i=1}^{n} (R_i - \bar{R}_n)^2} \text{(MPa)} \tag{2-5}$$

式中:n——同批试块的组数;

R_i——第 i 组试块的强度代表值(MPa);

$\bar{R}_n$——同批 n 组试块强度的平均值(MPa),其值为:

$$\bar{R}_n = \frac{1}{n}\sum_{i-1}^{n} R_i \text{(精确到0.1MPa)}$$

$$V_n = \frac{S_n}{R_n} \times 100(\%)$$

3. 喷射混凝土平均强度

喷射混凝土施工应达到的平均强度为：

$$\bar{R} = R + 1.04S \tag{2-6}$$

式中：R——相当于喷射混凝土强度等级的抗压极限强度(精确到0.1MPa)；

S——标准差，其系数取值1.04时，低于R的概率为15%。

喷射混凝土的抗压强度亦可用回弹仪测试，通过对比试验进行强度控制。

三、喷射混凝土抗压强度试块制取

喷射混凝土必须作抗压强度试验。当设计有其他要求时，可以增加其他性能的试验。喷射混凝土抗压强度检验所需的试块应按下列要求制取。

1. 试块制取数量

试块应在喷射混凝土施工中抽样制取。隧道(2车道隧道)每10延米，至少应在拱脚和边墙各取一组试样，材料和配合比有变更时另取一组，每组至少取3个试块进行抗压试验。

2. 试块标准制作方法

试块的标准制作方法是：喷大板切割制成边长10cm的立方体。检验方法为：将试块在标准条件(温度20±3℃、相对湿度≥90%)下养护28d，用标准试验方法，在压力试验机上所测得的极限抗压强度(以MPa计)，乘以0.95的系数。喷射混凝土标准试块的尺寸，考虑到所用骨料的最大粒径不宜大于15mm，规定10cm的立方体。同时规定龄期为28d的抗压极限强度乘以0.95的换算系数，以便能与模筑混凝土的抗压强度相比较。

3. 试块的非标准制取

试块亦可用边长为10cm的无底模具喷射成型的非标准法制取。非标准方法与标准方法制取的试块，其抗压强度的换算系数为1.0。作为检验喷射混凝土的抗压强度，亦可以在实际喷体上钻取芯样制取试块，机具可用ZQ－1型混凝土岩芯钻取机等。另外采用喷大板切割的方法制取试块，虽与实际较接近，但目前也仍有不少施工单位不具备切割加工的条件。为此，亦可用边长为10cm或15cm的立方体无底模具喷射成型，制取试块。但检验时，应将其换算成标准试块的抗压强度（换算系数或公式，应通过相同情况下的对比试验求得）。对试验数据进行整理分析时，先作方差分析，判断采用不同的试块制作方法对抗压强度的影响大小。

4. 喷射混凝土试块试验

喷射混凝土抗压强度试验时，加载方向必须与试块喷射方向垂直。用回弹仪测度时，测试数量不得少于第1条要求的试块数量。抗压强度是喷射混凝土强度的主要指标，一般能反映其他物理力学性能及支护质量的优与劣。因此，检验时通常只做抗压强度试验，或能过用回弹仪测试后换算成标准试块的抗压强度值。当设计有某些特殊要求时，可增加作其他性能的试验。

四、喷射混凝土抗压强度检验

1. 检查批次确定

原材料和配合比基本相同的喷射混凝土才能组成同一检查验收批次，同批喷射混凝土的抗压强度，应与同批内标准试块的强度代表值作比较来评定支护质量。

2. 每组强度代表值的确定

每组试块的强度代表值为3个试块试验结果的平均值（具体计算，一般是四舍五入取整数，精确到0.1MPa）。同组试块应在同大板上制取，有明显缺陷者应予舍弃。3个试块中的过大或过小的强度值，与中间值相比超过15%时，以中间值代表该组试块的抗压强度。

3. 喷射混凝土抗压强度合格条件

喷射混凝土抗压强度的合格条件为：

$$(\bar{R} - KS_n) \geqslant 0.85R \tag{2-7}$$

$$R_{min} \geqslant 0.85R \tag{2-8}$$

式中：n——同批喷射混凝土试块组数；

R_n——同批 n 组试块抗压强度的平均差（精确到0.1MPa）；

S_n——同批 n 组试块抗压强度的标准差（精确到0.1MPa）；

R——相当于喷射混凝土强度等级的极限抗压强度；

R_{min}——同批 n 组试块抗压强度中最低一组的值（精确到0.1MPa）；

K——合格判定系数，按表2-31取值。

合格判定系数 K 值 表2-31

n	10～14	15～24	≥25
K	1.70	1.65	1.60

当同批试块组数 $R_n<10$ 时，按以下条件检验查验收：$\bar{R}_n \geqslant 1.05R$；$R_{min} \geqslant 0.9R$。

4. 喷射混凝土抗压强度的确立

喷射混凝土抗压强度满足以下条件者为合格，否则为不合格。

(1)同批（指同一配合比）试块的抗压强度平均值，不低于设计强度或C20。

(2)任意一组试块抗压强度平均值，不得低于设计强度的80%。

(3)同批试块为3～5组时，低于设计强度的试块组数不得多于1组；试块为6～16组时，不得多于2组；17组以上，不得低于总组数的15%。

(4)检查不合格时，应查明原因并采取措施，可用加厚喷层或根据实际情况增设锚杆的办法予以补强。喷射混凝土抗压强度的合格条件（$R_n - KS_n$）≥0.85R 是主要指标，其设计计算强度的保证率为95%。考虑的主要因素是：

①采用计量抽样检验方法，使之能以较少的检验数量，得到有关质量状况较多的信息。

②采用标准差未知的公式，这对于地下工程和隧道工程建筑生产水平不够稳定，喷射混凝土强度易于受多种因素影响而波动的情况，较为适宜。

③兼顾隧道使用和施工方的利益，在限制漏判概率的同时，也适当限制错判概率。检查验收函数（$R_n - KS_n$）中的 K 值，遵从非中心分布。当试块组数一定时，合格判定系数 K 值愈大，

则错判概率愈大,而漏判概率愈小,检验标准愈严,可能造成工程费用浪费;反之,K 值愈小,检验标准愈宽,则可能造成对支护结构物安全的不良影响。为保证漏判概率不随试块组数而变,K 的取值必将随试块组数增多而减少。表 2-31 即为漏判概率限制在 20% 左右所取的 K 值,是前述条件的补充,主要作用是控制分布曲线中低强度一侧可能出现长尾的情况,以弥补其不足。

当统计数据同时满足合格条件的两项要求时,则可以认为该批喷射混凝土强度合格。

五、隧道初期支护厚度检查

1. 喷层厚度检查

喷层厚度可分喷射过程和支护完成两个阶段检查。

(1)喷射时可插入长度比设计厚度长 5cm 的铁丝,纵、横向 1 ~2m 设一根,作施工控制用。

(2)支护完成后,每 10 延米至少检查一个断面,再从拱顶中线起,每隔 2m 凿孔检查一个点。每个断面拱、墙分别统计,全部检查孔处喷层厚度,应有 60% 以上达到设计厚度;平均厚度不得小于设计厚度;最小厚度不小于设计厚度的 1/2。

2. 初期支护厚度检验方法和数量

用凿孔或电测法等方法对初期支护进行检查。检查断面数量,双车道隧道每 10m 检查一个断面;每个断面应从拱顶中线起,每间隔 2m 布设一个检查点。

喷射混凝土厚度的检查,常用钻眼法。钻眼检查宜在混凝土喷好 8h 以内进行,用短钢钎将孔凿出。此时,混凝土强度还较低,易于凿孔,若发现厚度不够,可及时补喷加厚,其施工管理亦较方便。采用凿岩机钻眼,若因喷射的混凝土与围岩粘结紧密,颜色相近较难辨认喷层厚度时,可用酚酞试液涂抹孔壁,碱性混凝土即呈现红色而易于辨认了。

3. 检查断面的间距

规定的检查断面间距,当设计喷层厚度为 10cm 时,与留取强度检查试块的相应工程量接近。检查断面间距为:单车道隧道每 20 延米,双车道隧道每 10 延米检查一个断面;每个断面从拱顶中线起,每间隔 2m 布设一个检查点。若隧道工程对喷层厚度有特别严格要求时,检查断面及钻眼数量,可以适当增加,以确保特殊功能和相应高质量的要求。

4. 喷层厚度合格条件

考虑到岩面本身有起伏不平,喷层是紧贴岩面的,而且通常还要求做到喷层表面圆顺整齐,因此,喷层厚度相差的幅度比较大,要求喷层厚度 60% 以上达到设计厚度,其余均不小于设计厚度之半;同时,一个断面检查点处厚度的平均值应达到设计厚度。为保证达到这个较高的要求,需要配合采用光面爆破,并必须加强施工管理。

在软弱破碎的围岩地段,设计中可规定喷层最小厚度的控制值。

六、初期支护外观与隧道断面尺寸检验

初期支护外观与隧道断面尺寸检验的一般要求为:

(1)隧道断面尺寸应符合设计和使用要求。

(2)应无漏喷、离鼓现象;混凝土表面密实,蜂窝麻面面积不超过 0.5%,深度不超过 10mm;结构轮廓线条直顺美观、墙面平整。

(3)应无有尚在扩展中或危及使用安全的裂缝。

(4)设塑料板防水层的复合式衬砌,锚杆尾端及钢筋网等不得外露。

(5)喷层与围岩黏结情况的检查,可采用小锤敲击,如有空响应凿除喷层,洗净重喷;必要时应进行黏结力测试或增设锚杆支护。

(6)当发现喷层表面有裂缝、脱落、露筋、渗漏水等情况,应予修补,凿除喷层重喷或进行整治。

七、锚杆抗拔力试验与检查

1. 锚杆质量检查

检查锚杆质量必须做抗拔力试验。锚杆质量的检查,包括长度、间距、角度、方向、锚固力(即抗拔力)等项,有的已在隐蔽工程检查中进行。锚杆锚固力或抗拔力与锚杆型式、杆体材料、直径以及围岩强度、孔壁清洁程度等有关,因此,一般可提出锚杆质量的综合性指标。即进行锚固力或抗拔力试验时,达到设计指标即为合格。

2. 锚杆抗拔试验

锚杆安设后,每300根至少选择3根作为1组进行抗拔力试验,围岩条件或原材料变更时另做1组试验。同组锚杆的抗拔力平均值应满足设计要求,每根锚杆的抗拔力最低值不得小于设计值的90%。

3. 锚杆抗拔力合格条件

$$\overline{P}_{An} \geqslant P_{A} \tag{2-9}$$

$$P_{Amin} \geqslant 0.9P_{A} \tag{2-10}$$

式中:n——每批锚杆抽样试验的试件组数;

$\overline{P}_{An}$——同批 n 组试件抗拔力的平均值(精确到0.1kN);

P_{Amin}——同批 n 组试件抗拔力最低值(精确到0.1kN);

P_{A}——锚杆的设计锚固力(精确到0.1N)。

4. 检查锚杆抗拔力注意事项

(1)安装拉力计时,其拉力作用线应与锚杆同心。

(2)加载应匀速、缓慢,拉拔至预设计荷载即停止;设计无要求时,则不做破坏性试验。

(3)拉力计应固定牢靠,并必须有安全保护措施。

本章实训内容:注浆材料性能试验。

复习思考题

1. 简述隧道施工辅助稳定方法一般规定。
2. 简述隧道施工中常用的辅助施工措施。
3. 简述稳定开挖面的方法。
4. 简述超前小导管周壁预注浆性能特点及适用条件。

5. 简述注浆材料的特点。
6. 常用的注浆材料有哪些?
7. 简述注浆材料的主要性质。
8. 简述化学浆液黏度的测定步骤。
9. 简述初期支护厚度的检验方法。
10. 简述锚杆质量检查。

第三章

开挖施工方法与质量检测

知识目标

1. 隧道洞口工程包括的内容；
2. 开挖的施工顺序及其施工工艺；
3. 光面爆破的主要参数及技术措施；
4. 隧道开挖质量的评定内容、要求及其方法。

技能目标

1. 会用激光断面仪法检测开挖断面；
2. 会用水准仪法检测开挖断面。

隧道工程施工中最重要的是合理选择施工方法，施工方法选择的是否合理，直接影响到隧道工程施工的速度、安全、质量和环境。

隧道施工方法的分类各有不同，大体有以下几种：

1. 按是否爆破开挖分

隧道施工按是否爆破开挖可分为爆破法和无爆破法施工。

(1)爆破法施工。主要是指常用的矿山法。

(2)无爆法施工。

2. 按衬砌的施工顺序不同分

矿山法按衬砌的施工顺序不同可分为：

(1)先墙后拱法(又称为顺作法)。

(2)先拱后墙法(又称为逆作法)。

3. 按隧道工程开挖方法不同分

按隧道工程开挖方法的不同，可分为明挖法和暗挖法。

(1)全断面一次开挖法。

(2)台阶法。

(3)台阶分部法。

(4)上、下导坑法。

(5)单侧壁导坑法。

(6)双侧壁导坑法。

·第一节 开挖施工方法与工艺·

隧道工程分为洞口、洞身施工,洞口是洞身施工的前沿,隧道施工过程中洞口施工是否进行顺利直接影响隧道施工的进展。洞口工程的施工进度、质量决定了洞身开始施工的关键,因此要求洞口工程施工在保证质量、安全的前提下加快施工,保证洞身的开工时间。

一、隧道洞口工程施工要求

隧道洞口工程包括以下几个方面的内容。

1. 洞口相关工程——明洞、洞口路堑

洞口相关工程与隧道是否按时开工与安全有直接关系。洞口由于是浅埋,在设计上为保行车安全,设计部分为明洞工程。这在铁路工程是常有的,明洞与隧道正洞是紧密相连地形成整体。因此,明洞也是隧道工程的一部分,它的施工期快慢影响了隧道正洞的开工,因此不可忽视明洞工程。

洞口路堑(工程量不大的)工程施工对隧道工程的开工和施工安全有着很大的影响,特别是路堑施工质量更为重要。洞口路堑工程通称为进洞前的挖沟工程,如何挖制石方的爆破,用药量是关键。若爆破药量控制不适量会造成洞口地段边坡岩石破碎,岩层松弛,这样会对长时间施工的隧道工程,给洞内、洞外各种施工作业带来安全的不稳定性。例如,运渣设备的进出,作业班组进出隧道,都受着不安全因素的威胁。所以,不能忽视洞口挖沟石方工程对隧道施工的影响,应引起足够的重视。要做到爆破有设计,工期有安排,确保隧道工程按规定时间安全地开工。

2. 洞口仰坡工程

为了保证隧道工程的施工安全,设计隧道仰坡,并设计仰坡防护工程。仰坡防护工程的种类常见的有砌石干砌或浆砌、素喷混凝土、锚喷混凝土锚杆、格栅喷混凝等。设计选择哪种类型应视洞口的地质情况而定。从施工要求的角度上看,仰坡施工严格地按照设计要求的仰坡坡度施工,不得随意地加大坡度或减小坡度,并要求爆破时严格控制药量,避免破坏岩层的稳定性,造成坠石,甚至严重时坍方,这样不但失去设计仰坡的作用,还要影响隧道进洞时间。

3. 洞口护坡工程

洞口护坡工程是按照设计坡度及防护类型施工,将洞口拉沟的边坡进行保护,防止边坡坍滑。防护类型一般是干砌、浆砌、素喷合成锚喷等。由于护坡的功能是防止洞口上面边坡坍滑,因此,要求施工必须保证防护工程的质量,按设计标准和要求施工,不得敷衍了事。洞口边坡不稳定,影响隧道洞口内施工,创造进出车辆和人员的安全感,降低劳动生产率。

4. 洞口排水系统

洞口排水系统包括洞口顶水沟两侧水沟及洞口边坡两侧排水沟。它的作用主要是将仰坡及周围地表水引下来通过两侧护坡路堑排水沟将水排除,保证洞口地面干燥,防止地表水进入洞内。这样施工机械、车辆和人员可顺利地进出隧道,加快施工速度。

5. 隧道洞门工程

隧道洞门工程包括隧道洞门端墙、帽石、洞门翌墙(洞口地质情况比较好的可不设)。洞门工程设计采用材料为混凝土或砌石（干砌或浆砌）。洞门工程是保证隧道施工安全的重要设施，因此一般要求做完洞门工程后再进行隧道洞身施工。但由于有些项目为赶施工进度，洞门工程不按设计施工完毕就进行洞身施工，结果是洞口坠石，边坡坍方，滚石堵塞进洞的运输车辆道路，造成洞身施工暂停，进行清除洞口坍方及碎石，这样影响了施工进度。隧道洞门工程的作用是保证洞身施工安全的，必须施工完成才能发挥它的作用，否则事与愿违。所以，指挥施工也好，安排施工计划也好，都要遵守客观规律，按照施工顺序组织施工，不得随意凭经验组织和安排施工，不能盲目抢进洞忽略洞门的施工，要科学地组织安排隧道工程的施工。

隧道洞口施工，要深刻理解早进洞、晚出洞原则的内涵，要尽可能避免对山体的扰动，维护山体的稳定。这一点对施工安全及运营安全都是十分重要的。那种把早进洞、晚出洞原则理解为仅仅是把明洞加长的概念，在目前已经过时，修筑明洞时对山体的开挖，实际上就是对山体稳定的破坏。目前，由于施工机械、施工支护材料以及施工技术的发展，在洞口段采用浅埋暗挖法施工已经被实践证明是成功的。云南省大保高速公路山王庙隧道出口采用上述方法，从地面沿山坡进洞，实现了明洞暗做，既保证了洞口安全，也保护了洞口的生态环境，就是一个成功的典范。

二、隧道工程开挖

传统修建隧道的方法是矿山法。在石质隧道中，采用最多的是钻眼爆破法。隧道工程中，钻爆作业必须按照钻爆设计进行钻眼、装药、接线和引爆。同时应满足钻眼爆破施工开挖的质量要求。为此，应充分研究以下问题：岩石的抗爆破性及抗钻性，炸药品种及用药量计算，炮眼（临空眼、掏槽眼、扩槽眼、掘进眼、内圈眼、底板眼、周边眼）布置、布置形式和炮眼数量、直径、长度，深度和角度，装药量和装药结构，起爆方法和爆破顺序、起爆网络，凿岩机的台数安排，钻爆参数的选择等，然后才能进行爆破设计。

在进行爆破设计之前应判别岩石的抗爆性能，岩石的抗爆破性及分级见表 3-1 所列。

岩石的爆破性分级　　表 3-1

级别		N	爆破难易程度	代表性岩石
Ⅰ	$Ⅰ_1$	<29	极易爆	千枚岩、破碎板岩、泥质板岩、破碎白云岩
	$Ⅰ_2$	29.001～38		
Ⅱ	$Ⅱ_1$	38.001～46	易爆	角砾岩、绿泥岩、米黄色白云岩
	$Ⅱ_2$	46.001～53		
Ⅲ	$Ⅲ_1$	53.001～60	中等	阳起岩、石英岩、煌斑岩、大理岩、灰白色白云岩
	$Ⅲ_2$	60.001～68		
Ⅳ	$Ⅳ_1$	68.001～74	难爆	磁铁石英岩、角闪斜长片麻岩
	$Ⅳ_2$	74.001～81		
Ⅴ	V1	81.001～86	极难爆	矽卡岩、花岗岩、矿体浅色砂岩
	V2	>86		

1. 岩石的抗爆破性（或抗钻性）

岩石的抗爆性（或抗钻性）是指岩石抵抗爆炸冲击波（或钻头冲击）破坏的能力。岩石的抗钻性主要取决于其物理力学性质，特别是岩石在动载作用下的变形性质和内聚力强弱，另外也受到岩体结构特征和地下水等因素的影响。隧道工程应按岩石的抗爆破性进行钻爆设计，并按其抗钻性选择凿岩机具。

2. 岩石的抗爆破性分级

近年来，国内外有研究资料提出建议采用岩石爆破性指数 N 作为分级指标，将岩石分为极易爆、易爆、中等、难爆、极难爆共 5 级，见表 3-1 所列。岩石爆破性指标 N 的确定，是在炸药能量和其他条件相同时，进行爆破漏斗试验，根据爆破后的漏斗体积、大块率、小块率、平均合格率和岩体的波阻抗等指标进行计算。

3. 炸药品种选择及药量 Q 计算

应根据岩石的抗爆性、炸药性能和价格进行选择炸药品种及计算用药量 Q 值，以获得较良好的爆破效果和较低的成本费用。

1）炸药品种选择

炸药品种很多，但应注意越脆或韧性越强的岩体，应选用猛度较高、爆速较高的炸药。目前，在隧道工程中，用于爆破施工中最多的是硝铵类炸药。硝按类炸药品种也很多，但主要成分是硝酸铵、梯恩梯或硝酸钠（钾）等。

2）炸药用量计算

影响炸药消耗量的因素主要有：岩石坚硬程度和岩层的构造，炸药的威力，坑道断面积及临空面数目等。隧道开挖面积小，临空面数目少时，只能用小直径炮眼爆破，故应对炸药量进行较准确的计算和进行严格控制。从理论上讲，应按照达到预定爆破效果的条件下，其爆炸功与岩石阻抗匹配的原则计算确定。

（1）隧道爆破中，每循环爆破的总装药量 Q 值，通常按以式（3-1）计算。

$$Q = K \cdot L \cdot S \tag{3-1}$$

式中：Q——每循环爆破总装药量（kg）；

K——爆破单位体积岩石的炸药平均消耗量，简称炸药单耗量（kg/m^3）；

L——爆破掘进进尺数（m）；

S——坑道开挖断面面积（m^2）。

（2）进行隧道施工并挖的爆破设计或做施工材料计划时，耗药量可参考已往施工经验值确定，详见表 3-2 所列。

导坑开挖（一个临空面）单位用药量　　表 3-2

导坑断面面积（m^2）	不同岩石的单位耗药量（kg/m^3）		
	软石（Ⅱ类）	中硬岩（Ⅳ类）	坚石（Ⅴ类以上）
5 ~ 6	1.3	1.5	2.0
7 ~ 9	1.15	1.3	1.9
10 ~ 12	1.0	1.2	1.7
13 ~ 15	0.9	1.05	1.5

在这里需要说明以下几点：

①表 3-2 中单位耗药量，系按具有一个临空面导坑计算的；当有两个临空面时，按表列第一横排数值的一半计算；当有三个临空面时，按表列第一横排数值的 35% 计算。

②在式(3-1)中的炸药单位消耗量 K 值的确定，K 值主要受岩石的抗爆破性、断面进尺比 S/L、临空面数目炮眼布置形式、掏槽效果等因素影响。一般岩石的完整性系数 f 值越大，K 值就越大；断面进尺比 S/L 越大，则 K 值越小；临空面越多，K 值越小；炮眼布置不当或掏槽效果不佳，K 值会越大。

③隧道爆破中实际采用的 K 值，通常 $K = 0.7 \sim 2.5\text{kg/m}^3$；表 3-3 是断面面积 $S = 4 \sim 20\text{m}^2$ 导坑爆破开挖的 K 值表。20m^2 以上的大断面隧道，其 K 值可以参照有关工程实例采用对比法选择确定。

④在进行隧道施工爆破设计时，炸药单耗量 K 值及单位耗药量的多少，应根据隧道开挖现场进行实地试验计算确定。

坑道爆破炸药单耗量 K 值 表 3-3

岩石条件 \ 爆破条件		一个临空面的水平或倾斜坑道							
		4 ~ 6m²		7 ~ 9m²		10 ~ 12m²		13 ~ 15m²	16 ~ 20m²
		硝铵炸药	62% 胶质炸药	硝铵炸药	62% 胶质炸药	硝铵炸药	62% 胶质炸药	硝铵炸药	硝铵炸药
岩石等级	软岩	1.50	1.10	1.30	1.00	1.20	0.90	1.20	1.10
	次坚岩	1.80	1.30	1.60	1.25	1.50	1.10	1.40	1.30
	坚石	2.30	1.70	2.00	1.60	1.80	1.35	1.70	1.60
	特坚石	2.90	2.10	2.50	2.50	2.25	1.70	2.10	2.00

4. 掘进速度 v 和掘进进尺 L 及开挖面的支承作用

钻爆掘进是分段循环进行的，其循环过程一般包括 3 个作业环节：即每一次进尺的钻眼爆破→出渣运输→支撑（传统的矿山法）或初期支护（新奥法）。单循环爆破掘进深度称为爆破掘进进尺 L，单循环所占用的时间称为循环时间 t，日掘进深度称为掘进速度 $v = 24L/t$。

1）掘进速度

掘进速度 v 应满足工期的要求。采用较大的掘进进尺 L 或较短的循环时间 t，均可取得较快的掘进速度 v；掘进速度 v 的加快，要增加劳动力和施工机械，才能节省施工时间。实际工程中，应根据工期要求，合理地选择掘进速度。

2）掘进进尺 L 和循环时间 t 的选择

当掘进速度确定后，主要根据围岩的稳定性、开挖面的支承作用、开挖断面大小、支撑或支护条件、机械配套能力和施工组织管理水平等因素，可进行合理地选择掘进进尺 L 和循环时间 t。实践证明，可以采用短进尺、多循环掘进，或者采用深进尺、少循环掘进。

一般在围岩稳定性较差（III 类及以下），或开挖断面较小，或支护条件较差，或钻眼和出渣能力不足时，应采用短进尺、多循环掘进。反之，当围岩较稳定（IV 类及以上），或支护速度较快，或钻眼和出渣能力较强时，应采用深进尺、少循环掘进（采用深孔控制爆破）。目前，我国隧道工程钻爆掘进进尺 L' 为 0.5 ~ 5.0m（即短的仅 0.5m，深的可达 5.0m）。

3）开挖面的支承作用

隧道掘进方向上最前端的开挖作业正面称为开挖面。开挖面前方（一定范围内尚未被挖除的）岩体，对已开挖区段的围岩起着一定的约束作用，这种约束称为开挖面的支承作用。随着隧道掘进，开挖面的支承作用逐渐前移并消失，此后，围岩的稳定则依赖其自稳能力（成拱作用）的发挥及支撑或初期支护的作用。

实测结果表明，对一般岩体，开挖面的支承作用，约可持续到1～3倍的洞径区段。岩体越破碎，其支承作用的影响长度就会越短。

在隧道施工过程中，开挖面的支承作用是可以和应当加以利用的，即可在开挖面的支承作用消失之前即做好支撑或初期支护。因此在隧道施工中，注意选择适当的掘进进尺 L 和允许爆破区段的长度。一般在软弱破碎围岩中，应采用较短的掘进进尺 L，并应及时予以支撑或支护。

5. 炮眼直径 D

1）合理选择炮眼直径

因为炮眼直径大小对凿岩速度、炮眼数目、炸药单位消耗量、坑道壁的平整程度和石渣块度等均有影响。当炮眼直径及药卷直径较大时，则可减少炮眼数目，使炸药相对集中，但是炮眼直径过大，则凿石速度大大减慢；炸药相对集中，则石渣块度较大及洞壁平整度不好，并且对围岩爆破扰动较严重。因此必须根据隧道石质、凿岩能力、炸药性等条件，选择合理的炮眼直径 D 值。

2）药卷直径 ϕ 的选择

为了避免发生管道效应导致药卷拒爆，要求药卷直径 ϕ 的大小应与炮眼直径 D 相匹配。在隧道工程施工爆破中，常用不偶合系数 λ 来控制药卷直径，不偶合系数 $\lambda = D/\phi$。它反映炮眼孔径与药卷之间的空隙程度。一般应将不偶合系数 λ 控制在1.1～1.4之间，且要求药卷直径 ϕ 不小于该炸药卷的临界直径。实际爆破设计时，对掏槽炮眼及辅助炮眼应采用较小的 λ 值，以提高炸药的爆破效率；对周边炮眼则可采用较大的 λ 值，以减少对围岩的扰动破坏。

6. 炮眼数目 N 及比钻眼数 n

1）炮眼数目 N 的确定

炮眼数目 N 应能装入所需适量炸药。隧道工程施工爆破中，应根据各炮眼平均分配炸药量的原则计算炮眼数目 N 值。

$$N = \frac{Q}{q} = \frac{k \cdot s}{\alpha \cdot \beta} \tag{3-2}$$

式中：α——各部炮眼的装药系数，指药卷总长度与炮眼长度比，见表3-4所列；

β——药卷单位长度质量值（kg/m），药卷直径 ϕ 分别为32、35、38、40、45、50mm，相对应的 β 值为0.78、0.96、1.10、1.25、1.59、1.90kg/m；

q——单孔平均装药量，$q = \alpha \cdot \beta \cdot L$。

各部炮眼装药系数 α 值　　表3-4

围岩类别 / 炮眼名称	Ⅱ、Ⅲ	Ⅳ	Ⅴ	Ⅵ
掏槽眼	0.5	0.55	0.60	0.65～0.80
辅助眼	0.4	0.45	0.50	0.55～0.70
周边眼	0.4	0.45	0.55	0.60～0.75

2)比钻眼数量 n

比钻眼数量 n 是指单位开挖断面的平均钻眼数,可按式(3-3)计算:

$$n=\frac{N}{S} \tag{3-3}$$

比钻眼数 n 是评价在同等条件下,钻眼工作量的一个指标。通常单位开挖断面的平均钻眼数为 2~6 个。其中掏槽眼的 n 值的较大,周边眼次之,辅助眼的 n 值较小。即在不同部位的炮眼布置的密度—间距是不相同的。

三、钻眼作业

1. 钻眼

隧道开挖,应按照设计的开挖方法进行钻爆设计,按钻爆设计进行钻眼作业,步骤如下:

(1)钻眼前应测量开挖断面中线、水平,并用红铅油标出炮眼设计位置,经检查符合设计要求,方可进行钻孔,严禁利用残眼。

(2)采用风钻钻眼,应检查机身、螺栓、卡套、弹簧和支架等,管子接头应牢固不漏风,钻杆应无不直、损伤,钎孔应无堵塞现象以及湿式凿岩机供水是否正常,干式凿岩机的捕尘设施是否良好等。

使用带支架的风钻钻孔时,应将支架安置稳妥。站在渣堆上钻孔时,应注意石渣是否稳定,以防操作中石渣滑坍伤人,在拱部扩大及马口部位钻挑顶眼、爬眼、斜插眼及节眼时,要注意有无松动石块,以防落石伤人。

钻孔粉尘对人的危害很大,开钻时应先送水后送风,以免粉尘飞扬。钻眼开门,宜用较短钻杆,其长度不超过 80cm 为宜,因长钻容易扭曲折断而伤人;钻头未进入岩壁前,风门宜开小,进入后再大开,司钻工不得将胸部、腹部紧贴风钻手柄,腿部不得抵住风钻卡套弹簧,钻眼过程中,钻杆与钻孔应保持一条直线,防止钻杆弯曲、掉头或折断,卡钻时,应用扳钳松动拔出,不可敲打,未送风前不可撤出钻杆。风钻使用每两小时应加一次油;风钻拆卸、修理、保养维修,不得在工作面上进行。

(3)使用电钻,应检查把手胶皮绝缘情况和防止电缆脱落的装置是否良好。司钻工必须戴绝缘手套穿绝缘鞋进行操作。不得用手导引回转钢钎,也不得使用电钻处理被卡住的钢钎。

(4)使用钻眼台车钻眼,要根据台车的类型与轨道道路要求,按章操作,避免发生事故。

①台车行走速度不应超过 25m/mm,当接近工作面时应减速并做好刹车准备,防止撞击到工作面上。台车走行或待避时,应将大臂(钻架)吊篮和机具都收拢到正当位置。

②台车进出洞和行走,应有专人指挥,清除行走限界内的障碍物(如临时脚手、台架、管线、堆放物品),平顺道路并不得载人载物,以保证台车安全,防止忙乱事故和漏打眼。

2. 炮眼的布置原则

(1)掏槽炮眼布置在开挖断面的中部,宜用直眼掏槽;眼深小于 2m 时可用斜眼掏槽。斜眼掏槽的炮眼方向,在岩层层理或节理明显时,不得与其平行,应呈一定角度并尽量与其垂直。

(2)周边炮眼沿设计开挖轮廓线布置,以保证爆出的断面符合设计要求。

(3)辅助炮眼交错均匀布置在周边眼与掏槽眼之间,力求爆下的石渣块度适合装渣的需要。

(4)周边眼与辅助炮眼的眼底应在同一垂直面上,以保证开挖面平整,但掏槽炮眼应加深10cm。

(5)炮眼布置数量视隧道开挖断面的大小而定,铁路单线隧道和双线隧道断面积不同,炮眼数量也不同,公路隧道按着不同行车道数量断面积也不同,总之炮眼的数量设计及布置依据隧道断面积大小而变化的。

3. 钻眼要求

(1)掏槽眼。深度、角度按照设计施工,眼口间距误差和眼底间距误差不得大于5cm。

(2)辅助眼。深度、角度按设计施工,眼口排距、行距误差均不得大于10cm。

(3)周边眼。开眼位置在设计断面轮廓线上,允许沿轮廓线调整,其误差不得大于5cm;炮眼方向可以3% ~5%的斜率外插,眼底不得超出开挖断面轮廓线10cm,最大不得超过15cm。

(4)内圈炮眼至周边眼的排距误差不得大于5cm,炮眼深度大于2.5m时,内圈炮眼与周边眼应采用相同的斜率钻眼。

(5)当开挖面凹凸较大时,应按实际情况调整炮眼深度(相应调整装药量),要求所有炮眼(除掏槽眼外)眼底在同一垂直面上。

4. 各类炮眼钻进

钻眼时,根据钻进速度,手感冲洗液浊度,可推断前方围岩变化,此时应及时向主管部门报告,并提出施工方法变更方案。

钻进速度快,持钻手感轻,冲洗液混浊,说明岩石强度变弱,围岩变差;反之,钻进速度变慢,将钻手感较重,冲洗液变清,说明岩石强度变强,围岩变好。

5. 公路隧道钻眼

钻眼前应定出开挖断面中线、水平线和断面轮廓,标出炮眼位置,经检查符合钻爆设计要求后方可钻眼。而钻眼的布置、深度、角度、间距等应按钻爆设计要求确定。

隧道爆破通常采用掏槽爆破,即将开挖断面上的炮眼分区布置和分区顺序起爆,逐步扩大完成一次爆破开挖,分区是按照炮眼的位置、作用的不同有3种炮眼,即掏槽眼、辅助眼、周边眼。这3种炮眼除共同完成一个循环进尺的爆破掘进外,分别各有其作用,因此各有不同的位置、长度、方向、间距的要求。

1)隧道洞身开挖轮廓线及预留变形量

因为坑道开挖后围岩由于失去部分约束而产生向坑道方向的收缩变形,所以施工开挖轮廓线应在设计开挖轮廓线的基础上适当加大,称为预留变形量。

预留变形量的大小,主要取决于围岩类别、开挖断面大小、隧道跨度大小、开挖方法、掘进方式、支撑或支护方法等因素的影响,可以根据实际量测数据分析确定,并可进行调整。

2)隧道爆破开挖中的炮眼布置方法

(1)掏槽眼的布置。合理布置掏槽眼应掌握好炮眼的3度:探度、密度和斜度,并通过计算确定用药量及放炮顺序等。

(2)掏槽炮的作用。是将开挖面上适当部位先掏出一个小型槽口,以形成新的临空面,为后爆的辅助炮开创更有利的临空面,达到提高爆破效率的作用。

掏槽眼本身只有一个临空面,且受周围岩石的挤压作用,故常需要采用较大的炸药单位消耗量 k 值和较大的装药系数 α 值,以增大爆破粉碎区,并利用爆炸冲击波及爆炸产物作用,将岩石抛掷出槽口。为保证掏槽炮能有效地将石渣抛出槽口,常将掏槽眼比设计掘进进尺加深 10~20cm,并采用反向连续装药和用双雷管起爆。

槽口尺寸常在 $1.0 \sim 2.5m^2$ 之间,要与循环进尺、断面大小和掏槽方式相协调。要求掏槽眼口间距误差和眼底间距误差不得大于 5cm。

(3)掏槽方式。一般可分为斜眼掏槽和直眼掏槽两大类,如图 3-1、图 3-2、图 3-3 所示。

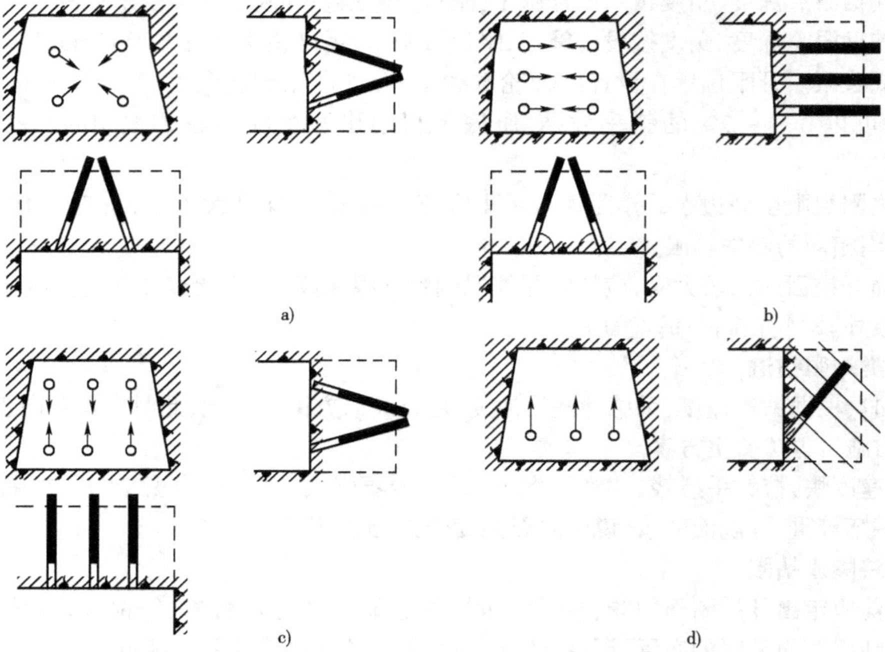

图 3-1 斜眼掏槽布置

a)锥形;b)、c)楔形;d)爬眼

斜眼掏槽的优点为:可按岩层实际情况选择掏槽方式和掏槽角度,容易把石渣抛出槽口,且掏槽眼数目较少。其缺点是眼深度受坑道断面尺寸的限制,不便于多台钻机同时钻眼,钻眼方向难掌握准确。

直眼掏槽的优点为:便于多机同时钻眼和不受断面尺寸对爆破进尺的限制,适用于深孔爆破,从而为加快掘进速度提供了有利条件,且掏槽石渣抛掷距离较短,故目前现场多采用直眼掏槽。但缺点是其炮眼数目较多,炸药单耗量 k 值也要加大,炮眼位置和垂直方向要求具有较高的精度,才能保证良好的爆破效果。因地质多变,几种掏槽方式可混合使用。

根据近年来重型凿岩机的投入使用,使得钻大直径 $D > 100$mm 孔眼并不困难。直眼掏槽中多采用大直径空眼,其作用相当于为装药掏槽提供了临空面,并取得了良好的掏槽效果。

一般在中硬和坚硬岩层中,对于设计循环进尺为 3.5m 左右时,采用双空孔形式最佳,对 3.5~5.5m 的深孔掏槽,宜采用三空孔形式最好;对 3m 以下的浅眼掏槽,则采用单空孔形式

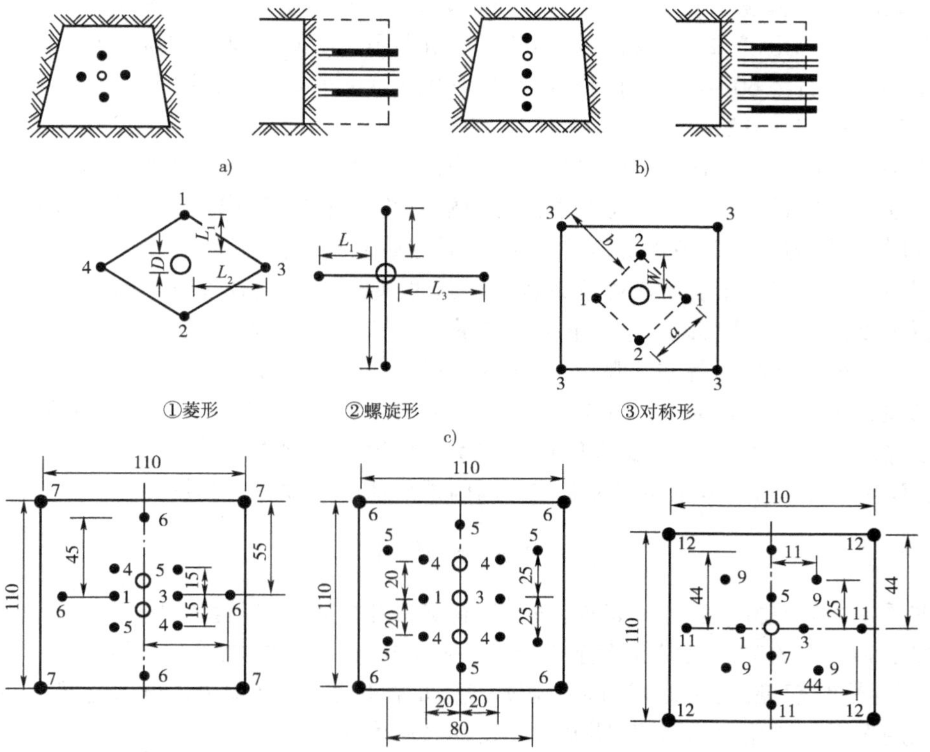

图 3-2　直眼掏槽形式

a)、b)直眼；c)大直径中空直眼掏槽基本类型；d)双临空孔型；e)三临空孔型；f)单临空孔型

较好。为了保证掏槽炮眼爆炸后岩渣有足够的膨胀空间，一般要求空眼体积为掏槽槽口体积的约 10% ~20% 为宜。

当前国内外快速掘进的坑道，大多采用直眼掏槽和深眼爆破、可以节省大量辅助作业时间，如通风排烟、检查找顶、接通拉线等。

斜眼掏槽和浅眼爆破，适用于人工施工或机械设备不足的施工条件。

选择掏槽方式时，要根据具体的施工条件，因地制宜地加以选用。

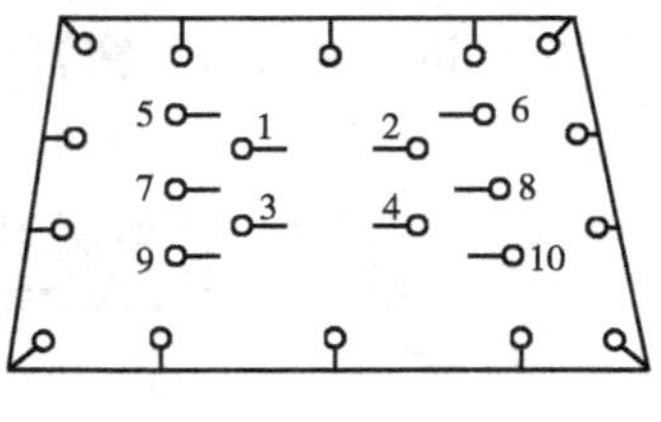

图 3-3　三种炮眼

1 ~4-掏槽炮眼；5 ~ 10-辅助炮眼；其余为周边炮眼

3)辅助眼布置方法

辅助眼的作用是进一步扩大槽口体积和爆破量，并逐步接近开挖断面形状，为周边眼创造有利的爆破条件。

辅助眼的布置主要是指炮眼间距 E 值和最小抵抗线 V 值的确定。主要根据岩石软硬和用药量多少，由工地试验确定。其布置原则可参照后述周边眼的布置原则进行，只是 V、E 值及单孔装药量 q 较大些。一般取 $E/V=0.6\sim0.8$ 为宜，并宜采用孔底连续装药。辅助眼应由内向外，逐层布置，逐层起爆，逐步接近开挖断面轮廓形状。

辅助眼间距 E 和最小抵抗线 V 值确定的问题，当无试验资料时，可参考实例：某山岭公路隧道爆破开挖，使用国产 2 号岩石硝氨炸药，辅助眼间距 E 值为：软石 100～120cm；中硬石为 80～100cm；坚硬石为 60～80cm；特硬石为 50～60cm。最小抵抗线长度 $V=(0.6\sim0.8)E$。

4）周边眼的布置方法

周边眼的作用是一种辅助炮眼，目的是成型作用。周边眼爆破后使坑道断面达到设计的形状和尺寸。周边眼的位置一般是沿着设计轮廓线均匀布置，其炮眼间距和最小抵抗线长度均比辅助眼小，目的是使爆破出坑道的轮廓较为平顺和控制超欠挖量。

当周边眼的底端位于岩质较松软或较破碎状时，炮眼口应放在设计轮廓线以内，眼底则应根据岩石抗爆破性来确定其位置，应将炮眼方向以 3%～5% 的斜率外插，这是为了控制超欠挖和便于下一循环钻眼时落钻开眼，对于中硬岩层可将周边眼放在设计轮廓线上；对于坚硬岩层可将周边眼放在设计轮廓线以外 10～15cm。此外，为了保证开挖面平整，辅助眼及周边眼应使其眼底落在同一垂直面上，必要时应根据实际情况调整炮眼的深度。

工程实践表明，光面爆破和预裂爆破是国内外公认的一项先进的爆破技术。

四、爆 破 作 业

目前采用的起爆方法有导火索火雷管、塑料导爆非电雷管、导爆索、电雷管起爆法 4 种。

在漏水和涌水的工作面以及有杂散电流、感应电流、高压静电等危险因素不能彻底清除时，应采用导爆管起爆；在有瓦斯和矿尘爆炸危险的洞内爆破，必须采用电力起爆；竖井和斜井放炮应采用导爆管或用电力起爆，明洞内不得用导爆索引爆药包。

1. 导火索火雷管（火花）起爆法

此法是用火雷管与导火索、药圈制成起爆药包（卷），如图 3-4 所示，将导火索一端切口点燃引爆药包。此法操作简单容易掌握，但缺点是导火索燃速不完全相同，难以控制起爆时间，大量的导火索点燃时产生有害气体，危害人的呼吸和视线等不安全因素较多，发生事故也较多，故洞内多炮眼的爆破，此法已渐被淘汰。但在非电导爆管和导爆索起爆中，引发导爆管、导爆索网路时，导火索火雷管（火花）起爆仍是适用的。

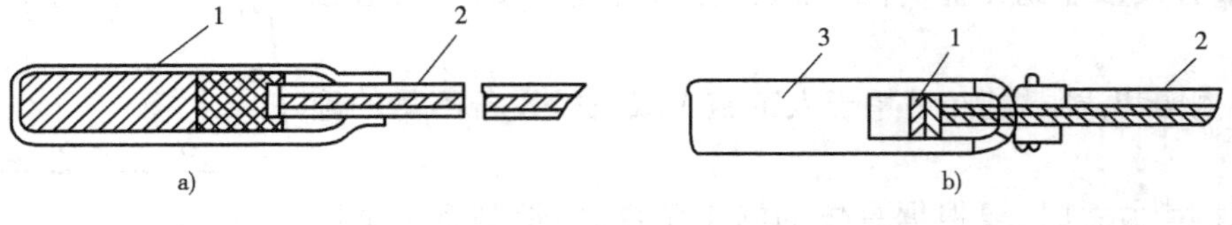

图 3-4　火雷管及起爆爆药包制作

a）导火索与雷管的连接；b）雷管与药包的连接

1-火雷管；2-导爆索；3-药包

火花起爆，导火索的长度应能保护点炮人点炮后撤至安全地点；同时最短长度应不小于 1.2m；一个爆破工最多只能连续点燃 5 根；如多人点炮，则必须使用信号雷管，其引线长度应比第一炮眼的燃完时间至少提前 60s，当信号雷管响时，所有人员必须立即撤离工作面。

2. 塑料导爆管非电起爆法

塑料导爆管与即发、毫秒、半秒级雷管组合成的非电导爆雷管，在爆破作业中不仅具有电雷管实现微差爆破等性能，而且爆破效果与操作安全性等方面都优于电雷管和火雷管。

3. 导爆索(传爆线)**起爆**(也称无雷管起爆)

(1)导爆索不易点燃,燃烧稳定,不闪燃及爆燃,燃烧速度极快,防水性能好,但成本高,怕撞击(本身就是高级炸药制成),所以在不是特别需要的场合不宜使用。

(2)导爆索使用前要认真检查,有包皮损坏、折断和松散等异常现象的不能使用。

(3)导爆索应先在木板上用锋利的小刀切取规定长度后放入药包,不能先放入药包一端再断另一端。

(4)导爆索起爆网路应采用搭接、水手结等方法连接。搭接时,两根导爆索重叠的长度不得小于15cm,中间不得夹有异物和爆药卷,捆绑应牢固,支线与主线传爆方向的夹角不得大于90°。

网路连接除水手结外,禁止打结或打圈。交错敷设导爆时,应在两根导爆索之间放一厚度不小于10cm的垫块。

(5)导爆点的点燃,一般是在端部捆扎一个8号雷管或电热火头来引爆导火索。起爆导爆索的雷管应绑紧在距导爆索端部15cm处,雷管的集中穴应朝向导爆索的传爆方向。

4. 电力起爆

电力起爆是由电雷管和导线联成爆破网络,再接通电源进行引爆的方法,可预先检测爆破的准确性,防止产生拒爆,工作较为安全。

五、光面爆破法

光面爆破是通过调整周边眼的各爆破参数,使爆炸先沿各孔的中心连线形成贯通的破裂缝,然后内围岩体裂解,并向临空面方向抛掷。这种爆破在围岩中产生的裂缝较少,使爆裂后的岩石表面能按设计轮廓线成型,表面较平顺,超欠挖很小。关于光面爆破的作用机理,在有关爆破理论的书籍中有介绍,下面仅介绍光面爆破的主要参数及技术措施。

1. 光面爆破的技术要求

(1)根据围岩特点合理选择周边眼间距和周边眼的最小抵抗线。光面爆破法的主要要点是:周边眼间距比一般爆破的间距小,周边眼的最小抵抗线亦要相应减小,即适当加密周边眼,调整间距与抵抗线比值 E/V。周边眼的间距具体偏小多少要视岩石的抗爆性、炸药性能、炮眼直径和装药量而定,一般可取 $E=(g-18)$,$D\approx40\sim70\text{cm}$。对于坚硬和破碎岩石宜取较小的 E 值;对于软质或整体性好的岩石宜取较大的 E 值。为了保证周边眼孔之间贯通裂缝优先形成,须使周边眼的最小抵抗线大于炮眼间距,通常取 $E/V=0.8$ 为宜,即 $V=50\sim90\text{cm}$ 左右。

(2)严格控制周边眼的装药量,应使药量沿炮眼全长合理分布,并合理选择炸药品种和装药结构。周边眼宜采用小直径药卷和低爆速炸药,可借助传爆线以实现空气间隔装药,即用于光面爆破的炸药,与主体爆破的炸药相比,应选择爆速较低、猛度较低、爆力较大、传爆性良好的炸药;而底板眼则宜选用高爆力的炸药,可以克服上覆石渣的压制和起到翻渣作用。周边炮眼的装药量与装药密度要减少,并使炸药均匀地分布在整个炮眼内,周边眼装药量应具有破岩所需的应力能量,又不致造成对围岩的严重破坏,施工中应根据炮眼孔距 E、光面层厚度(即最小抵抗线)V、石质及炸药种类等因素综合考虑选择和调整。一般单位炮眼长度装药量控制在 $0.04\sim0.4\text{kg/m}$,称为线装药密度。

周边眼的装药结构，可采用小直径药卷连续或间隔装药。炮眼、药卷直径不偶合系数控制在1.25～2.0之间，但药卷直径不小于炸药的临界直径，以保证稳定传爆，必要时采用导爆索传爆（孔内串联）。

（3）采用周边眼同时起爆。要求采用毫秒雷管微差顺序起爆，应使周边爆破时产生临空面，同段的周边眼雷管起爆时差应尽可能小；一般使用导爆索或高精度系列迟发电雷管起爆效果最好。因为同时起爆，使炮眼间爆炸力起共同作用，比较容易炸成平面。对石质稍差的岩石，宜采用毫秒迟发电雷管起爆周边炮眼，它既具有同时起爆的爆破威力，又可以减少对轮廓线以外围岩的扰动。

光面爆破的分区起爆顺序是：掏槽眼→辅助眼→周边眼→底板眼。辅助眼则应由里向外逐层起爆。为使光面爆破有良好的效果，除上述技术要求外，还应使辅助眼爆破后尽量接近开挖轮廓形状，使光面爆破层厚度尽可能一致；并应注意不要使爆炸落下的石渣堵死周边眼的临空面。

（4）严格掌握钻眼作业，使三种炮眼的位置及方向准确无误，否则光面爆破的效果会明显降低，达不到光面爆破的目的。

（5）各光面爆破参数如周边眼间距 E、最小抵抗线 V、相对距 E/V 和装药集中度 q 等，应采用工程类比法或根据爆破漏斗及成缝试验确定，爆破成缝试验可按照《公路隧道施工技术规范》选用。

2. 光面爆破的参数选择

光面爆破参数一般是通过爆破实验确定。当无条件做试验礁定参数时可参考表3-5选用。

光面爆破参数　　表3-5

岩石种类	饱和单轴抗压极限强度 R_b（MPa）	装药不耦合系数 D	周边眼间距 E（cm）	周边眼最小抵抗线 V（cm）	相对距离 E/V	周边眼装药集中度 q（kg/m）
硬岩	>60	1.25～1.50	55～70	70～85	0.8～1.0	0.30～0.35
中硬岩	>30～60	1.50～2.00	45～60	60～75	0.8～1.0	0.20～0.30
软岩	≤30	2.00～2.50	30～50	40～60	0.5～0.8	0.07～0.15

（1）软岩隧道采用光面爆破的相对距离（E/V）宜取表3-5中的小值。

（2）装药集中度 q 按2号岩石硝铵炸药考虑，当采用其他炸药时应进行换算，换算指标主要是猛度和爆力（平均值）。换算系数 K 可按下面公式计算：

$$K=\frac{1}{2}\left(\frac{2\text{号岩石炸药猛度}}{\text{换算炸药猛度}}+\frac{2\text{号岩石炸药爆力}}{\text{换算炸药爆力}}\right)$$

（3）硬岩隧道宜采用全断面开挖，掘进循环进尺为3～5m的深孔爆破时，单位体积岩石的耗药量一般为0.9～2.0kg/m³；软岩隧道宜采用上下半断面或台阶法开挖，孔深为1.0～3.0m的浅孔爆破时，单位体积岩石的耗药量一般为0.4～0.8kg/m³。

（4）光面爆破效果应符合表3-6的要求。

光面爆破效果　　表 3-6

序号	项　　目	硬　岩	中　硬　岩	软　岩
1	平均超挖量(cm)	10	15	10
2	最大超挖量(cm)	20	25	15
3	炮眼痕迹保存率(%)	≥80	≥60	
4	局部欠挖量(cm)	5	5	5
5	炮眼利用率(%)	90	90	95

隧道施工开挖,由于受各种因素的影响必然会有超挖。表 3-6 所列的允许平均超挖量,施工时必须严格掌握,才能达到此爆破效果。在软岩隧道内,有时炮眼痕迹保存率很难达到要求,故其周边主要应满足基本平整圆顺的要求。

(5)采用光面爆时,爆破振动速度应小于下列数值:硬岩 15cm/s,中硬岩 10cm/s,软岩为 5cm/s。要求的爆破振动速度是根据离开挖工作面 1~2 倍洞跨处实测得到的,它是用速度传感器将所测得的信号通过测振仪放大,在光线示波器上记录得到。实施光面爆破后,开挖岩面上不应有明显的爆震裂缝。

3. 预留光面层光面爆破的参数(表 3-7)

预留光面层光面爆破的参数　　表 3-7

参数 / 岩石种类	饱和单轴抗压极限强度 R_b(MPa)	装药不耦合系数 D	周边眼间距 E(cm)	周边眼最小抵抗线 V(cm)	相对距 E/V	周边眼装药集中度 q(kg/m)
硬岩	>60	1.25~1.50	60~70	70~80	0.7~1.0	0.20~0.30
中硬岩	30~60	1.50~2.00	40~50	50~60	0.8~1.0	1.10~0.15
软岩	≤30	2.00~2.50	40~50	50~60	0.7~0.9	0.07~0.12

注:①表的适用范围:炮眼深度 1.0~3.5m,炮眼直径 40~50mm,药卷直径 20~32mm;

②炸药换算系数见《公路隧道施工技术规范》(JTJ 042—94)。

4. 光面爆破效果

光面爆破的效果见表 3-8 所列。

爆　破　效　果　　表 3-8

序号	项　　目	硬岩	中硬岩	软岩
1	平均超挖量(cm)	10	15	10
2	最大超挖量(cm)	20	25	15
3	炮眼痕迹保存率(%)	≥80	≥60	
4	局部欠挖量(cm)	5	5	5
5	炮眼利用率(%)	90	90	95

注:在软岩隧道内,有时炮眼痕迹保存率很难达到要求,故其周边主要应以满足基本平整圆顺为主。

六、预裂爆破法

预裂爆破法是在光面爆破法(又称缓冲爆冲法)的基础发展起来的。其分区起爆顺序为:周边眼→掏槽眼→辅助眼→底板眼。它是以预先爆破周边炮的办法,沿设计轮廓线(也是周边眼之间)炸出一个贯通预裂缝,即预留光面层,从而把开挖部分的主体岩石与其外部围岩分割开,使紧随其后爆炸的掏槽炮和辅助炮爆炸时,其主体爆破产生的冲击波(应力波)的破坏作用被预裂面所隔断而受到大量衰减,因而更有效地减少了对围岩的扰动,所以预裂爆破更适用于稳定性较差的软岩或破碎岩层。

预裂爆破的周边眼间距 E 值、预留内圈岩层厚度和装药量及最小抵抗线 V 值均比光面爆破法一般要小 1/4 ~ 1/2;惟周边眼数量和钻眼工作量相应增加。

总而言之,硬岩宜采用光面爆破,软岩宜采用预裂爆破,分部开挖时可采用预留光面层光面爆破。当采用全断面开挖或台阶开挖时,应采用导爆管、毫秒雷管起爆周边眼,不得采用火花起爆。开挖断面一次起爆时,如果秒雷管的间隔时间短,周边眼的雷管应与内圈炮眼的雷管跳段起爆,两段炮眼之间起爆差可以取 50 ~ 100ms。

1. 毫秒爆破法

毫秒爆破法是隧道施工开挖的一项现代爆破新技术。其实质是以毫秒雷管严格按一定顺序起爆炸药包组,使爆破前后阶段的时间间隔极其短促,以毫秒计算。爆破产生的岩石破坏作用力(应力波或冲击波)可以叠加,促使岩石易于被炸碎;同时,前后段爆破传递到围岩内部的冲击波又相互干扰和相互抵消,使冲击波对围岩的震动破坏大为减弱。该爆破法具有下列优点:

(1)满足光面爆破的技术要求,可以获得良好的爆破效果。

(2)毫秒爆破对围岩的震动破坏最少;同时,可以减少滞炮和滞炮带来的麻烦。

(3)把毫秒爆破一次爆破的总延长时间控制在 130ms 以内,即使有瓦斯的岩层,瓦斯也尚来不及泄出就爆破完毕,可提高掘进速度。

实现毫秒爆破一般有两个方法:一是用毫秒雷管和毫秒起爆器(用延长仪器控制延发时间);另一种方法是使用毫秒雷管起爆。

2. 装药结构

装药结构是指继爆药药卷和起爆药药卷在炮眼中的布置形式。按起爆药卷在炮眼中的位置和其中雷管的聚能穴的方向可分为正向装药和反向装药;按其连续性则可分为连续装药和间隔装药。

(1)正向装药。将起爆药卷放在炮眼口第二个药卷位置上,雷管聚能穴朝向眼底,并用炮泥堵塞眼口。即每一个炮眼内从眼底向眼口的装药顺序是:先装普通药卷→次装引爆药卷→后用炮眼泥堵塞眼口。

(2)反向装药。将起爆药卷放在眼底第二个药卷位置上,雷管聚能穴朝向眼口。即每一个炮眼内从眼底向眼口的装药顺序是:先装引爆药卷→次装普通药卷(雷管聚能穴朝向眼口)。国内外实践证明,反向装药结构能提高炮眼利用率,减少瞎炮率,减少石渣块度,便于装渣运输,增强抛掷能力和降低炸药消耗量。当炮眼越深时,反向装药结构的爆破效果越好。

掏槽眼和辅助眼多采用大直径药卷在孔底连续装药。周边眼可采用小直径药卷连续装药或用大直径药卷间隔装药。

3. 起爆顺序及时差

(1)除预裂爆破的周边眼是最先起爆外,在同一个开挖断面上,起爆顺序是由内向外逐层起爆。这个起爆顺序可以用迟发雷管的不同延发时间(段别)来实现。

(2)试验和研究表明:各层(卷)炮之间的起爆时差越小,则爆破效果越好。常采用的时差为 40 ~ 200ms,称为微差爆破。

(3)内圈炮眼先起而外圈炮眼后起,这个顺序不能颠倒,否则爆破效果不佳,甚至失败。为此,实际常采用毫秒雷管。但在深孔爆破时,要注意将掏槽炮与辅助炮之间的时差稍微加大,以保证掏槽炮在此时差内将石渣抛出槽口,防止槽口堵塞,为后爆辅助炮提供有效的临空面。

(4)在内外圈中的同圈炮必须同起爆,尤其是掏槽眼和周边眼,以保证同圈炮的共同作用的爆破效果。

(5)延发时间可由孔内控制或孔外控制。孔内控制是将迟发雷管装入孔内的药卷中来实施微差爆破。孔外控制是将尺发雷管装在孔外,在孔内药卷中装入即发雷管来实现微差爆破。工程上常用孔内控制微差爆破,而较少采用孔外控制微差爆破。若一次爆破孔眼数量较多,而雷管段数不够用时,可采用孔内、孔外混合及串联、并联混合网络实现其微差爆破(其他有关工程爆破技术可参阅有关爆破书籍)。

4. 预裂爆破参数选用

预裂爆破参数,可在现场由爆破成缝试验获得。在无条件试验时可参照表 3-9 选用。

(1)表 3-9 中,装药不耦合系数 D 系指炮眼直径与药卷直径的比值。

预 留 爆 破 参 数 表 3-9

岩石种类	饱和单轴抗压极限强度 R_b(MPa)	装药不耦合系数 D	周边眼间距 E(cm)	周边眼至内圈崩落眼间距(cm)	周边眼装药集中度 q(kg/m)
硬岩	>60	1.2 ~ 1.3	40 ~ 50	40	0.35 ~ 0.40
中硬岩	>30 ~ 60	1.3 ~ 1.4	40 ~ 45	40	0.25 ~ 0.35
软岩	≤30	1.4 ~ 2.0	30 ~ 40	30	0.09 ~ 0.19

(2)表 3-9 的适用范围:炮眼深度 1.0 ~ 3.5m;炮眼直径 40 ~ 50mm,药卷直径 20 ~ 32mm。装药集中度按 2 号岩石硝铵炸药考虑,当采用其他炸药时,应进行换算(换算时采用相应炸药的猛度和爆力的平均值)。

(3)开挖断面小于 $8m^2$ 或竖井爆破时,表 3-9 中周边眼装药集中度 q 值宜相应增加 5% ~ 10%。

(4)预留光面层光面爆破,参数见表 3-9。

七、危石的找顶与撬石

洞内放炮后为了保证安全和质量,须经撬顶刷帮,方可进行下一工序作业。处理危石(即找顶)是一项非常细致而重要的工作,找顶人员要根据顶板两帮有无松动石块进行找顶,同时对于人工一时难于撬落下来的危石,应考虑其他找顶措施,切不可任其存在,如考虑反铲协助找顶等。有时可使用多功能台架,减少找顶工作量。

八、超欠挖处理及措施

隧道开挖过程中,由于地质情况的变化及爆破工人操作不规范、不按设计用药量作业等原因,造成超欠挖的现象是常出现的。对于局部欠挖应及时处理修整断面周边,一般根据欠挖多少采用相应办法,如再次放炮等。对于超挖应按超挖的大小进行处理,超过小于 10cm 时可直接衬砌同时灌注混凝土;大于 10cm 时用浆分砌片石填充,若超挖大于 100cm 时,用浆砌片石填充 100cm 厚,以外用干砌片石填充满超欠部分,隧道开挖超挖必须严格控制,超挖可使隧道施工成本增加,同时对围岩的稳定性造成严重破坏,给运营后的隧道带来了隐患。因此,要求隧道开挖时必须从各方面、全方位地控制超挖。

控制超欠挖的最好办法就是加强光面爆破和预裂爆破。

目前,隧道施工中,采用光面爆破和预裂爆破的主要理由是控制爆破对遗留岩体的损伤,其重要标志就是控制隧道的超欠挖。目前由爆破造成的超欠挖,是个严重而普通的问题。它对隧道施工速度和成本有着不容忽视的影响。在超欠挖严重的情况下,对坑道的稳定性也会产生一定的影响。应该指出:由于爆破引起的超欠挖虽然是不可避免的,但是可以控制,良好的爆破技术可以使超欠挖控制在一定的水平之内,也就是说可以把对围岩的损伤控制在一定的水平之内。因此,研究和实施控制超欠挖的技术是十分必要的。

以设计的隧道开挖轮廓线为基准线,实际开挖获得的断面的基准线以外的部分称为超挖,在基准线以内的部分则称为欠挖。这一概念可用图 3-5 表示。

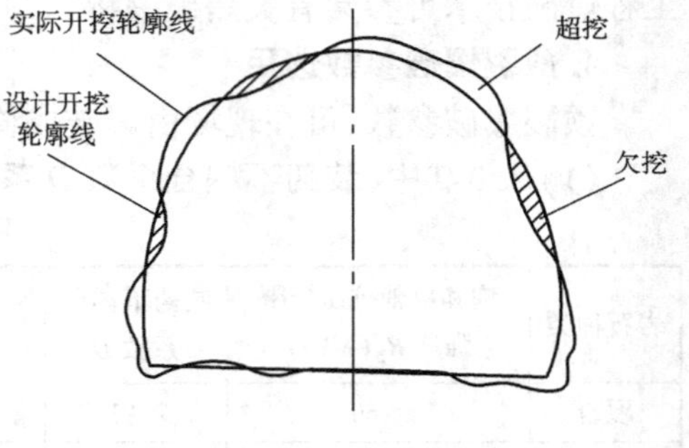

图 3-5 超欠挖概念图

根据对近百座隧道的调查和统计,在采用矿山法(钻爆法)施工的隧道中,平均超挖值为 38.7cm,最大达到76cm。采用控制爆破技术后,这种情况有些改善,平均超挖值已减小到 16 ~ 20cm,而且开挖表面的平坦性也得到了较大的改善。但仍然有不少隧道的超挖值达到 30cm 左右。即使是隧道施工技术水平较高的国家,也仍有不少隧道的平均超挖达到 25 ~ 30cm。超挖引起多装、多运渣;超挖空间还要用混凝土回填;欠挖则要清除,从而造成人工、工期和材料的超额消耗,致使工程成本增加。超挖也给后续作业,如喷混凝土、张挂防水板等作业造成一定困难。一些典型的超欠挖的断面实测结果,如图 3-6 所示。

根据研究和调查的结果,影响超欠挖的因素可以归纳为以下几点:

(1)钻孔精度;

(2)爆破技术;

(3)施工组织管理;

(4)测量放线;

(5)地质条件变化;

(6)其他。

根据对 276 个开挖循环的统计,上述 6 个因素对超欠挖的影响是很大的。其中以钻孔精度对超欠挖影响最大(44.2%),其次是爆破技术(20.3%)、施工管理(17.6%)、测量放线(7.6%)、地质变化(6.1%)等,而前3项因素的影响占82%。因此控制超欠挖的重点是控制钻孔精度、爆破和施工管理,这种分析与当前的施工实际是符合的。

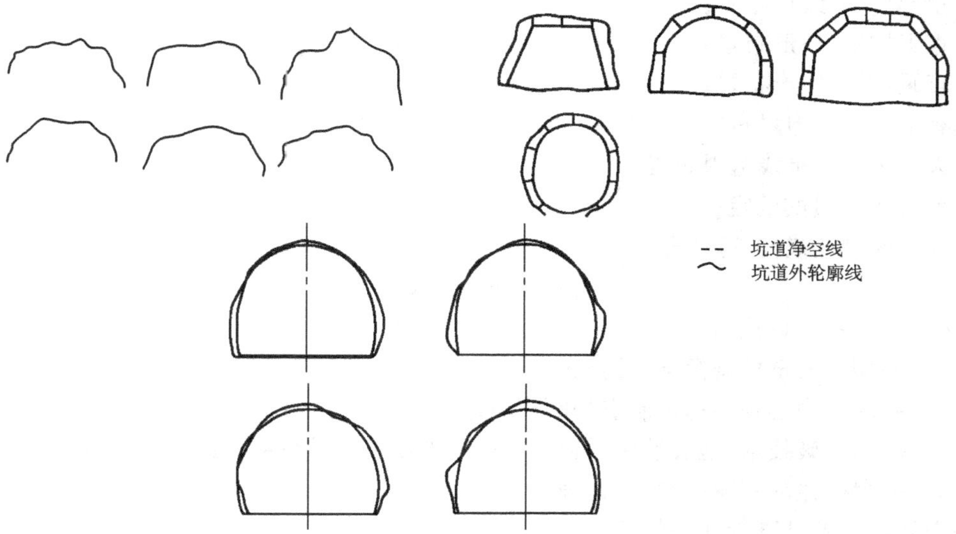

图3-6　典型的开挖断面实测图

九、全断面开挖爆破示例

1. 中硬岩、硬岩隧道全断面深眼爆破设计

1)循环进尺的确定

根据实际情况确定3~5m。

2)钻眼直径选择

可采用较大钻眼直径如ϕ48mm。

3)炮眼布置

(1)根据经验公式、曲线查取(本图不包括周边光面爆破的炮眼)。

(2)工程类比法选定。可根据工程爆破条件查表,确定炮眼数目。

(3)按经验公式计算。

$$N = K \cdot S \cdot L - Q_g / n \cdot r \cdot L \tag{3-4}$$

式中:N——全断面炮眼数(不包括光面爆破的)(个);

K——单位岩石体积耗药量,可查表,也可计算(kg/m^3);

S——开挖断面积(m^2);

n——各类炮眼装药系数(取平均值),可查表;

r——炸药的线装药密度(kg/m),根据实际使用的炸药获得;

L——炮眼深度(m);

Q_g——周边光爆药量(kg)。

岩面爆破炮眼数量由光面爆破设计确定。

(4)炮眼布眼原则。

(5)炮眼布置图式:

①楔形掏槽,环形布置;

②楔形掏槽,线形布置;

③直眼掏槽,环形布置;

④直眼掏槽,线形布置;

⑤有下导坑的炮眼布置;

⑥大孔距小抵抗线炮眼布置。

4)允许用药量的确定

允许用药量按式(3-5)计算。

$$Q_m = R^3 \cdot (v_{rp}/K)^3/\alpha \tag{3-5}$$

式中:Q_m——一般允许用量;

v_{rp}——振速安全控制标准,可查表;

R——爆源中心到振速控制点的距离(m);

K——与爆破技术、地震波传播途径介质的性质有关的系数,可查有关表;

α——爆破振动衰减指数,可查表。

5)总装药量的计算与炸药的分配

(1)单位岩体用药量 K 值可查表、查图或用公式计算。

(2)总药量按式(3-6)计算

$$Q = k \cdot s \cdot L \tag{3-6}$$

式中:Q——一次爆破装药量(kg);

s——开挖断面积(m^2);

L——炮眼深度(m);

k——软岩隧道爆破单耗(kg/m^3),可查表。

(3)炸药量的分配。周边眼、掏槽眼按规定选取药量;其他炮眼可按式 $q = k \cdot \alpha \cdot \omega \cdot l \cdot \lambda$ 计算。

最后再从施工方便出发,可对装药作适当调整,以单眼装药量为半卷、整卷计量为宜。

6)装药结构

掏槽眼首段采用正向装药起爆,其他眼采用反向装药起爆;当采用周边预裂爆破时,周边眼采用即发雷管正向起爆,其他与光面爆破相同。

对于钻眼直径为 ϕ48mm 的深眼爆破,采用 ϕ42mm 的一号抗水硝铵炸药大直径药卷。可避免炸药在深眼中中途熄爆现象。

7)合理段间隔时间的选择

掏槽眼爆破段间隔时间为 50 ~ 75ms,后继炮眼的爆破段间隔时间受爆破器材条件的限制,段间隔时间长达 200 ~ 300ms。

8)起爆顺序的安排

起爆顺序为:先掏槽,而后扩槽眼、掘进眼、二台眼、内圈眼、底板眼,最后周边眼光面爆破。预裂爆破周边眼在掏槽爆破之前起爆,其他眼仍按上述顺序进行。

9）爆破效果与效益

炮眼深5m，平均循环进尺达4.5m，炮眼利用率达90%以上，炮眼痕迹保存率达70%以上。其技术水平和进尺达到了国际先进水平，实现了硬岩隧道快速掘进，创造了全国双线铁路隧道掘进和月成洞高产的纪录。

2. 影响爆破效果的因素

1）地质条件对光面、预裂爆破效果的影响

（1）从实践中获得经验。

（2）不同地质条件应采取不同的爆破方法及相应的钻爆参数。

2）钻眼精度的影响

（1）开眼误差，准确定出炮眼位置，可减少或排除开眼误差。

（2）钻眼角度误差，炮眼愈深，愈要严格控制眼底偏差。

（3）钻机本身尺寸大小的影响，机身有一外插角度，可选操作净空较小的凿岩机。

（4）测量放线误差，坚持每个循环都用仪器测量放线，并用5寸台坐标法认真放出开挖轮廓。

3）爆破技术本身的影响

（1）炸药品种选用不当。在选用光面爆破和预裂爆破时，应考虑如下问题：

①与主体炸药相比，爆速要低一些、密度小一些、爆力大一些的炸药，这样利于实现光面爆破。

②炸药的直径，应根据炮眼直径来选择。炮眼直径与炸药直径之比称为不偶合系数D，实践证明，药卷在有空隙的炮眼中爆破，形成的冲击波随不偶合系数D的增大而衰减。

③装药集中度，间隔装药，以装药长度的平均线装药密度计，隧道爆破一般为0.04～0.4kg/m，过大易破坏光爆壁面，过小则爆不下来。

（2）起爆方法不当，也可能引起爆破效果不好，有熄爆现象。光面爆破、预裂爆破一般应选用高精度的毫秒雷管为好。

（3）装药结构与堵塞质量直接影响爆破效果，装药过于集中或者炮眼全长均匀分布都将影响爆破质量，在有光爆专用炸药的情况，应优先考虑选用光爆炸药进行连续装药，眼底适当加强；否则一般选用导爆索加自制小药卷，用竹片加工成串状装药结构，在软岩可采用导爆索束的装药结构。对于光面爆破、预裂爆破来说，炮眼的堵塞质量也很重要。

（4）掏槽失败或起爆顺序混乱，影响光爆效果，这是因为掏槽的失败或起爆顺序混乱，都不可能为周边眼提供理想的临空面条件。

• 第二节　开挖质量标准 •

隧道开挖质量的评定包含两项内容：一是检测开挖断面的规整度，二是超欠挖控制。对于规整度，一般采用目测的方法进行评定。对于超欠挖，则需通过对大量实测开挖断面数据的计算分析，才能作出正确的评价。其实质就是要准确地测出隧道开挖的实际轮廓线，并将它与设计轮廓线纳入同一坐标体系中比较，从而十分清楚地从数量上获悉超挖和欠挖的大小和部位，及时指导下一步的施工。

一、基 本 要 求

(1)开挖断面尺寸要符合设计要求。

(2)应严格控制欠挖。当石质坚硬完整且岩石抗压强度大于30MPa,并确认不影响衬砌结构稳定和强度时,允许岩石个别凸出部分($1m^2$ 内不大于 $0.1m^2$)突入衬砌断面,锚喷支护时突入不大于3cm,衬砌时不大于5cm。拱脚、墙脚以上1m内严禁欠挖。

(3)应尽量减少超挖。不同围岩地质条件下的允许超挖值规定见表3-10所列。当采用特殊方法支护时,允许超挖量应适当降低。

隧道允许超挖值(mm) 表3-10

围岩条件(类别) / 开挖部位	硬岩(VI类围岩)	中硬岩、软岩(V~III类围岩)	破碎松散岩石及土质(II、I类围岩)
拱部	平均100 最大200	平均150 最大29	平均100 最大150
边墙、仰拱、隧底	平均100	平均100	平均100

注:①超欠挖的测量以爆破设计开挖线为准;

②硬岩是指岩石抗压极限强度 $R_b>60MPa$,中硬岩 $R_b=30\sim60MPa$,软岩 $R_b<30MPa$;

③平均线性超挖值=超挖面积/爆破设计开挖断面周长(不包括隧底);

④最大线性超挖值系指最大超挖处至设计开挖轮廓切线的垂直距离;

⑤表列数值不包括测量贯通误差、施工误差,如采用预留支撑沉落量时,不应再计超挖值;

⑥采用支架式风钻和浅眼(不超过3m)爆破。

二、爆破效果要求

隧道开挖方法包括钻爆法和机掘法等,但是目前工程上应用最广的仍是钻爆法。对于用钻爆法开挖隧道,其爆破效果应满足以下要求:

(1)开挖轮廓圆顺,开挖面平整。

(2)爆破进尺达到设计要求,爆出的石块块度满足装渣要求。

(3)周边炮眼痕迹保存率可按式(3-7)计算;炮眼痕迹保存率要满足表3-11的规定。

$$\text{周边炮眼痕迹保存率}=\text{残留有痕迹的炮眼数}/\text{周边眼总数}\times100\% \quad (3\text{-}7)$$

炮眼痕迹保存率标准 表3-11

围岩条件	硬 岩	中 硬 岩	软 岩
炮眼痕迹保存率(%)	≥80	≥70	≥50

注:①周边炮眼痕迹要在开挖轮廓面上均匀分布;

②式(3-10)中周边眼不包括底板的周边眼;

③当炮眼痕迹保存率大于孔长70%时,按可见眼痕炮眼计算;

④松散软岩很难保留炮眼痕迹,故软岩周边主要应以满足平整圆顺即可认为合格。

(4)采用支架式风钻打眼,炮眼深为3m;两茬炮衔接时,出现的台阶形误差不得大于15cm。如果眼浅则要减少,如果眼深则要加大。

(5)采用光面爆破(大型钻孔台车开挖,深眼大于3m爆破)开挖,爆破效果应符合表3-12的要求。

光面爆破效果评定 表 3-12

序号	项 目	硬 岩	中硬岩	软 岩
1	平均线性超挖量(cm)	16~18	18~20	20~25
2	最大线性超挖量(cm)	20	25	25
3	两茬炮衔接台阶最大尺寸(cm)	15	20	20
4	炮眼痕迹保存率(%)	≥80	≥70	≥50
5	局部欠挖(cm)	5	5	5
6	炮眼利用率(%)	90	90	95

注:①平均线性超挖量是由凿岩台车的外插角而定的,随循环进尺长度而变,孔深时取大值;
②岩面上不要有明显的爆破裂缝;
③爆破后石渣破碎程度要与所使用的装渣机械相适应,否则应调整爆破参数;
④其他注解同表 3-11、表 3-12。

第三节 超欠挖测定方法

施工中应根据现场条件采用切实可行的超欠挖量测定方法,也可参照表 3-13 选取。

本节只对直接测量法(以内模为参照物)、直角坐标法、三维近景摄影法予以介绍,极坐标法(激光断面仪法)将在下一节介绍。

超欠挖量测定方法 表 3-13

<table>
<tr><th colspan="3">测定方法及采用的测定仪</th><th>测定法概要</th></tr>
<tr><td rowspan="5">测量断面的方法</td><td rowspan="2">直接测量超欠挖断面面积的方法</td><td>(1)以内模为参照物直接测量法;
(2)使用激光束的方法</td><td>以内模为参照物,用直尺直接测量超欠挖量,利用激光射线在开挖面上定出基点,并由该点实测开挖断面</td></tr>
<tr><td>使用投影机的方法</td><td>利用投影机将基点或隧道基本形状投影在开挖面上,然后据此实测开挖断面面积</td></tr>
<tr><td rowspan="3">非接触观测法</td><td>三维近景摄影法</td><td>在隧道内设置摄影站,采用三维近景摄影方法获取立体像对,在室内利用立体测图仪进行定向和测绘,得出实际开挖轮廓线</td></tr>
<tr><td>直角坐标法</td><td>利用激光打点仪照准开挖壁面各变化点,用经纬仪测出各点的水平角和竖直角,利用立体几何的原理,计算出各测点距坐标原点的纵横坐标,按比例画出断面图形</td></tr>
<tr><td>极坐标法(断面仪法)</td><td>以某物理方向(如水平方向)为起算方向,按一定间距(角度或距离)依次测定仪器旋转中心与实际开挖轮廓线的交点之间的矢径(距离)及该矢径与水平方向的夹角,将这些矢径端点依次相连即可获得实际开挖的轮廓线</td></tr>
</table>

一、直接测量法(以内模为参照物)

1. 测量方法

在二次衬砌立模后,以内模为参照物,从内模量至围岩壁的数据 l 加上内净空 R_1 即为开挖断面数据。量测时,钢尺应尽量与内模垂直,如图 3-7 所示。

量测段数的划分为:自一侧盖板顶至拱顶均分为 9 段,两侧共 18 段,19 个量测数据,编号分别为 $A_1 \sim A_{19}$,如图 3-8 所示。隧道内每隔 5m(10m)测量一个开挖断面,且断面里程尾数最好为 0 或 5,如 K26 +125、K29 +130,这样既有一定的规律性,能全面反映情况,又便于资料的管理与查阅。

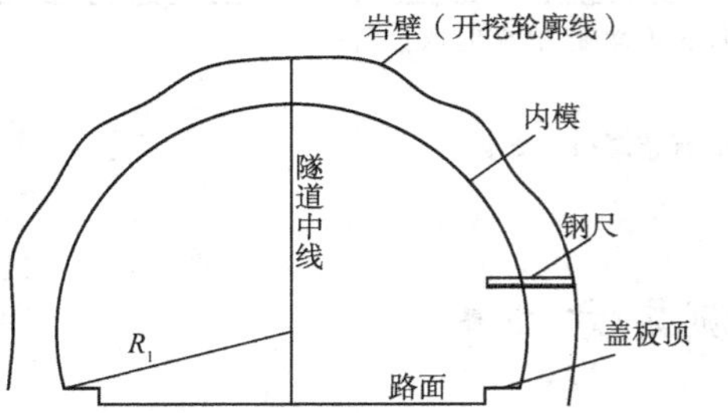

图 3-7　以内模为参照物直接测量法

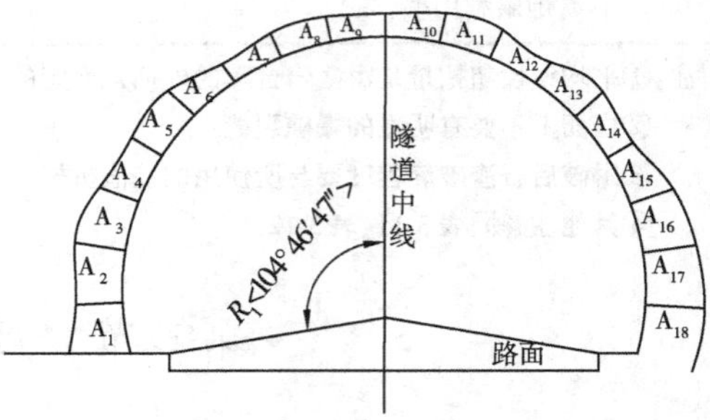

图 3-8　量测段数的划分

2. 开挖质量评价原理

隧道开挖质量不能以某一个开挖断面为标准进行评价,而应以某一长度段内所有的实测数据的综合计算分析来评价。

通常以 50m(或 100m)长、围岩类别相同段落的开挖实测数据作一分析群,则这一分析群内共有(50/5 +1)11 个断面,11 ×19 =209 个数据。通过对这 209 个实测数据的综合计算,再与设计要求进行比较分析,则可对这 50m 的开挖质量作一评价。

二、直角坐标法

1. 测量原理

用经纬仪测量被测开挖断面各变化点的水平角及竖直角,并已知置镜点与被测断面的距离、置镜点仪器标高、被测断面开挖底板高程,以开挖底板高程点为坐标原点,垂直向上为 y 轴正方向,向右为 x 正向,向左为 x 负向,利用立体几何原理,计算出各测点距坐标原点的纵横坐标,按一定的比例画出断面图形,并同设计断面比较得到开挖断面的超欠挖情况,如图 3-9 所示。

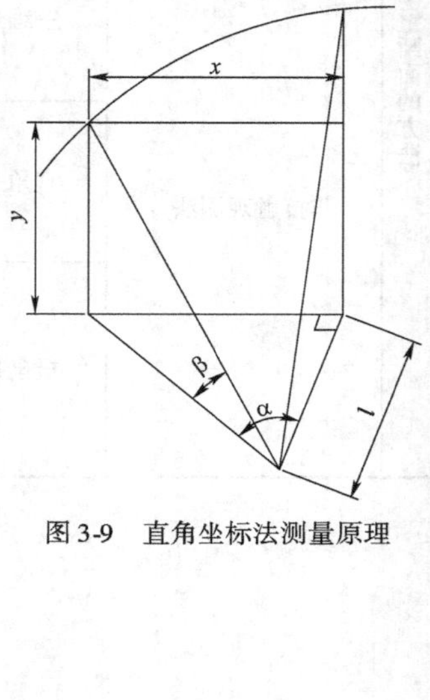

图 3-9　直角坐标法测量原理

2. 测量方法

1)仪器

经纬仪一台,水平仪一台,激光打点仪一台及钢尺、塔台。

2)方法

将激光打点仪置于被测断面,照准隧道或线路中线方向,拨

90°角固定水平盘，使各测点处于同一断面上，利用其发出的激光束照准被测开挖断面各变化点；同时在距被测断面一定距离设置另一经纬仪，用以测量激光打点仪照准各点的水平角及竖直角（在照准隧道或线路中线方向时，可将水平度盘置为0或记下水平读数）。用水平仪测量经纬仪的标高，用钢尺丈量两置镜的距离。

3. 数据计算

$$x = l \cdot \tan(\alpha - \alpha_0) \tag{3-8}$$

$$y = \frac{L}{\cos(\alpha - \alpha_0)} \cdot \tan\beta + \text{经纬仪的标高} - \text{开挖断面底板标高} \tag{3-9}$$

式中：x——断面水平方向坐标；

y——断面竖直方向坐标；

l——两置镜的距离；

α——水平角读数；

α_0——水平角中线方向初始角读数；

β——竖直角读数。

三、三维近景摄影法

近景摄影法需要在隧道内设置摄影站，需要布设垂直于隧道轴线的摄影基线。用摄影经纬仪分别在隧道轴线上、摄影基线的左端、右端采用正直、等倾右偏、等倾左偏等摄影方法获取立体像对。摄影时需对欲测的洞壁较均匀地照明，然后将获取的隧道开挖的立体像对利用隧道内的施工控制导线，在室内用立体测图仪进行定向和测绘，即可获得实际开挖轮廓线与设计开挖轮廓线的比较。

若要定量获取各实测点的超欠挖距离，则从这些实测点上向设计轮廓线作该线的法线，从设计轮廓线上的垂足到实测点的距离即为超欠挖值。可以看出，上述近景摄影测量方法费工费时，条件多，周期长，不宜作为实际的测量手段，只能作为科研的一种手段。

●第四节　施工质量检测●

一、激光断面仪法检测开挖断面

1. 测量原理

激光断面仪法的测量原理为极坐标法。如图3-10所示，以某物理方向（如水平方向）为起算方向，按一定间距（角度或距离）依次一一测定仪器旋转中心与实际开挖轮廓线的交点之间的矢径（距离）及该矢径与水平方向的夹角，将这些矢径端点依次相连即可获得实际开挖的轮廓线。通过洞内的施工控制导线可以获得断面仪的定点定向数据，在计算软件的帮助下自动完成实际开挖轮廓线与设计开挖轮廓线的空间三维匹配，最后形成如图3-11所示的输出图形，并可输出各测点与相应设计开挖轮廓线之间的超欠挖值（距离、面积）。如果沿隧道轴向按一定间隔测量数个断面，还可计算出实际开挖方量、超挖方量、欠挖方量。用断面仪测量实际开挖面的轮廓线的优点在于不需要合作目标（反射棱镜），而且它的量测精度满足现代施工测量的要求。

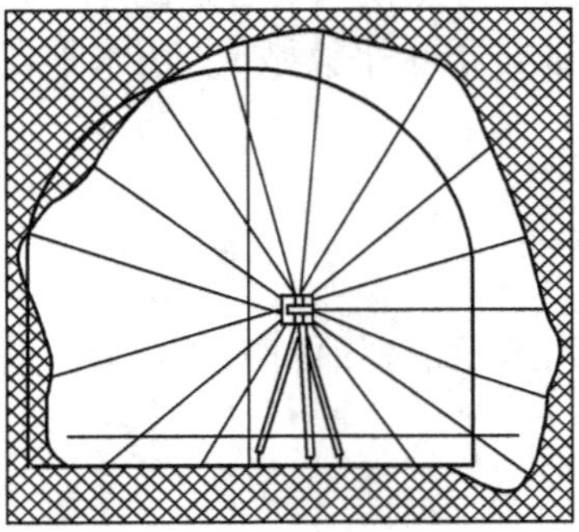

图 3-10　断面仪测量原理

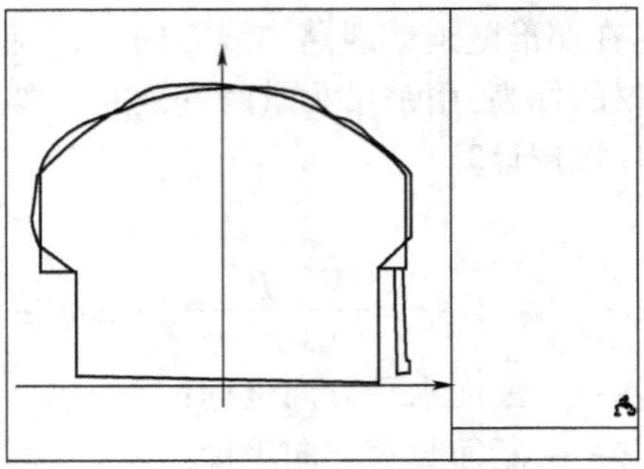

图 3-11　断面仪输出的图形成果

用断面仪进行测量,断面仪可以放置于隧道中任何适合于测量的位置(任意位置),扫描断面的过程(测量记录)可以自动完成。所测的每点均由断面仪发出的一束十分醒目的单色可见红色激光指示,而且可以人工随时加以干预。如果测量一个直径为 10m 的断面轮廓线,每隔 25cm 测一个点,则需测量 126 个点,需时约为 5min。如果在断面仪自动扫描断面的测量过程中,发现轮廓线上的某特征点漏测,还可以随时用断面仪配置的手持式控制器发出一个停止命令(按一个键),然后用控制键操纵断面仪测距头返回欲测的特征点,完成该点的测量后继续扫描下去。除此以外,在自动测量过程中,测点之间的间距还可以根据断面轮廓线的实际凸凹形状,随时动态地加以修正。如果事先在控制器中输入了设计断面形状、隧道轴线、平面、纵面设计参数(可以在室内输入)以及断面仪实测时的定向参数(实测时输入),则完成某一开挖断面的实际测量后,可以立即在控制器的屏幕上显示如图 3-12 所示的图形。在控制器上操纵断面仪测距头旋转,指向激光所指示的断面轮廓线上的某点,就对应于控制器上图形显示的光标点,并可实时显示该点的超欠挖数值。

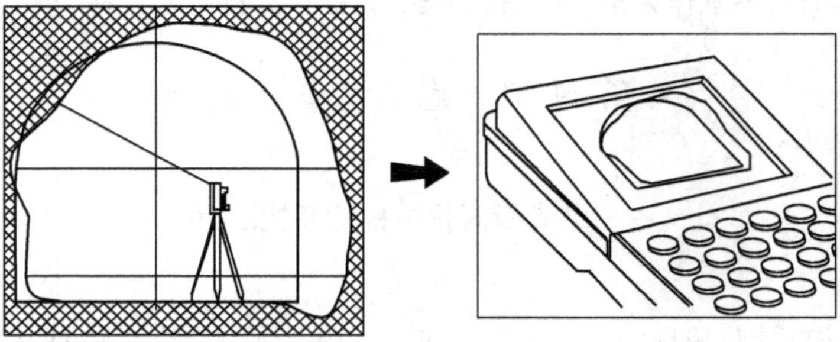

图 3-12　现场显示超欠挖值

如果获取最后的硬拷贝输出成果,则将断面仪的控制器中的数据传输到普通的 PC 机中,运行断面仪配套的后处理软件,则可以从打印机、绘图机上自动获得相应的成果。

需要注意的是,目前在隧道施工中,激光断面仪不仅可应用于开挖断面质量的控制,还可应用于初期支护(喷射混凝土)、二次衬砌断面轮廓和厚度的检测。

2. 测量仪器

激光断面仪是把现代激光测距和计算机技术相结合开发出来的硬、软件一体化的隧道断面测量仪器。我国自上世纪 90 年代初,引进瑞士 Amberg 公司生产的断面仪(如 Profiler2000、Profiler3000、Profder4000 等型号),但无论任何型号,都是专一断面测量的专用工具,在 4000 型上可以进行后方交会来确定断面仪的坐标和方位。不过在隧道中用后方交会来确立测站坐标是很不方便有时甚至是不现实的,所以为了对断面仪定位,还需要用另一台全站仪进行测量。另外,专用断面仪价格十分昂贵,以人民币计目前4000 型断面仪约需 90 万元左右。

为此,国内测量仪器厂商经过科研攻关,开发出了新的隧道断面检测系统。下面以成都经纬科技仪器有限公司开发的隧道多功能断面测量系统和北京光电技术研究所开发的 BJSD 系列激光隧道多功能断面检测仪为例,对此予以介绍。

1)隧道多功能断面测量系统

成都经纬科技仪器有限公司以无目标(棱镜)测距的全站仪为硬件,配以自行开发的隧道多功能测量系统软件,组成了隧道多功能断面测量系统。它有 4 种不同的工作模式,用户可根据不同的需求选择采用。

(1)掌上断面测量分析系统

①系统组成:掌上断面测量分析系统是集现场数据采集、现场分析、施工控制等功能于一体的一体化系统。由各类无合作目标型全站仪(如徕卡、索佳、拓普康、宾得等)、掌上电脑、断面测量分析软件、数据电缆等部分组成。

②系统特点:硬件平台 PocketPC 轻巧灵便,电池工作时间超长;全新可视友好界面,操作简便,易于学习掌握;良好的兼容性,适用于各晶牌无棱镜测距型全站仪;现场数据采集,现场分析,现场成图、报表,现场标注,内外业一体化;直观的图形显示,实时断面上任意点的超欠挖计算,所见即所得,隧道断面施工质量一目了然;数据图形可直接导入到 AutoCAD 中,成果输出灵活可变。

(2)TCR400/TCR700 型仪器断面测量分析系统

①系统组成:由各类徕卡(Leica)TCR400 系列、TCRT00 系列的具有不用棱镜即可测距的全站仪、断面测量后处理软件(PC 机上运行)、PC 机等部分组成。

②操作模式:将 TCR 型全站仪置于观测断面上任意位置;打开红色指向激光;按用户需要手动望远镜(竖盘)指向欲测的断面上各点依次测量;将记录的各断面点的数据下载到 PC 机里的断面测量后处理软件。

③系统特点:指向何处即测何处;操作简单、明了;系统组成简捷(全站仪、PC 机)、一机多用,价格低廉、可选性大;断面测量后处理软件功能强大、界面友好、可与 CAD 接口。

(3)TCRM 型仪器多功能断面测量分析系统

①系统组成:由徕卡各型 TCRM1100 系列全站仪、机载隧道多功能测量软件(在 TCRM 型全站仪上运行)、断面测量后处理软件(在 PC 机上运行)、PC 机等部分组成。

②操作模式:将 TCRM 型全站仪置于隧道中任意位置;全自动扫描测量断面,自动记录;全自动搜寻掌子面上的炮孔位置,由红色激光标定;将自动记录的数据下载到 PC 机的断面软件中;处理分析数据给出图表。

③系统特点:可将线路的平面定线参数、纵面定线参数输入全站仪;任意已知位置设置仪器;全站仪自动旋转到断面方向上;按规定式任意步长在选定范围内自动扫描断面形状;扫描过程中可任意加点或增大、减少步长;整个测量过程由一束明亮红色激光指向;自动将测量数

据排序记录在仪器的 PC 卡上；可在凹凸不平的掌子面上按需要自动搜寻测设炮孔位置，并由红色激光标定；断面测量后处理软件功能强大、界面友好、可与 CAD 接口；软件生成的断面图形、超欠挖表格可以编辑。

(4) TCRA 型仪器多功能断面测量分析系统

①系统组成：由徕卡各型 TCRA 型 11150 系列全站仪、机载隧道多功能测量软件（在 TCRM 型全站仪上运行）、断面测量后处理软件（在 PC 机上运行）、围岩收敛后处理软件（在 PC 机上运行）、PC 机等部分组成。

②操作模式：将 TCRA 型仪器置于隧道中任意位置；全自动扫描测量断面，自动记录；全自动搜寻掌子面上的炮孔位置，由红色激光标定；在距所测断面的适当位置，自动搜寻、瞄准、测量、记录围岩收敛监测点数据；将自动记录的数据下载到 PC 机的断面软件中；处理分析数据给出图表。

③系统特点：可将线路的平面定线参数、纵面定线参数输入全站仪；任意已知位置设置仪器；全站仪自动旋转到断面方向上；按规定式任意步长在选定范围内自动扫描断面形状；扫描进程中可任意加点或增大、减小步长；整个测量过程由一束明亮红色激光指向；自动将测量数据排序记录在仪器的 PC 卡上；可在凹凸不平的掌子面上按需要自动搜寻测设炮孔位置，并由红色激光标定；在距所监测断面的适当位置架设仪器，实施围岩收敛监测；不用对中、不测仪高、自动搜寻、瞄准、测量、记录围岩收敛监测点，监测数据质量可以控制；断面测量及围岩收敛后处理软件，功能强大、界面友好、可与 CAD 接口；软件生成的断面图形、超欠挖表格可以编辑。

2) BJSD 型系列激光隧道多功能断面检测仪

北京光电技术研究所通过对硬件的研制和软件的开发，生产出了专用于隧道断面检测的仪器——激光隧道断面检测仪，在此基础上又将其功能扩展到可用于指示炮眼位置，进行围岩收敛量测等。目前有 BJSD—2B 型、BJSD—2C 型、BJSD—3 型等型号。下面对其主要技术指标及功能等予以介绍。

(1) 仪器组成及特点

BJSD—2B 型、BJSD—2C 型仪器由检测主机、测量控制器、三脚架、软件、外接电源等部分组成。

BJSD—3 型仪器由检测主机、检测控制记录器（掌上电脑）、三脚架、软件、外接电源盒等部分组成。

仪器的特点为：

①测量数据自动记录，存储空间大。

②无须交流供电，使用充电电池供电，携带方便。

③软件功能强大，操作简便，全中文界面，支持多种操作系统。

④BJSD—3 型仪器可现场显现被测断面图形。

(2) 主要技术指标

①检测距离：0.3 ~ 65m，0.3 ~ 100m 两种；

②检测距离精度：0 ~ 33m 内，优于 ±1mm；

③角度精度：优于 0.01°；

④检测 1 个断面的时间：BJSD—2B 型只需 2 ~ 3min，BJSD—2C 型只需 1 ~ 2min；

⑤储存断面的数量：BJSD—2B 型、BJSD—2C 型可存储 100 个断面，BJSD—3 型可存储 500 个断面；

⑥自动、定点检测时方位角范围：60° ~ 300°或 30° ~ 330°；

⑦手动测量时方位角转动范围为：0° ~ 340°；

⑧定位测量方式：具有垂直向下激光自动对中、测量标高功能。

(3)主要功能

BJSD—2B 型、BJSD—2C 型可用于测量当前断面、测量土石方量、挡土墙护坡验收；BJSD—3 型除具备上述所有功能外，还可用于测量前方断面、指示炮眼位置、围岩收敛量测。

(4)测量方式

本仪器需全站仪配合，其测量方式有以下几种：

①手动检测方法：由操作者控制移动检测指示光斑随意进行测量和记录。

②定点检测法：可设置起止角度及测量点数等参数，仪器将按照所定参数自动测量并记录。

③自动量测法：仪器依照内部设定的间隔，自动检测并记录数据。

复习思考题

1. 简述隧道施工中超欠挖的危害性。
2. 施工中测量超欠挖的方法有哪些？
3. 简述用断面仪测量开挖断面的原理。

第四章

初期支护施工与质量检测

知识目标

1. 喷锚支护的施工技术要求与质量控制；
2. 喷射混凝土施工方法与质量控制；
3. 地质雷达技术检测原理与检测技术方法。

技能目标

1. 会进行锚杆抗拔力量测；
2. 会进行砂浆锚杆砂浆注满度检测；
3. 会进行初期支护混凝土强度和厚度检测。

隧道开挖，除坚硬、完整、稳定的围岩外，为防止开挖后围岩暴露时间过长产生地层压力增加而造成塌坍，因此，必须及时支护确保施工安全。初期支护可分为传统矿山构件支撑支护和锚喷支护两大类。

采用新奥法施工时，用锚喷支护类包括锚杆、钢筋网、拱架、钢筋、钢格栅、钢支撑、喷混凝土等，可视地质状况及支护断面大小，或采用一种支护手段，或多种支护手段联合，这些支护又是将来永久衬砌的一部分。

传统矿山构件支撑类包括钢架、木架、钢木混合3种，这些结构均属施工临时支撑。其结构件，除设计注明和特殊情况外，在作永久衬砌时都要拆除。此法缺点是工艺落后，安全性差，施工进度慢。

喷锚支护作业主要指采用锚杆、喷混凝土喷锚联合，喷锚网喷联合，钢架喷射混凝土联合，钢格栅喷射混凝土联合，钢支撑喷射混凝土联合。它具有支护及时、与围岩结合紧密的优点，具有一定的柔性，能有效地控制围岩变形和提高自承能力的特点。它既是施工临时支护，又是永久支护(衬砌)的一部分，极有利于扩大施工空间，便于大型掘进机械进洞施工，加快施工进度和省工省料、又安全可靠。但是，如果施工质量不佳，会给人们造成安全隐患，导致安全事故的发生。因此，在施工时，必须达到设计要求的参数、质量标准，才能起到支护的作用，保证施工安全。

• 第一节　锚杆制作与安装质量检查 •

一、锚 杆 制 作

锚杆是一种锚固在岩体内部的杆状支架，锚杆支护是通过锚入岩体内部的锚杆，达到改善围岩的受力状态,实现加固围岩、维护隧道的目的。

锚杆是隧道施工过程中维护围岩稳定,保证施工安全的重要支护手段之一。施工完成后,在一定程度上,它还可以作为永久支护结构的一部分发挥作用。因此,在施工中,如何保证和检查锚杆的施工质量,是极为重要的。但从目前的施工状况看,锚杆长度不足、不配置垫板、布置不合理、砂浆充填不密实,甚至“长锚短打”的现象也时有发生。造成这种现象的原因虽然是多方面的,但主要还是对锚杆在隧道施工中的作用认识不足,不能完全按照要求施工,而且缺乏有效的检测手段。

锚杆的种类很多,但每一种锚杆在使用安装前,都必须对其材质、规格和加工质量进行检查,以免不合格的锚杆用于隧道支护。

1. 锚杆材料

1)抗拉强度

锚杆在工作时主要承受拉力,所以检查材质时首先应检测其抗拉强度。方法是从原材料中或成品锚杆上截取试样,在拉力试验机上拉伸,测试材料的力学特性,确定其是否满足工程要求。

2)延展性与弹性

有些隧道的围岩变形量较大,这就要求锚杆材质具有一定的延展性,过脆可能导致锚杆中途断裂失效,所以必要时应对材料的延展性进行试验。另外,对管缝式锚杆,要求原材料具有一定的弹性,使锚杆安装后管壁和孔壁紧密接触。检查时,可采用现场弯折或锤击,观察其塑性变形情况。

2. 杆体规格

锚杆杆体的直径必须与设计相符,可用卡尺或直尺测量。此外还应注意观察杆径是否均匀、一致,若发现锚杆直径明显忽粗忽细,则应弃之不用。

3. 加工质量

除砂浆锚杆仅需从线材上截取钢筋段外,其他种类的锚杆都需要进行一定的加工。例如,树脂锚杆和快硬水泥锚杆锚固段需要热锻与焊接,另一端需要车丝。检查时,首先应测量各部分的尺寸,其次检查焊接件的焊接质量;对于车丝部分,应检查丝纹质量,观察是否有偏心现象。

二、安装质量检查

1. 锚杆位置

钻孔前应根据设计要求定出孔位,作出标记。施工时可根据围岩壁面的具体情况,允许孔位偏差 ±(15 ~50)mm。检查时应特别注意对锚杆间距与排距的尺量。间距、排距是锚杆设计与施工的重要参数之一。

2. 锚杆方向

钻孔方向应尽量与围岩壁面和岩层主要结构面垂直。施工时可视具体情况主要照顾其中一面,即围岩壁面或岩层结构面。钻孔方向在边墙和拱脚线稍上位置容易控制,在拱顶部位不易与壁面垂直。检查时应特别注意拱顶钻孔的垂直度,目测即可;若过于偏斜,就会减小锚杆的有效锚固深度,威胁施工安全,浪费材料。

3. 钻孔深度

适宜的钻孔深度是保证锚杆锚固质量的前提。锚杆的钻孔深度,应符合下列规定:

(1)砂浆锚杆孔深度误差不宜大于 ±50mm;

(2)缝管式锚杆孔深不得小于杆体长度;

(3)楔缝式锚杆孔深不应大于杆体长度,并应保证尾部垫板,螺栓安设紧固;

(4)锚杆钻孔应保持直线形。

钻孔深度可用带有刻度的塑料管或木棍等插孔量测。

4. 孔径与孔形

(1)砂浆锚杆孔径应大于杆体直径 15mm。孔径过小会减小锚杆杆体包裹砂浆层的厚度,影响锚杆的锚固力及其耐久性。

(2)缝管式摩擦锚杆孔径,应根据设计要求并经过实验确定,锚杆管径与孔径差值的大小,是根据锚杆的管径、长度以及围岩软硬而定,一般现场试验是根据拉拔结果选择合理的钻头直径,钻头直径应较缝管外径小 1 ~ 3mm,钻孔与缝管直径之差是设计与施工最需要严格控制的主要因素。缝杆式摩擦锚杆的锚固力与孔管径差的关系是:径差小,锚杆安装推进阻力小,锚固力也较小;径差大,锚杆安装推进阻力大,锚固力也较大。另外,施工中还应考虑到因钻头磨损导致孔径缩小的影响确定径差。

(3)楔缝式内锚头锚杆孔径,应根据围岩条件及楔缝张拉度严格掌握确定。一般对于坚硬岩体,楔块的楔角 $\alpha = 8°$左右为好;对于较软岩体,楔角 $\alpha \leqslant 8°$以上为好,锚杆杆体楔缝宽度 δ 值一般为 3mm。其他尺寸可根据对锚固力的影响关系及先行试验数据合理选择,否则应修改设计参数,直到满足锚固力的要求为止。

为了便于锚杆安装,钻孔还应圆而直。

5. 砂浆锚杆质量和技术要求

采用砂浆锚杆预支护时,除应保证锚杆原材料规格、品种、锚杆各部件质量及技术性能符合设计要求外,尚应做好以下准备工作:

(1)锚杆杆体应调平直、除锈和除油;

(2)应优先使用普通硅酸盐水泥,条件不具备可使用矿渣硅酸盐或火山灰硅酸盐水泥;

(3)宜采用清洁、坚硬的中细砂,粒径不宜大于 3mm,使用前应过筛。

6. 缝管式摩擦锚杆质量与要求

采用缝管式摩擦锚杆时,对其应进行以下检查工作:

(1)必须检查管径,同批成品管径径差不宜超过 0.5mm;

(2)根据围岩情况选择钻头,使钻头直径符合设计要求;

(3)安装用冲击器尾部必须淬火,硬度宜为 HBC48 – 53;

(4)钻杆长度必须大于锚杆长度。

7. 楔缝式内锚头锚杆质量检测

采用楔缝式内锚头锚杆时,对其应进行以下检查工作:

(1)检查楔块与楔缝的尺寸和配合情况;

(2)检查锚杆尾部螺栓和螺纹的配合情况;

(3)备齐配套工具,做好螺扣的保护措施;

(4)在钻杆上标出锚杆的长度。

第二节　锚杆抗拔力量测

锚杆抗拔力(亦称锚杆锚固力)是指锚杆能够承受的最大拉力,它是锚杆材料、加工与施工安装质量优劣的综合反映。锚杆抗拔力的大小直接影响着锚杆的作用效果,如果抗拔力不足,会使锚杆起不到锚固围岩的作用,所以锚杆抗拔力的量测是检测锚杆质量的一项基本内容,是新奥法监控量测的必测项目。

一、量测目的

(1)测定锚杆的锚固力是否达到设计要求;

(2)判断所使用的锚杆长度是否适宜;

(3)检查锚杆安装质量。

二、量测方法

量测方法主要有直接量测法、电阻量测法以及快速量测法等。

1. 直接量测法

直接量测法的量测装置如图4-1所示,是直接量测施加给锚杆的荷载值和锚杆的变形量,然后根据所绘出的荷载—锚杆变形曲线求出锚杆抗拔力,量测时所采用的锚杆拉力计主要由千斤顶和油压泵以及相应的辅助配件组成。

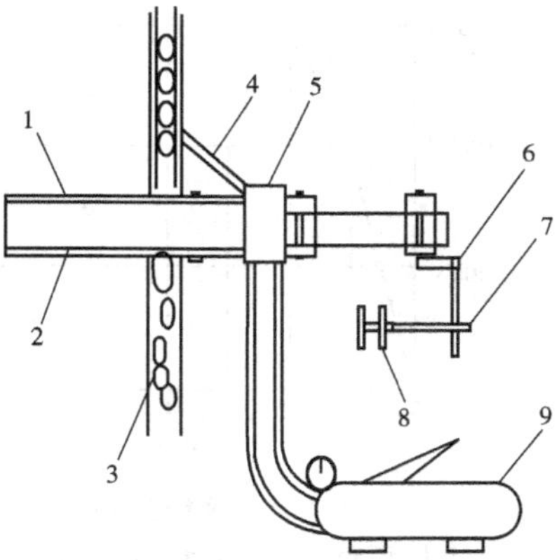

图4-1　锚杆拉拔力测试

1-锚杆;2-充填砂浆;3-喷射混凝土;4-反力板;5-油压千斤顶;6-千分表;7-固定梁;8-支座;9-油压泵

(1)量测时首先消除欲测锚杆周围岩面上的喷混凝土层,安装反力板,使反力板与锚杆轴线垂直。

(2)按照正常的安装工艺安装待测锚杆,用砂浆将锚杆孔口部抹平,以便支放承压垫板。

(3)量测装置安装完毕,即可开始量测。量测时采用分级加载,每级荷载的增长值应在10kN以下,由于应变滞后于应力的关系,加载的时间间隔不应小于2min(一般为5min),总之加载量没有必要加到锚杆预计的极限强度,只加到预计极限强度的80%即可。

(4)每次加载后,记录千分表指出的锚杆尾部的变形量。

(5)画出荷载—锚杆变形曲线求抗拔力,具体求法如图4-2所示,把曲线按斜率变化状态不同划分为A、B、C三个区段,A段是初期近似线性关系段,B段是中期非线性关系段,C段是后期近似线性关系段,然后分别作A段曲线和C段曲线的切线,两条切线的交点D所对应的荷载值就是锚杆的抗拔力。另外抗拔力的大小也可通过破坏试验时,从油压表读取油压值,再根据油压千斤顶活塞面积计算出锚杆的抗拔力。

2. 电阻量测法

电阻量测法的量测装置与直接量测法基本相同,只是在锚杆安设前先在锚杆上贴上应变片，并增加了量测锚杆应变值的应变仪，电阻量测法除可以得到直接量测法所得到的数据外，还可以得到锚杆轴向抗拔力的分布状态，锚杆的粘结状态等量测资料。

电阻应变片是沿着锚杆长度方向每隔500～700mm在锚杆两侧对称的贴一对，应变片与应变仪之间用导线连接。

量测装置安装完毕即可开始加载量测，加载方法与直接法相同，每次加载后分别记录贴应变片各测点的应变值，绘出各不同抗拔力荷载作用时沿锚杆长度方向各不同位置上锚杆应变变化曲线，以供分析判断锚杆打设质量和锚杆长度是否适宜。

应用电阻量测法所给出的锚杆应变曲线，可能有3种形式，如图4-3所示。图中 *a* 曲线形式表明从围岩壁面在锚杆的全长上都有应变，应变曲线呈凸形，这表明锚杆长度不足，应增加锚杆长度。*b* 曲线形式表明在锚杆的全部长度上都有应变，但应变曲线由最初的凸形变为凹形曲线，并在锚杆端头部位应变值趋近于零，这表明锚杆长度适宜。曲线的形式表明只在锚杆部分长度上有应变，应变曲线由最初的凸形变为凹形曲线，并在锚杆的中间部位应变值趋近于零，这说明锚杆只有一部分发挥了作用，而没有应变值的那部分锚杆是多余的，说明锚杆过长，可减少锚杆长度。

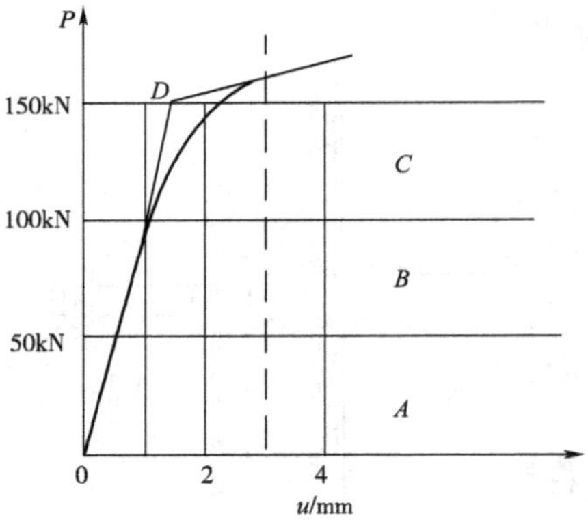

图4-2 图解法求抗拔力

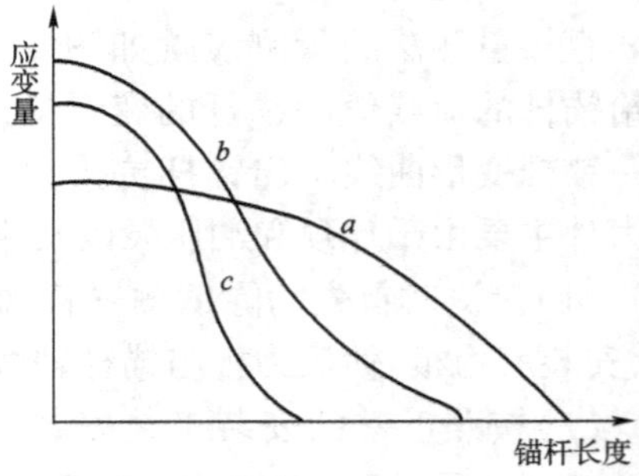

图4-3 锚杆应变曲线

以上两种量测方法，不仅在量测设备安装以及测量元件的设置较为繁杂，量测时尚需一定空间，而且量测持续时间较长。在隧道施工过程中，为了及时掌握锚杆的锚固效果，只需简单轻便的设备能快速测出锚杆抗拔力的大小的快速量测法，以便及时评价锚杆的施工质量。

三、注 意 事 项

在量测时要注意以下问题：

(1)液压油是2号锭子油或20号机械油，使用温度为-30℃ ～ +45℃，严禁以酒精、甘油、普通发动机油等作为液压油使用。

(2)安装拉拔设备时，应使千斤顶与锚杆同心，以避免偏心受拉。

(3)加载过程应匀速增加，防止忽快忽慢。

(4)如无特殊需要，可不做破坏性试验，拉拔到设计拉力即停止加载。有时为了检验锚杆施工质量，同时为了调整锚杆设计参数，需要做破坏性试验，以便取得锚杆的最大承载力，从而为修改锚杆参数提供依据。

(5)拉力计应固定牢靠,并有安全保护措施。特别应注意的是,试验时操作人员要避开锚杆的轴线延长线方向,在锚杆的侧向并远离锚杆尾部的位置上加压读数;测位移时停止加压。

四、试验要求

根据《公路隧道施工技术规范》(JTJ 042—94)规定,锚杆安设后每安装 300 根至少随机抽样 3 根作为一组进行抗拔力试验,围岩变更或材料变更时另作一组进行试验。

锚杆抗拔力的合格条件为:

$$P_{An} \geq P_A$$

$$P_{Amin} \geq 0.9P_A$$

式中:n——每批锚杆抽样试验的组数;

P_{An}——同批 n 组试件抗拔力的平均值(精确到 0.1kN);

P_{Amin}——同批 n 组试件抗拔力的最低值(精确到 0.1kN);

P_A——锚杆的设计锚固力。

锚杆抗拔力的大小与锚杆型式、锚杆长度、锚杆直径、锚杆材质、钻孔直径、粘结材料的强度、围岩强度、孔壁清洁程度等因素有关。锚杆的锚固质量、量测时的加载方法、每级荷载增长值的大小、加载速度的快慢等都直接影响量测结果的准确性,因此,要求量测作业的操作质量必须符合试验要求。

● 第三节　砂浆锚杆砂浆注满度检测 ●

由于认识、习惯和经济等方面的原因,我国公路隧道支护中用量最多的锚杆为砂浆锚杆。施工中若钻孔呈水平或向下,则锚杆孔的砂浆注满度容易保证;若钻孔上仰,特别是垂直向上,则锚杆孔较难用砂浆注满。因此,对于砂浆锚杆,施工检测中应重点注意砂浆注满度或密实度。砂浆锚杆的砂浆灌注质量,目前多以锚杆的拉拔力来检验。但在一般情况下,许多拉拔力合格的锚杆,其灌注质量并不好。因为从理论上讲,只要锚固的水泥砂浆长度大于杆体钢筋直径的 40 倍,则直至拉拔到钢筋颈缩锚杆也不会丧失锚固力。因此,人们希望有一种直接检测砂浆饱满程度的方法和仪器。1978 年,瑞典的 H. F. Thurner 提出用测超声波能量损耗来判定砂浆灌注质量的原理,研制了 Boltometer Version 锚杆质量检测仪,于 1980 年推出,但此类仪器的检测结果仍是与锚杆拉拔力相联系。我国铁道部门从 1978 年起,在 Thurner 原理及 Boltometer 仪器的基础上,寻找了新途径,并针对我国的施工实际,研究出一套可测出锚杆砂浆百分密实程度的方法、仪器和配套设备。

一、原　　理

Thurner 方法的基本原理是:在锚杆杆体外端发射一个超声波脉冲,它沿杆体钢筋以管道波形式传播,到达钢筋底端后反射,在杆体外端可接收此反射波。如果钢筋外密实、饱满地由水泥砂浆握裹,砂浆又与周围岩体粘结,则超声波在传播过程中,不断从钢筋通过水泥砂浆向岩体扩散,能量损失很大,在杆体外端测得的反射波振幅很小,甚至测不到;如果无砂浆握裹,仅是一根空杆,则超声波仅在钢筋中传播,能量损失不大,接收到的反射波振幅则较大;如果握裹砂浆不密实,中间有空洞或缺失,则得到的反射波振幅的大小介于前二者之间。由此,可以根据反射波振幅大小判定水泥砂浆的饱满程度。

我国铁道部科学研究院经过大量模型试验和现场试验,认识到 Boltometer 由于采用压电式发射探头,发射能量不够,故不可能以砂浆的密实、饱满程度为参数来检测,而仅能与锚杆拉拔力相联系;Boltometer 激发与接受探头的藕合办法使得它要求杆体外端需进行机械加工并具有一定的平整度和光洁度,且仅适用于杆径大于 20mm 的锚杆。针对这些问题,我国改用机械撞击激发方式,研制了激发器,大大增大了激振能量,并降低了使用频率,使得可能检测长达 8m 的锚杆。该研究院还研制了耦合装置,用水作耦合剂,从而大大降低了对杆体外端平整度和光洁度的要求(只需锯平即可),并可适应常用杆体直径的砂浆锚杆。

二、检 测 仪 器

M－7 锚杆检测仪是铁道部科学研究院和地矿部水文地质、工程地质方法技术研究队联合研制的。该仪器为数字显示,由示波器监测波形,通过游标由操作员置时,仪器显示锚杆长度、振幅值和砂浆密实度级别。为提高测值精度,每一锚杆读数 5～10 次,取振幅值的平均值,仪器可自动对这些读数作累加并取平均。

三、测 量 方 法

首先,在施工现场按设计参数,对不同类型的围岩,各设 3～4 组标准锚杆,每组 1～2 根。例如有水泥砂浆密实度为 90%、80%、70% 共 3 组锚杆,可定密实度大于 90% 者为 a 级,80%～90% 者为 b 级,70%～80% 者为 c 级,密实度小于 70% 者为 d 级(可根据设计由业主规定,最多可定 4 个级别)。然后,在这些标准锚杆上测定反射波振幅值(若每组有一根以上锚杆则取平均值),这些值即作为检测其他锚杆的标准。这些标准值在进行其他锚杆的检测前储入仪器,在检测其他锚杆时可由测量仪器自动显示被测锚杆的长度与砂浆密实度的级别。

第四节　端锚式锚杆施工质量无损检测

目前隧道工程上除大部分采用全长锚固的水泥砂浆锚杆外,同时还应用着树脂锚杆、快硬水泥药包锚杆和楔缝锚杆等端锚式锚杆。这些锚杆的共同特点是在性能上可迅速承载;在构造上带有螺栓和托板;在施工上操作简便。在一些不良地质条件下,隧道开挖后钢支撑难以及时支护,喷射混凝土不易迅速形成承载结构时,可采用上述的端锚式锚杆快速加固围岩。特别是这类锚杆外端带有螺栓和托板,在锚固端锚固牢靠的情况下,可通过螺栓和托板给锚杆施加预应力,及时限制隧道围岩变形的发展与裂隙的产生。对于这类锚杆的锚固质量检测,除了采用锚杆拉拔机进行破坏性拉拔外,还可利用扭力扳手进行无损伤拉拔试验。此方法实施简便,可随时对大批量的锚杆进行锚固质量检测。

一、检 测 原 理

对于带有螺栓和托板的端锚式锚杆来说,托板和螺母安装后,可通过拧紧压在托板上的螺母使锚杆杆体受拉,拉力的大小与螺母的拧紧程度有关,拧紧程度又与加在螺母上的力矩有关,所以锚杆上的拉力取决于加在螺母上的力矩。利用锚杆拉力与所加力矩之间的关系,可通过给待检测锚杆螺母施加力矩,来间接确定锚杆的锚固质量。由于作用在螺母上的力矩除取决于锚杆拉力外,还与螺母和托板之间的摩擦力有关,因此,为了利用螺母上的力矩来检测锚杆的拉力,必须事先在实验室进行试验,建立扭力矩—锚固力关系,然后据此关系检测锚杆的锚固质量以及锚杆上的预应力。表 4-1 是对某种端锚式直径 $\phi16$ 锚杆试验得到的力矩—锚固力对应关系。

直径 $\phi16$ 锚杆扭力矩—锚固力关系　　表 4-1

扭力矩(N·m)	16	32	40	66	80	96	112
锚固力(kN)	5	10	15	20	25	30	35

二、检测工具

锚杆螺母扭力矩的量测工具为扭力扳手。扭力扳手是机械装配和机械修理中常用的工具,它由力臂、刻度盘、指示杆和套筒组成,如图 4-4a)所示。力臂为具有一定刚度和弹性的圆杆,标有扭力矩的刻度盘固定在力臂上,在扳手的另一端,固定了一根指示杆。使用时,在力壁的手柄上施加力 F,这时会在扳手的另一端出现反力矩 M 与工作力矩 F_1 平衡。在 F 达到最大值 F_{max} 时,M 也达到最大值 M_{max}。在 F_{max} 的作用下,具有弹性的力臂本身要产生变形,使钢杆变曲,弯曲的大小可用转角反映。由于指示杆不受力,它不产生任何变形,所以在力臂杆和指示杆之间就出现了角度差,指针偏离最初的零度位置,由指针在刻度盘上的位置可读出力臂杆转角的大小。通过实验室标定,可建立起力臂最大转角 α_{max} 和反力矩 M_{max} 的关系,并据此关系标示刻度盘,便可从刻度盘上直接读出反力矩 M_{max} 之值,如图 4-4b)所示。

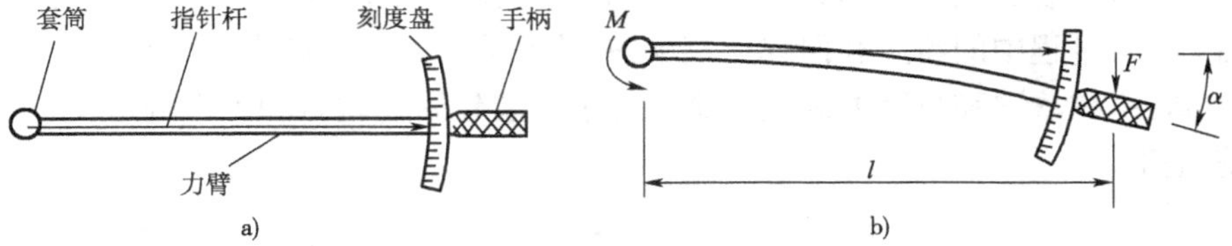

图 4-4　扭力扳手

三、检测方法

(1)将套筒套在待检测锚杆的螺母上,并将扭力扳手主体与套筒连接。

(2)左手轻按扭力扳手套筒端,右手扳动手柄,同时读取扭力矩的最大读数,并作记录。

(3)根据扭力矩和锚杆拉力之间的对应关系,确定锚杆的拉力。随着扭力矩的增加,锚杆所受的拉力也增加,最终可能出现两种现象:一种是由于锚固质量欠佳,锚固强度较小,锚固端出现滑移;另一种是锚固强度很大,螺栓丝扣处产生颈缩。出现这两种现象都使锚杆失去或减小承载能力,所以相应的试验为破坏性试验。在工程上更常见的是事先确定锚杆应有的锚固力,当测试过程中发现锚杆的锚固力达到要求时,便停止测试,使锚杆仍完好地工作。

扭力扳手还可作为一种锚杆安装工具,据其可对锚杆施加给定量值的预应力。这样既能最大限度地对围岩进行主动加固,又能保护锚杆初期锚固强度不遭破坏。

● 第五节 喷射混凝土质量检测 ●

一、喷射混凝土的工艺流程

喷射混凝土的工艺流程有干喷、潮喷、湿喷和混合喷 4 种。它们之间的主要区别是:各工艺流程的投料程序不同,尤其是加水和速凝剂的时机不同,其中湿喷混凝土按其输送方式的不同,可分为风送式、泵送式、抛甩式和混合式,应根据实际情况选用。

1. 干喷

用搅拌机将集料和水泥拌和好,投入喷射机料头,同时加入速凝剂,用压缩空气使干混合料在软管内呈悬浮状态,压送到喷枪,在喷头处加入高压水混合,以较高速度喷射到岩面上,其工艺流程如图 4-5 所示。

干喷缺点是:产生水泥与砂粉尘量较大,回弹量亦较大,加水是由喷嘴处的阀门控制的,水灰比的控制程度与喷射手操作的熟练程度有直接关系,但使用的机械较简单,机械清洗和故障处理较容易。

2. 潮喷

潮喷是将集料预加少量水,使之呈潮湿状,再加水泥拌和,从而降低上料、拌和及喷射时的粉尘,但大量的水仍是在喷头处加入和从喷嘴射出的,其潮喷工艺流程和使用机械同干喷工艺,如图 4-5 所示,目前隧道施工现场较多使用的是潮喷工艺。

3. 湿喷

湿喷是将集料、水泥和水按设计比例拌和均匀,用湿式喷射机压送拌和好的混凝土混合料压送到喷头处,再在喷头上添加速凝剂后喷出,其工艺流程如图 4-6 所示。湿喷混凝土的质量较容易控制,喷射过程中的粉尘和回弹量较少,是应当发展、推广应用的喷射工艺。但对湿喷机械要求较高,机械清洗和故障处理较困难。对于喷层较厚的软岩和渗水隧道,不宜采用湿喷混凝土工艺施工。

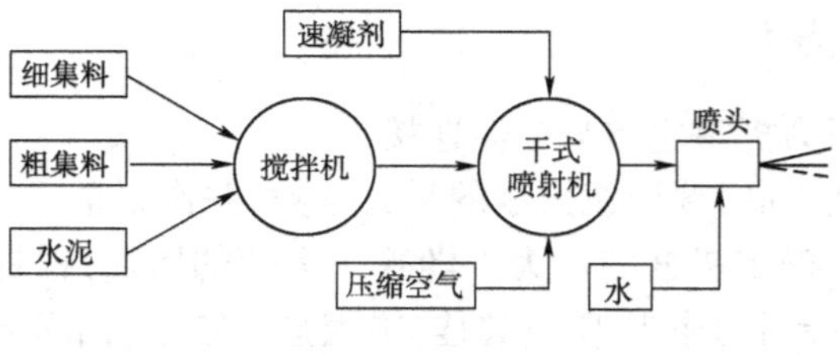

图 4-5 干喷与潮喷工艺流程

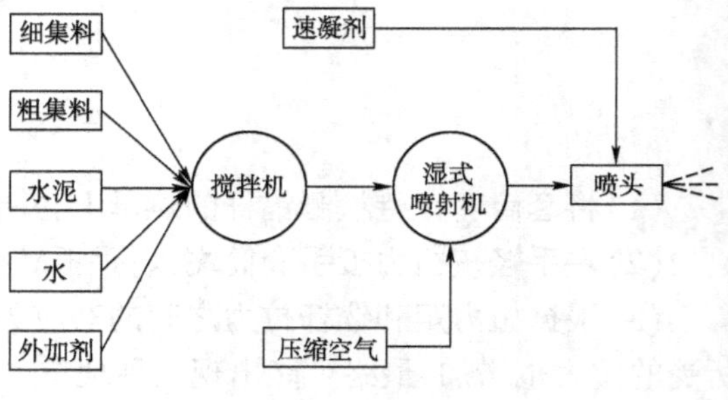

图 4-6 湿喷工艺流程

4. 混合喷射(SEC 式喷射)

此法又称水泥裹砂造壳喷射法。分别由泵送砂浆系统和风送混合料系统两套机具组成。先是将一部分砂加第一次水拌湿,再投入全部用量水泥,强制拌和成以砂为核心外裹水泥壳的球体;然后加第二次水和减水剂拌和成 SEC 砂浆;再将另一部分砂与石、速凝剂按配合比配料，强制搅拌成均匀的干混合料。然后再分别通过砂浆泵和干式喷射机，将拌和成的砂浆及干混合料由高压胶管输送到混合管混合，最后由喷头喷出。其工艺流程如图4-7所示。

混合式喷射是分次投料搅拌工艺与喷射工艺相结合，其关键是水泥裹砂（或砂、碎石）造壳工艺技术。混合式喷射工艺使用的主要机械设备与干喷工艺基本相同，但混凝土的质量较干喷混凝土的质量好，且粉尘和回弹量大幅度降低。混合式喷射使用机械数量较多，工艺技术较复杂，机械清洗和故障处理较麻烦。因此一般只在喷射混凝土量大和大断面隧道工程中使用。

混合喷射混凝土强度可达到C30～C35，而干喷和潮喷混凝土强较低，一般只能达到C20。

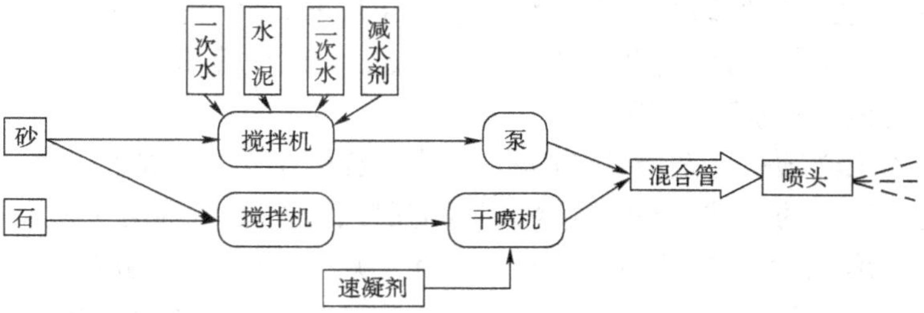

图4-7　混合式喷射工艺流程

二、质量检验指标

喷射混凝土是指将水泥、砂、石子、外加剂和水按一定的配合比和水灰比拌和而成的混合物，以风压为动力快速喷至岩体表面而形成的人造石材。喷射混凝土的质量检验指标主要有喷射混凝土的强度和喷射混凝土的厚度两项内容。此外，还应采取措施减少喷射混凝土粉尘、回弹率。

喷射混凝土强度包括抗压强度、抗拉强度、抗剪强度、疲劳强度、粘结强度等。因此，喷射混凝土强度应是这些强度指标的综合结果。由于这些强度之间存着一定的内在联系，这就有可能在具体试验中只检测喷射混凝土的某一种强度，并由此推知混凝土的其他强度。其中，喷射混凝土抗压强度是表示其物理力学性能及耐久性的一个综合指标，所以，工程实际往往把它作为检测喷射混凝土质量的重要指标。

喷射混凝土的厚度是指混凝土喷层至隧道围岩接触界面间的距离。要达到前述喷射混凝土支护的作用原理和效果，关键是要确保混凝土支护的施工质量。在施工中保证喷射混凝土的厚度是确保喷射混凝土质量的前提。所以，喷射混凝土的厚度也是喷射混凝土质量检验的一个重要指标。

喷射混凝土施工过程中，部分混凝土由隧道岩壁跌落到底板的现象称为喷射混凝土的回弹。回弹下来的混凝土数量与喷射混凝土总数量之比，就是喷射混凝土的回弹率。喷射混凝土施工过程中，回弹率也是检验喷射混凝土施工质量的一项检测指标。

喷射混凝土支护工程质量必须做到内实外美。外观上，无漏喷、离鼓、裂缝、钢筋网（或金属网）外露现象，做到混凝土表面平整密实，断面轮廓符合要求。从内部看，喷射混凝土抗压强度和厚度必须达到设计要求。

三、影响喷射混凝土质量的因素

1. 影响喷射混凝土强度的因素

为保证喷射混凝土质量,必须严把混凝土原材料质量关及施工作业质量关。

(1)原材料。喷射混凝土原材料主要包括水泥、砂、石子、速凝剂等。提供能满足质量要求的原材料是保证喷射混凝土强度的前提。

水泥是喷射混凝土最重要的原材料,必须严把水泥进库检查关及使用前检验关。对水泥强度、安定性、凝结时间进行抽样检查,合格者准予使用,不合格者不准进场和用于施工。

为保证喷射混凝土强度,减少粉尘和混凝土硬化后的收缩,减少材料搅拌时水泥的飞扬损失,砂的细度模数、含水率、含泥量及石子颗粒级配、最大粒径等质量指标必须符合《锚杆喷射混凝土支护技术规范》中的有关规定。

喷射混凝土用水必须是无杂质的洁净水,污水、pH 值小于 4 的酸性水均不得使用。

为加快喷射混凝土的凝结、硬化,提高其早期强度,减少喷射混凝土施工时因回弹和重力而引起的混凝土脱落,增大一次喷射混凝土厚度和缩短分层喷射的间隔时间,一般在喷射混凝土中加入速凝剂。速凝剂对于不同品种的水泥,其作用效果也不相同。因此,在使用前应做速凝剂与水泥的相容性试验及水泥净浆凝结效果试验。所采用的速凝剂应保证初凝时间不大于 5min,终凝时间不大于 10min。

(2)施工作业。在保证原材料合格的前提下,应按设计的配合比,准确称量进行搅拌。

喷射混凝土的强度还与喷射混凝土支护施工作业质量密切相关。因此,喷射混凝土前,必须冲洗岩面;喷射中,要控制好水灰比和喷射距离;喷射后,注意洒水养护。

虽然可以通过施工过程中质量控制来保证喷射混凝土的强度,但是由于喷射混凝土在拌和料、外加速凝剂的称量、拌匀以及水灰比的大小、在喷射作业及洒水养护上都存在着很大的随机性,其强度的差异也较大。因此,对喷射混凝土的强度进行现场检测是十分必要的。

2. 影响喷射混凝土厚度的因素

实际工程中,如果喷射混凝土的厚度达不到设计要求,会引起喷层开裂和剥落,甚至影响工程的安全使用。从喷射混凝土施工技术和施工管理方面分析,影响喷射混凝土厚度的因素主要有:

(1)爆破效果。如果光爆效果差,隧道断面成形不好,导致超挖处混凝土喷层过厚,而欠挖处喷层又过薄。

(2)回弹率。由于向隧道拱部喷射混凝土时回弹量大,施工操作困难,导致拱部混凝土喷层达不到设计厚度。

(3)施工管理。如果施工管理不严,没有采取诸如拉线覆喷、埋设标准桩等严格控制喷层厚度的措施,则容易造成厚度不足。

(4)喷射参数。喷射混凝土的风压、水压、喷头与喷面的距离、喷射角度、喷射料的粒径等,不仅影响喷射混凝土的强度,而且还影响对喷层厚度的控制。

此外,缺乏方便、可靠的喷层厚度检测手段和方法,难以对喷层厚度进行有效的质量监督和控制,也是喷射混凝土厚度质量失控的一个重要原因。

因此,喷射混凝土厚度的检测是控制喷射混凝土施工质量的重要环节。在《公路工程质量检验评定标准》(JTG F80/1—2004)中,喷层厚度检测被列为质量等级评定的关键项目,也是保证工程质量的主要检验项目。

四、质量检测方法

锚喷支护是当今国内外隧道与地下工程的基本支护方式,其施工质量不仅影响着施工安全,而且还影响着衬砌结构的长期稳定。对于喷射混凝土的施工质量,目前主要用喷大块切割法、凿方切割法、拔出法和点荷载法进行检测,各种方法都存在着一定的问题。喷大块切割法难以反映喷层的实际情况;凿方切割法取样困难,而且对喷射混凝土破坏严重;拔出法和点荷载法需要进行大量的相关试验,建立拔出力、点荷载强度与喷射混凝土抗压强度之间的关系,间接确定抗压强度,结果容易失真。

1. 抗压强度试验

1)检查试块的制作方法

(1)喷大板切割法。在施工的同时,将混凝土喷射在450mm×350 mm×120mm(可制成6块)或450mm×200mm×120mm(可制成3块)的模型内,在混凝土达到一定强度后,加工成100mm×100mm×100mm的立方体试块,在标准条件下养护至28d进行试验(精确到0.1MPa)。

(2)凿方切割法。在具有一定强度的支护上,用凿岩机打密排钻孔,取出长约350mm、宽约150mm的混凝土块,加工成100mm×100mm×100mm的立方体试块,在标准条件下养护至28d,进行试验(精确到0.1MPa)。

2)检查试块的数量

隧道(两车道隧道)每10延米至少在拱部和边墙各取一组试样,材料或配合比变更时另取一组,每组至少取3个试块进行抗压强度试验。

3)检查试块是否合格的条件

满足以下条件者为合格,否则为不合格:

(1)同批试件组数 $n<10$ 时。试块的抗压强度平均值不低于设计值;任意一组试块抗压强度不低于0.85设计值。

(2)同批试件组数 $n\geq10$ 时。试块的抗压强度平均值不低于1.05设计值;任意一组试块抗压强度不低于0.9设计值。

(3)实测项目中,喷射混凝土抗压强度评为不合格时相应分项工程为不合格。

4)初期强度的检查

初期强度的检查见表4-2所列。

初期强度的检查　　表4-2

项　目	检查方法	时期、次数	判定基准
喷射混凝土初期强度	国标	施工开始前及施工中,所定配合比条件变化的场合	不在规定值之下

2. 喷射混凝土厚度的检测

1)检查方法和数量

(1)喷层厚度可用凿孔或雷达检测仪、光带摄影等方法检查。凿孔检查时,宜在混凝土喷后 8h 以内，用短钎将孔凿出，发现厚度不够时可及时补喷。如混凝土与围岩粘结紧密，颜色相近而不易分辨时，可用酚酞试液涂沫孔壁，碱性混凝土即呈现红色。

(2)检查断面数量。每 10 延米至少检查一个断面，每个断面从拱顶中线起每 3m 凿孔检查一个点或用雷达检测仪检测。

2)合格条件

(1)平均厚度≥设计厚度；检查点的 60%≥设计厚度；最小厚度≥0.5 设计厚度，且≥50mm。

(2)当发现喷射混凝土表面有裂缝、脱落、露筋、渗漏水情况时，应予修补，凿除重喷或进行整治。

(3)发现有一处空洞，该分项工程就为不合格。

3)喷射厚度的检查

喷射厚度的检查见表 4-3 所列。

喷射厚度的检查 表 4-3

项　目	试验、检查方法	时期、次数	判定基准
喷射厚度	检查钉、钻孔检测	施工中及施工完成后	应在设计厚度以上
喷射混凝土的变异		施工中及施工完成后	不产生有害的开裂等

3. 喷射混凝土与围岩粘结强度试验

1)检查试块的制作方法

(1)成型试验法。在模型内放置面积为 100mm×100mm×50mm 且表面粗糙度近似于实际情况的岩块，用喷射混凝土掩埋。在混凝土达到一定强度后，加工成 100mm×100mm×100mm 的立方体试块，在标准条件下养护至 28d，用劈裂法进行试验。

(2)直接拉拔法。在围岩表面预先设置带有丝扣和加力板的拉杆，用喷射混凝土将加力板埋入，喷层厚度约 100mm，试件面积约 300mm×300mm(周围多余的部分应予清除)。经 28d 养护，进行拉拔试验。

2)强度标准

喷射混凝土与岩石的黏结力，Ⅳ类及以上围岩不低于 0.8MPa，Ⅲ类围岩不低于 0.5MPa。

4. 喷射混凝土粉尘、回弹检查

(1)作为施工工艺，这两项工作应经常进行，用工艺标准来促进质量的提高。

(2)《公路隧道施工技术规范》(JTJ 042—94)规定：回弹率应予以控制，拱部不超过 40%，边墙不超过 30%，挂钢筋网后，回弹率限制可放宽 5%。应尽量采用经过验证的新技术，减少回弹率，回弹物不得重新用作喷射混凝土材料。

(3)减少粉尘和回弹的措施如下：

①严格控制喷射机工作风压；

②合理选择喷射混凝土配合比；适当减小最大骨料的粒径；使砂石料具有一定的含水率，呈现潮湿状；

③掌握好喷头处的用水量，提高喷射作业操作熟练程度和技术水平；

④采用湿喷工艺，添加外加剂；

⑤采用双水环喷头；

⑥应保持喷射机密封板的平整,不漏风,并调节好密封板的压力,松紧适宜;

⑦应加强喷射的照明、通风;

⑧采用模喷混凝土。

5. 喷射混凝土原位测试技术

1)测试原理

与拔出法、点荷载法等现场测试方法相比,新开发的原位测试技术其原理十分简单,即在待检测位置用空心钻头钻取直径50mm,高度在50~100mm之间的圆柱体试件,围绕试件安装反力架,用小型千斤顶沿试件轴线进行原位加压,直至试件破坏。根据试件破坏时的油压,确定喷射混凝土的抗压强度。喷射混凝土的厚度可分两种情况用直尺在做完抗压强度试验的钻孔内量取。如果喷层设计厚度小于100mm,则实际喷层厚度可在孔内直接量取;如果喷层厚度大于100mm,则实际的喷层厚度可能大于混凝土芯的高度,这时应在抗压强度试验之后,用空心钻套钻至喷射混凝土与围岩界面,再用直尺量取。

2)测试仪器

配合原位检测方法,开发了喷射混凝土强度原位测试仪(图4-8)。该仪器由液压千斤顶、反力架和油泵3部分组成。其中,千斤顶的前端加工成平面压头,压头直径50mm,千斤顶的尾部加工成球面,与架梁上的球面配合形成球面铰。千斤顶的中部固定在托架上。反力架主要由架梁和支承杆组成。架梁刚度大,在面向喷射混凝土一侧,架梁上有3个球形凹面,供与千斤顶尾部的球形凸面对接。架梁的两端与支承杆连接,为了连接方便,架梁上留有可供支承杆调整位置的条形槽。支承杆用工具钢加工,前端有内丝扣,供与锚杆的外丝扣连接。支承杆的尾部带有丝扣,可用来固定架梁。油泵用来给千斤顶供油,油泵与千斤顶用管路连接,油泵出口装有油压测量仪表。从仪表上可直接读取试件的抗压强度。

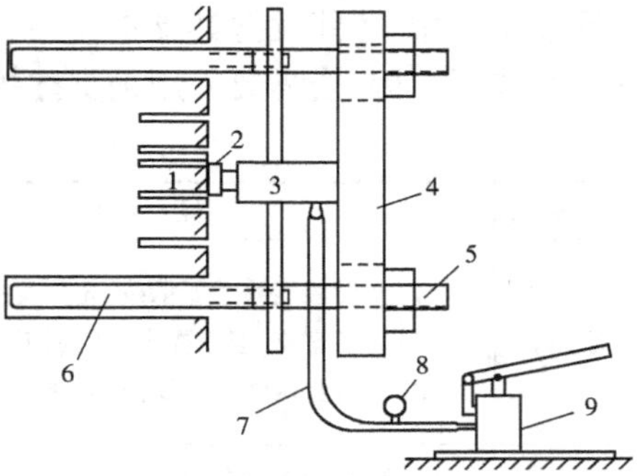

图4-8 喷射混凝土强度原位试验仪

1-混凝土试件;2-压头;3-千斤顶;4-架梁;5-支承杆;6-锚杆;7-油管;8-压力表;9-油泵

3)测试方法

(1)用快硬水泥砂浆找平喷层表面,放线定位,确定锚杆和待压试件位置,3个试件一组。

(2)用钻机钻出锚杆孔,锚固锚杆。

(3)固定支承杆和导架,安装空心钻机,依次钻取喷射混凝土圆柱体试件。

(4)安装反力架、千斤顶,加压,依次测试各试件的抗压强度。

(5)用直尺测量喷层厚度。

4)测试特点

使用上述方法和仪器可直接在现场任选位置测试喷射混凝土抗压强度。与以往的现场制作混凝土试件在实验室测试强度的方法相比,测试简单,避免了环境不同及运输破损造成的误差,使测试状态与喷射混凝土的工作状态更为接近,消除了试件与实际喷射混凝土养护条件不同造成的误差,同时避免了试件另外制作造成的人为强度变化。与拔出法、点荷载法及超声波法这些间接法相比,避免了因试件材质、养护条件、测试条件与实际测试对象不同造成的误差,亦避免了上述方法因需大量试验才能找出测试参数之间的近似关系再进行强度换算造成的误差,还避免了因混凝土的非均质性及含水量的不同导致其物理力学性能差异造成的误差。

6. 其他试验

当有特殊要求时,对喷射混凝土的抗拉强度、弹性模量等项目应进行试验。

●第六节　钢支撑施工质量检测●

钢支撑系采用L、U、I型钢和旧钢轨等,加工成所需要的形状,用拼装方法使用于地下工程的一种刚性较大的支护结构。而格栅是由钢支撑发展而来,它是由钢筋焊接而成的构架,是隧道及地下工程中有发展前景的支撑形式。格栅喷混凝土支护的应用也越来越广泛,成为在软弱地层中重要的支护手段之一。

格栅与钢支撑一般都归为构件支撑一类,但两者的力学作用是完全不同的。前者只有与喷混凝土并用,才能发挥其支护作用,而且不能立即发挥承载作用;而后者可以立即、独立地发挥承载作用。因此,需要采用钢支撑的,决不能用格栅代替。两者的比较列于表4-4。

格栅与钢支撑的比较　　表4-4

支撑形式	优　点	缺　点
钢支撑	(1)架设后能够立即承载,充分发挥其力学作用; (2)加工容易,但需要大型的加工设备; (3)安装及构件连接简洁、方便	(1)背后的混凝土不易填充密实; (2)质量大,架设困难; (3)钢支撑的变形与混凝土变形不协调,混凝土易开裂
格栅	(1)喷混凝土完全包裹格栅,整体性好,背后不易留下空隙; (2)加工容易,且不需要大型的设备; (3)质量小,易于架设安装; (4)因具有一定的柔性,能够适应围岩的变形	(1)架设后不能立即承载,必须与喷混凝土并用,才能发挥其支护作用; (2)架设后不能立即承载,初期支护作用小; (3)在围岩变形大的场合,不能有效地控制围岩的变形

一、钢支撑的形式

1. 钢格栅

钢格栅是目前工程上用量最大的钢支撑,它由钢筋焊接而成,在断面上有矩形和三角形之分。主筋弯曲成与隧道开挖断面相同的形状与尺寸,次筋(构造筋)作波形弯折焊接在主筋上。主筋材料采用Ⅱ级钢筋或Ⅰ级钢筋,直径一般不小于22mm,次筋根据具体情况选用。为了便于施工,每副钢格栅都分成若干节,一般为3~5节。节间加工法兰,选用螺栓固定连接之后焊接。钢格栅的特点是初期可作为普通钢架支撑及时支护围岩,后期可与模注或喷射混凝土形成钢筋混凝土,钢材利用得比较充分。

2. 型钢支撑

用于加工钢支撑的型钢有H型钢、工字型钢和U型钢,它们都是在施工现场或工厂用专用弯曲机冷弯成形的。型钢的规格由隧道工程地质条件的几何特征决定。每副型钢支撑也分成3~5节加工、安装。其中H型钢和工字钢支撑节间加工法兰,用螺栓加接定位,之后焊接;

U 型钢支撑则由于 U 型钢的特殊凹槽,需加工专用的卡具,将上下两 U 型钢节嵌套在一起,形成整副钢支撑。型钢支撑的基本特点是强度高和安装方便,对初期施工安全有利。需要指出的是,U 型钢支撑还具有特殊的工程特性。由于钢架节间是上下嵌套,而不是法兰对接,所以当围岩变形较大,对支撑施工的荷载过大时,U 型钢支撑可产生一定的收缩变形,使钢支撑上的压力减小,从而保证钢支撑不被压坏并以更大的支护能力来维护围岩的稳定。U 型钢支撑的可缩性特点在许多软岩隧道的支护中发挥了重要作用。

3. 钢管支撑

钢管支撑通常用于隧道局部不良地质地段围岩的加固,钢管直径在 10cm 左右,现场常采用灌砂冷弯法加工。施工中分节拼装对焊,在架底和拱顶留有注浆孔和排气孔,安装就位后,用注浆泵从架底注浆孔向管内灌注砂浆,直到拱顶排气孔出浆为止。钢管支撑的特点是钢管的力学特性对称,后期灌浆使钢支撑的承载能力显著增加。

二、施工质量检测

钢支撑一般都用在围岩条件较差的区段,因其质量欠佳导致围岩片帮冒顶、坍塌失稳的工例屡见不鲜。因此,必须重视钢支撑的加工与安装质量的检测,防患于未然,确保施工安全。

1. 加工质量检测

(1)加工尺寸。钢架加工尺寸应符合设计要求。隧道的开挖断面是一定的,钢架的尺寸应与之相配套。如果其尺寸与设计尺寸稍有出入,就可能给施工带来不便,同时,还将影响安装质量,降低使用效果。

(2)强度和刚度。钢支撑必须具备足够的强度和刚度。如果地质条件复杂,钢架用量较大,应对钢架的强度和刚度进行抽检,将一定数量的钢架样品放到试验台上进行加载试验,建立荷载与变形的关系,分析计算钢架的强度与刚度。

(3)焊接。钢支撑加工时广泛应用焊接,焊接质量是加工质量的重要组成部分,对于钢格栅焊接尤其重要。检测时,要注意是否有假焊,焊缝长度、深度是否符合要求。

2. 安装质量检测

(1)安装尺寸。对于不同类别的围岩,设计中钢支撑有具体的安装间距,施工中容易将此间距拉大,检测时应用钢卷尺测量,其误差不应超过设计尺寸 50mm;保护层厚度 $\geqslant$20 mm,每榀钢支撑自拱顶每 3m 凿孔检查一点。其次应注意量测钢架拱顶的标高,要求钢架不得侵入二次衬砌空间 5cm。

(2)倾斜度。钢架在平面上应垂直于隧道中线,在纵断面上其倾斜度不得大于 2°。在平面上检测可用直角尺,在纵断面上检测可用坡度规。值得注意的是,如果隧道某区段路面坡度接近 3%,而此区段的钢架上部向下坡方向倾斜,且倾斜度在 2°~3°之间,则此区段钢架倾斜度合格,因为这样的倾斜更有利于钢架承受荷载。

(3)连接与固定。钢架之间必须用纵向钢筋连接,拱脚必须放在牢固的基础上。拱脚标高不足时,不得用块石、碎石砌垫,应设置钢板进行调整,或用混凝土浇筑,混凝土强度不小于 C20。钢架应尽量靠近围岩,其与围岩之间的间隙,不得用片石回填,应用喷射混凝土填实。目前钢架一般都作为衬砌骨架,所以,施工过程中尤其要检查钢架与锚杆的连接,要保证焊接密度与焊接质量,最终使锚杆、钢架和衬砌形成整体承载结构。

第七节　地质雷达法应用于隧道质量检测实例

一、隧道工程地质条件

根据设计施工图及现场地质调查，南岛河隧道的工程地质条件简述如下：

隧道位于构造剥蚀低山地形地貌区。岩性组成为：上部黄褐色残坡积碎石土，厚度1～4m稍密，稍湿，据物探测试资料：横波波速 v_S 为120～400m/s，出口端为褐红、紫红、灰白色亚黏土含碎石，呈可硬塑状，厚度3～6m。下伏基岩为紫红、褐红色泥岩、泥质粉砂岩互层夹泥灰岩分布。

隧道围岩以全—强风化基岩为主，横波波速 v_S 为300～1500m/s，纵波波速 v_P 为800～2500m/s；在隧道中段设计线以上有薄层弱风化基岩发育，横波波速 $v_S>1500$m/s，纵波波速 v_P 为3500～4100m/s。隧道区岩层产状紊乱，褶皱发育。岩石节理裂隙很发育，岩层破碎，围岩开挖后易坍塌，处理不当会出现大坍塌，侧壁经常小坍塌，浅埋时易出现地表下沉或坍至地表。进口端K22+190～K22+250段，路中线右侧斜坡陡，右侧保护土层薄，洞室开挖时，此段会出现偏压，导致洞室破坏、冒顶。在隧道出口处左侧，有一大滑坡发育，该滑坡主滑方向与路线方向基本一致，长约160m，宽约110m，滑坡右侧周界距离路中线约25m，滑体厚9～13m，岩性由亚黏土、碎石土组成。滑床岩性为紫红色全—强风化泥岩夹泥灰岩。在滑体前缘有泉水流出。该滑坡目前处于稳定状态。隧道出口应尽量少挖，以免引起滑坡体复活。

隧道地下水类型为基岩裂隙水，富水性中等，主要受季节性补给，随着季节的变化，在隧道开挖后，局部可出现季节性的滴水或涌水。

二、检测原理与检测技术方法

1. 检测原理

地质雷达技术是研究高频（10^7～10^9Hz）短脉冲电磁波在地下介质中的传播规律的一门学科。地质雷达利用一个天线发射高频宽频带电磁波，另一个天线接收来自地下介质界面的反射波。电磁波在介质中传播时，其路径、电磁场强度与波形将随所通过介质的电性质及几何形态而变化。因此，可根据接收到波的旅行时间（亦称双程走时）、幅度与波形资料，可推断介质的结构。其原理如图4-9所示。

在距场源 γ、时间 t，以单一频率 ω 振动的电磁波的场值 P 可以用下列公式表示：

$$P=|P|e^{-j\omega\left(t-\frac{r}{v}\right)}$$

式中 v 表示电磁波速度，r/v 表示 r 点的场值变化滞后于源场变化的时间。因为角频率 ω 与频率 f 的关系为 $\omega=2\pi f$，波长 $\lambda=v/f$，上式可以表示为：

$$P=|P|e^{-j\left(\omega t-\frac{2\pi fr}{v}\right)}=|P|e^{-j(\omega t-kr)}$$

其中

$$k=\frac{2\pi}{\lambda}$$

k 称为相位系数，也可称为传播常数，它是一个复数，从Maxell方程中可推导出：

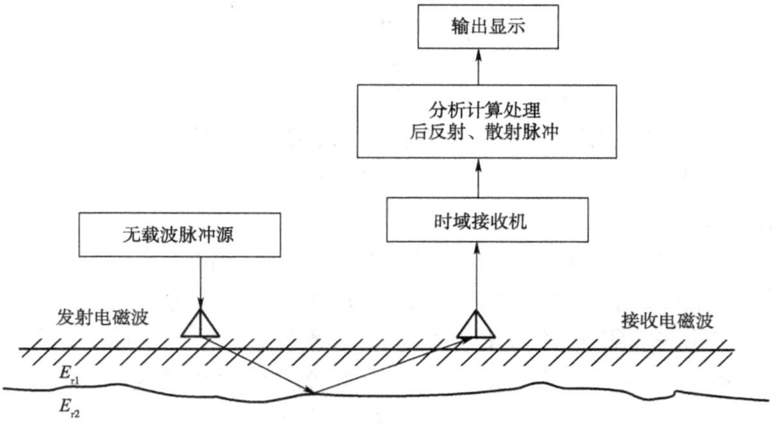

图 4-9 雷达探测原理示意图

$$k=\omega\sqrt{\mu\left(\varepsilon+j\frac{\sigma}{\omega}\right)}$$

若将上式写成 $k=\alpha+j\beta$,则有：

$$\alpha=\omega\sqrt{\mu\varepsilon}\sqrt{\frac{1}{2}\left(\sqrt{1+\left(\frac{\sigma}{\omega\varepsilon}\right)^2}+1\right)}$$

$$\beta=\omega\sqrt{\mu\varepsilon}\sqrt{\frac{1}{2}\left(\sqrt{1+\left(\frac{\sigma}{\omega\varepsilon}\right)^2}-1\right)}$$

将基本波函数 $e^{jkr}=e^{j\alpha r}\cdot e^{-\beta r}$代入电磁波表达式,则有：

$$P=|P|e^{-j(\omega t-\alpha r)}\cdot e^{-\beta r}$$

式中指数幂中 αr 表示电磁波传播时的相位项,α 是波速的决定因素,称为相位系数;$e^{-\beta r}$是一个与时间无关的项,它表示电磁波在空间各点的场值随着离场源的距离增大而减小;β 称为吸收系数。介质电磁波速度 v 的计算公式为：

$$v=\frac{\omega}{\alpha}$$

常见混凝土及岩土介质一般为非磁介质,在地质雷达的频率范围内,一般有$\frac{\alpha}{\omega\varepsilon}\ll 1$,于是介质的电磁波速度近似为：

$$v=\frac{c}{\sqrt{\varepsilon}}$$

式中 c 为电磁波在真空中的传播速度,$c=0.3\times10^9\text{m/s}$,$\varepsilon$ 为介质的相对介电常数,ε 与介质的结构特性、密实程度、含水量等密切相关。

地质雷达法应用于隧道质量检测工作时,一般都采用反射法进行探测。反射法探测的基本要求是存在反射界面且可准确计算出界面位置。

当雷达波传播到存在介电常数差异的两种介质交界面时,雷达波将发生反射,反射信号的相对大小由反射系数 R 决定,R 表达式如下：

$$R=\frac{\sqrt{\varepsilon_1}-\sqrt{\varepsilon_2}}{\sqrt{\varepsilon_1}+\sqrt{\varepsilon_2}}$$

式中 ε_1、ε_2 分别为上下两种介质的介电常数。

由上式可知不同介质的相对介电常数差异越大，雷达波的反射信号相对较强，因而根据雷达波的反射信号，就可采用地质雷达进行反射法探测。根据反射波的到达时间及已知的波速，可以准确计算出界面位置。

地质雷达法应用于隧道初期支护、二次衬砌质量检测工作时，由于空气、水、围岩、混凝土、钢拱架（及钢筋）的相对介电常数差异较大（部分介质的相对介电常数见表4-5），因而根据雷达波的反射信号特征进行混凝土的厚度、密实性、含水性；混凝土与围岩结合情况；钢拱架（及钢筋）数量、分布状况；层间结合情况；结构内的积存水及渗水等情况的检测评价。

部分介质的介电常数和电导率 表4-5

介质	空气	纯水	混凝土	泥岩(湿)	铁
介电常数	1	81	6.4	12.0	—
电导率	0	$10^{-4}\sim3\times10^{-2}$	—	10×10^{-2}	良导体

因此说地质雷达法主要就是利用介质的介电常数差异进行探测或检测工作。

2. 检测技术方法

隧道质量检测采用加拿大生产的EKKO－1000A型地质雷达，初期支护质量检测以使用中心频率为900MHz的天线为主，450MHz的天线为辅，二次衬砌质量检测以使用中心频率为450MHz的天线为主，900MHz的天线为辅。

根据招、投标文件及合同文件要求，现场检测方式以全断面连续检测，沿隧道横断面每1m布置1条检测剖面，共布置17条剖面进行检测，剖面线平行于隧道中轴线（中隔墙无检测剖面），检测剖面布置如图4-10所示。

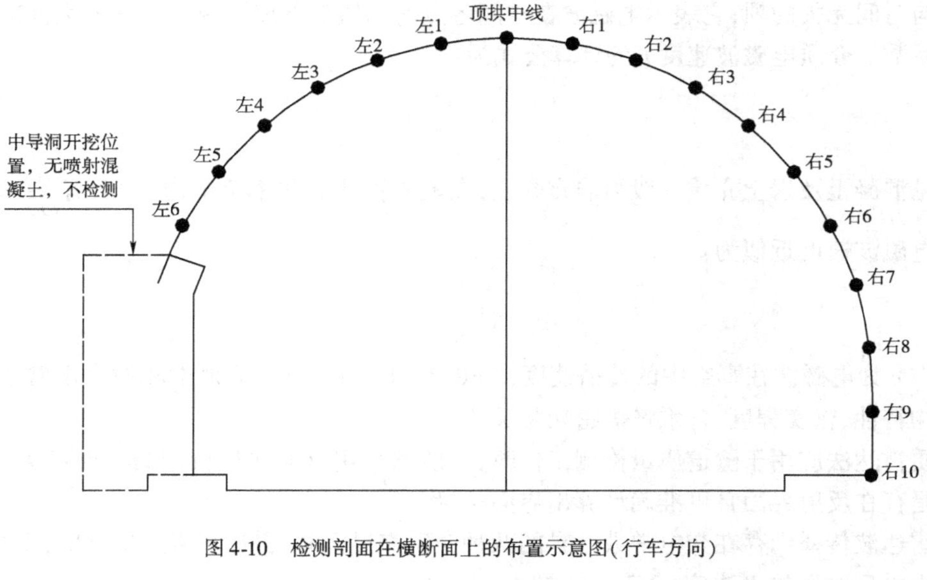

图4-10 检测剖面在横断面上的布置示意图（行车方向）

隧道初期支护、二次衬砌质量检测的频率都超过相关技术规程、规范;同时为充分反映检测成果,实测结果按每5m一个断面提交。

3. 检测成果解释与评价

使用地质雷达进行现场测试采集数据,室内利用专用软件进行数据处理,数据处理后得到地质雷达处理图像,根据反射波组的波形与强度特征,通过同相轴的追踪,确定反射波组的介质含义,最终获得各剖面的成果解释并进行质量评价。

原始数据处理前应回放检验,数据记录应完整、信号清晰,里程标记准确。不合格的原始数据不得进行处理与解释。

数据处理应符合:确保位置标记准确、无误;确保信号不失真,有利于提高信噪比。

(1)解释工作应符合以下要求:

①解释应在掌握测区内物性参数和衬砌结构的基础上,按由已知到未知和定性指导定量的原则进行;

②根据现场记录,分析可能存在的干扰体位置与雷达记录中异常的关系,准确区分有效异常与干扰异常;

③应准确读取双程旅行时间的数据;

④解释结果和成果图件应符合衬砌质量检测要求。

(2)衬砌界面应根据反射信号的强弱、频率变化及延伸情况确定。

(3)衬砌背后回填密实度的主要判定特征有:

①密实:信号幅度较弱,甚至没有界面反射信号;

②不密实:衬砌界面的强反射信号同相轴呈绕射弧形,且不连续,较分散;

③空洞:衬砌界面反射信号强,三振相明显,在其下部仍有强反射界面信号,两组信号时程差较大。

(4)衬砌内部钢架、钢筋位置分布的主要判定特征是:

①钢架:分散的月牙形强反射信号;

②钢筋:连续的小双曲线形强反射信号。

实训内容:喷射混凝土抗压强度测试。

复习思考题

1. 锚杆在围岩支护中主要有哪些作用?
2. 喷射混凝土在围岩支护中主要有哪些作用?
3. 喷射混凝土有哪几种施工工艺? 主要区别是什么?
4. 锚喷支护有哪些特点?
5. 锚杆安装尺寸检查内容有哪些? 怎样检查?
6. 简述锚杆拉拔力的测试方法。
7. 简述砂浆锚杆砂浆注满度的检测原理。
8. 简述端锚式锚杆无损检测的原理与方法。

9. 检验喷射混凝土质量的主要指标有哪些？
10. 简述工程上常用的喷射混凝土强度检测方法。
11. 简述喷射混凝土厚度的检测方法。
12. 怎样测试喷射混凝土与围岩的黏结强度？
13. 怎样进行喷射混凝土施工质量的评判？
14. 钢支撑的形式有哪些？
15. 简述钢支撑施工质量的检测内容。
16. 简述地质雷达探测衬砌背部空洞的原理。

第五章

施工监控量测

知识目标

1. 隧道施工监控量测的必测项目、选测项目及量测方法;
2. 超前探测技术在隧道施工中的应用;
3. 量测数据处理及应用。

技能目标

1. 会进行隧道收敛位移量测;
2. 会进行地表下沉量测;
3. 会进行锚杆轴向力测定;
4. 会进行钢架荷载量测;
5. 会进行围岩内变形量测;
6. 会进行混凝土应力量测;
7. 会进行量测数据处理。

隧道施工过程中使用各种类型的仪表和工具,对围岩和支护、衬砌的力学行为以及它们之间的力学关系进行量测和观察,并对其稳定性进行评价,统称为监控量测。它是保证工程质量的重要措施,也是判断围岩和衬砌是否稳定、保证施工安全、指导施工顺序、进行施工管理、提供设计信息的主要手段。

• 第一节　量测项目及其分类 •

隧道施工的监测旨在收集可反映施工过程中围岩动态的信息,据以判定隧道围岩的稳定状态,以及所定支护结构参数和施工的合理性。因此量测项目可分为必测项目和选测项目两大类。

一、必测项目

必测项目是必须进行的常规量测项目,是为了在设计施工中确保围岩稳定、判断支护结构工作状态、指导设计施工的经常性量测。这类量测通常测试方法简单、费用少、可靠性高,但对监视围岩稳定,指导设计施工却有巨大的作用。必测项目是新奥法量测的重点,主要包括:

(1)地质和支护状态观察;

(2)周边位移观察；

(3)拱顶下沉测量；

(4)锚杆和锚索内力及拉拔力。

二、选 测 项 目

选测项目是对一些有特殊意义和具有代表性的区段进行补充测试，以求更深入地了解围岩的松动范围和稳定状态以及喷锚支护的效果，为未开挖区段的设计与施工积累现场资料。这类量测项目测试较为麻烦，量测项目较多，费用较高。因此，除了有特殊量测任务的地段外，一般根据需要选择其中一些必要的项目进行量测。

选测项目如下：

(1)地表下沉量测；

(2)围岩内部变形量测；

(3)锚杆轴力量测；

(4)围岩压力量测；

(5)支护、衬砌应力量测；

(6)钢架内力及所承受的荷载量测；

(7)围岩弹性波速度测试。

必须指出，在各类围岩中，不论是单线或是双线隧道，深埋或者是浅埋，地质和支护状况观察均列为必测项目。实践证明，开挖工作面的工程地质与水文地质观察和描述，对于判断围岩稳定性和预测开挖面前方的地质条件是相当重要的，开挖面附近初期支护状态的观察和裂缝描述，对判断围岩的稳定性和支护参数的检验也是不可缺少的。在Ⅰ、Ⅱ、Ⅲ、Ⅳ类围岩中，也不论是单线或是双线隧道，深埋还是浅埋，隧道周边位移和拱顶下沉的量测也是主要的必测项目。此外，锚杆或锚索内力及抗拔力，也是隧道新奥法施工监测的必测项目。

在隧道新奥法施工的测试中，隧道周边位移、拱顶下沉和锚杆抗拔力试验是最有意义和最常用的测试项目，具有稳定可靠、简便经济等特点。量测结果可直接指导施工、验证设计、评价围岩和初期支护的稳定性。由于周边位移和拱顶下沉量测以及锚杆抗拔力试验较其他量测项目实用，并便于推广应用，因此将这3项测试项目均列为必测项目。

Ⅰ~Ⅲ类围岩为软弱破碎岩层，其稳定性差，如果覆盖岩厚度很薄，则在隧道开挖时地表会产生下沉。为了判定开挖对地面的影响程度和范围，因此需要进行地表下沉量测。

量测项目及方法见表5-1所列。

隧道现场监控量测项目及量测方法 表5-1

序号	项目名称	方法及工具	布　置	量测间隔时间			
				1~15d	16d~1个月	1~3个月	3个月以后
1	地质和支护状况观察	岩性、结构面产状及支护裂缝观察或描述，地质罗盘等	开挖后及初期支护后进行	每次爆破后进行			
2	周边位移	各种类型收敛计	每5~100m一个断面，每断面2~3对测点	1~2次/d	1次/2d	1~2次/周	1~3次/月

续上表

序号	项目名称	方法及工具	布置	量测间隔时间			
				1～15d	16d～1个月	1～3个月	3个月以后
3	拱顶下沉	水平仪、水准尺、钢尺或测钎	每5～100m一个断面	1～2次/d	1次/2d	1～2次/周	1～3次/月
4	地表下沉	水平仪、水准尺	每5～100m一个断面，每断面至少11个测点，每隧道至少2个断面；中线每5～20m一个测点	开挖面距量测断面前后<2*B*时1～2次/d； 开挖面距量测断面前后<5*B*时1次/d； 开挖面距量测断面前后>5*B*时1次/周。 (*B*为隧道开挖宽度)			
5	围岩内部位移(地表设点)	地面钻孔中安设各类位移计	每代表性地段一个断面，每断面3～5个钻孔	开挖面距量测断面前后<2*B*时1～2次/d； 开挖面距量测断面前后<5*B*时1次/d； 开挖面距量测断面前后>5*B*时1次/周。 (*B*为隧道开挖宽度)			
6	围岩内部位移(洞内设点)	洞内钻孔中安设单点多点杆式或钢丝式位移计	每5～100m一个断面，每断面2～11个测点	1～2次/d	1次/2d	1～2次/周	1～3次/月
7	围岩压力及两层支护间压力	各种类型压力盒	每代表性地段一个断面，每断面宜为15～20个测点	1～2次/d	1次/2d	1～2次/周	1～3次/月
8	钢支撑内力及外力	支柱压力计或其他测力计	每10榀钢拱支撑一对测力计	1～2次/d	1次/2d	1～2次/周	1～3次/月
9	支护、衬砌内力、应力、表面应力及裂缝量测	各类混凝土内应变计、应力计、测缝计及地点应力解除法	每代表性地段一个断面，每断面宜为11个测点	1～2次/d	1次/2d	1～2次/周	1～3次/月
10	锚杆或锚索内力及抗拔力	各类电测锚杆、锚杆测力计及拉拔器	必要时进行	—	—	—	—
11	围岩弹性波测试	各种声波仪及配套探头	在有代表性地段设置	—	—	—	—

●第二节 隧道内目测观察●

在地下工程中，开挖前的地质勘探工作很难提供非常准确的地质资料，所以，在施工过程中对前进的开挖工作面附近围岩的岩石性质、状态应进行目测。对开挖后动态进行目测，对被覆后围岩动态进行目测，在新奥法量测项目中占有很重要的地位。

一、观察目的

细致的目测观察，对于监视围岩稳定性是既省事而作用又很大的监测方法，它可以获得与围岩稳定状态有关的直观信息，应当予以足够的重视，所以目测观察是新奥法量测中的必测项目。隧道目测观察的目的是：

(1)预测开挖面前方的地质条件。

(2)为判断围岩、隧道的稳定性提供地质依据。

(3)根据喷层表面状态及锚杆的工作状态,分析支护结构的可靠程度。

二、目测观察内容

1. 开挖后没有支护的围岩目测内容

对开挖后没有支护的围岩进行目测,主要是了解开挖工作面的工程地质和水文地质条件。

(1)岩质种类和分布状态,境界面位置的状态。

(2)岩性特征:岩石的颜色、成分、结构、构造。

(3)地层时代归属及产状。

(4)节理性质、组数、间距、规模,节理裂隙的发育程度和方向性,断面状态特征,充填物的类型和产状等。

(5)断层的性质、产状、破碎带宽度、特征。

(6)地下水类型,涌水量大小、涌水位置、涌水压力、水的化学成分及湿度等。

(7)开挖工作面的稳定状态,顶板有无剥落现象。

将目测观察到的有关情况和现象,应详细记录并需绘制以下图册:

①绘制隧道开挖工作面及两帮素描剖面图。要求每个监测断面绘制剖面图 1 张。

②剖面图位置及间距。一般情况下剖面图的间距应随岩性、构造、水文地质条件不同而异。

II 类围岩剖面素描图间距为 10m;

III 类围岩剖面素描图间距为 20m;

IV 类围岩剖面素描图间距为 40m;

V 类围岩剖面素描图间距为 50 ~ 100m。

③现场绘出草图,室内清绘成正规图件,装订成册。

2. 开挖后已支护段的目测内容

(1)初期支护完成后对喷层表面的观察以及裂缝状况的描述和记录。

(2)有无锚杆被拉脱或垫板陷入围岩内部的现象。

(3)喷混凝土是否产生裂隙或剥离,要特别注意喷混凝土是否发生剪切破坏。

(4)有无锚杆和喷混凝土施工质量问题。

(5)钢拱架有无被压屈现象。

(6)是否有底鼓现象。观察中,如果发现异常现象,要详细记录发现时间、距开挖工作面的距离以及附近测点的各项量测数据。

3. 观测时间要求

每次隧道开挖工作面爆破后应立即观察情况及有关现象,按要求及时记录整理。

三、目测观察中围岩的破坏形态分析

1. 危险性不大的破坏

构筑仰拱后,在拱肩部出现的剪切破坏,一般都进展缓慢,危险性不大,特别是当拱肩部的剪切破坏面上有锚杆穿过时,因锚杆的抵抗作用,更不会发生急剧破坏。

2. 危险性较大的破坏

在没有构筑仰拱的情况下,当隧道内空变位速度收敛很慢且内空变位量很大时,拱顶喷混凝土因受弯曲压缩而产生的裂隙常常进展急剧,时常伴有混凝土碎片飞散,是一种危险性较大的破坏。

3. 塌方征兆的破坏

拱顶喷混凝土层出现对称的、可能向下滑落的剪切破坏的现象时,或侧墙发生向内侧滑动的剪切破坏,并伴有底鼓现象时,这两种情况都会引起塌方事故的破坏形态。

四、利用目测结果修改设计与指导施工

利用目测的结果可以进行修改设计、指导施工,具体为:

(1)开挖后目测到的地质情况与开挖前勘测结果有很大不同时,则应根据目测的情况重新修改设计方案。变更后的围岩类别、地下水情况以及围岩稳定性状态等,由设计单位和监理组确认,报主管部门审批后,对原设计进行修改,以便选择可行的施工方法与合理地调整有关设计参数。

(2)当发现开挖工作面自稳时间少于 1h 的情况时,则可采取下列措施:

①采用环形切割法进行开挖,先使核心部残留、支护后再开挖核心部。

②采用分块开挖法。

③对开挖工作面前方拱顶用斜锚杆支护后再开挖。

④对开挖工作面做喷混凝土防护后再开挖。

⑤用水平超前木锚杆或玻璃纤维束锚杆对开挖工作面加固后再开挖。

⑥对围岩进行注浆加固后再开挖。

(3)开挖后没有支护前,发现顶板剥落现象时,可采用下列措施:

①开挖后尽快施作喷混凝土层,缩短掘进作业时间。

②对开挖工作面前方拱顶用斜锚杆进行预支护后再开挖。

③缩短一次掘进长度。

④采用分块开挖法。

⑤增加钢拱架加强支护。

⑥对围岩进行注浆加固后再开挖。

(4)开挖工作面有涌水时,可根据涌水量大小,由小到大依次选取下列措施中的一项或几项:

①增加喷混凝土中的速凝剂含量,加快凝结速度。

②使用编织金属网改善喷混凝土的附着条件。

③对岩面进行排水处理。

④设置防水层。

⑤打排水孔或设排水导坑。

⑥对围岩进行注浆加固。

(5)发现有锚杆拉断或垫板陷入围岩壁面内的情况时,可采取下列措施:

①加大锚杆长度。

②使用弹簧垫圈的垫板。

③使用高强度锚杆。

(6)发现有喷混凝土与岩面黏结不好的悬空现象时,可采取下列措施:

①开挖后尽早进行喷混凝土作业。

②在喷混凝土层中加设编织金属网。

③增加喷混凝土层厚度。

④增长锚杆或增加锚杆数量。

(7)发现钢拱架有压屈现象时,可采取下列措施:

①适当放松钢拱架的连接螺栓。

②使用可缩性 U 型钢拱架。

③喷混凝土层留出伸缩缝。

④加大锚杆长度。

(8)发现喷混凝土层有剪切破坏时,可采取下列措施:

①在喷混凝土层增设金属网。

②施作喷混凝土时留出伸缩缝。

③增加锚杆长度。

④使用钢拱架或 U 形可缩性钢拱架。

(9)发现有底鼓现象或侧墙向内滑移现象时,可采取下列措施:

①尽快施作喷混凝土仰拱,使断面尽早闭合。

②在仰拱部打设锚杆。

③原设计方案采用全断面开挖时,可用台阶法开挖,原设计方案采用长台阶或短台阶开挖时,可缩短台阶长度或改用小台阶法开挖,以缩短支护结构形成闭合断面的时间。

上述这些根据目测结果修改设计的措施,可以根据破坏现象程度的不同,单独采用一项或同时采用几项,在确定采用某项措施时,有时还需参考一些其他量测结果,特别是参考内空变位量测结果进行综合分析后再作决定,新发现的破坏现象,必须排除因施工质量不合要求所导致的结果,否则难以对破坏现象作出正确的判断。

第三节　隧道收敛位移量测

隧道新奥法施工,比较强调研究围岩变形,因为岩体变形是其应力形态变化的最直观反映,对于地下空间的稳定能提供可靠的信息,也比较容易测得。

围岩的变形特征,除了可以进行围岩稳定性评价和支护结构的设计外,由于它本身包含了岩性和岩体应力等信息,所以也是对隧道围岩进行分类的重要依据。围岩位移有绝对位移与相对位移之分。绝对位移是指隧道围岩或隧道顶底板及侧端某一部位的实际移动值。其测量方法是在距实测点较远的地方设置一基点(该点坐标已知,且不再产生移动),然后定期用经纬仪和水准仪自基点向实测点进行量测,根据前后两次观测所得的标高及方位变化,即可确定隧道围岩的绝对位移量。但是,绝对位移量测需要花费较长的时间,并受现场施工条件限制,除非必需，一般不进行绝对位移的量测。同时，在一般情况下并不需要获得绝对位移，只需及时了解围岩相对位移的变化，即可满足要求，相应地采取某些技术措施，便能确保生产安全，因此现场测试多测量相对位移。

隧道围岩周边各点趋向隧道中心的变形称为收敛。所谓隧道收敛位移量测主要是指对隧道壁面两点间水平距离的变形量的量测，拱顶下沉以及底板隆起位移量的量测等。它是判断围岩动态的最主要的量测项目，特别是当围岩为垂直岩层时，内空收敛位移量测更具有非常重要的意义，这项量测设备简单、操作方便，对围岩动态监测所起的作用都很大，在各个项目量测中，如果能找出内空收敛位移与其他量测项目之间的规律性时，还可省掉一些其他项目的量测。

一、内空收敛位移量测目的

(1)周边位移是隧道围岩应力状态变化的最直观反映，量测周边位移可为判断隧道空间的稳定性提供可靠的信息。

(2)根据变位速度判断隧道围岩的稳定程度为二次衬砌提供合理的支护时机。

(3)指导现场设计与施工。

二、量测设备的选择

量测隧道内空收敛的仪器多采用收敛计，目前国内外生产的收敛计种类很多，常用的收敛计为机械式收敛计和数显式收敛计，应当根据隧道跨度的不同和各隧道所要求的量测精度的不同来选择，目前多采用 KM—1 型收敛计，它是一种能量测两点间距离或距离变化的仪器，具有重量轻，体积小，精度高，性能稳定等优点，其结构主要由微轴承联结转向器、测力弹簧与测距装置 3 部分组成。

为了使 KM—1 型收敛计量测时准确、可靠、确保量测精度，使用时必须按照以下方法进行量测。

1. 悬挂仪器，调整张力

量测前先估计出两点间大致距离，将钢带尺固定在所需的长度上(拉出钢带尺，将定位孔固定在钢尺定位销内)，并将螺旋测微器旋到最大读数位置上(25mm 处)。将收敛计两端的微轴承连接器分别套在待测的两个圆柱形测点内，一只手托住收敛计，另一只手旋进测微器，使钢带尺渐渐处于张紧状态。此时测力弹簧被压缩，测力弹簧导杆逐渐被拉出，当测力弹簧导杆上拉力刻度线与导套上窗口处刻度线重合时，两手离开收敛计，并使收敛计轻轻上下振动，振动停止时观察刻度线是否重合。若不重合，重复上述调整，直至仪器处于悬垂状态下两条刻度线重合时为止。此时表明张紧力已调正(10m 量程收敛计张紧力为5kg, 15 ~20m 量程收敛计张紧力为 6kg,30m 量程收敛计张紧力为 7kg)。

2. 读数

定位销处钢带尺读数称长度首数，螺旋测微器读数称长度尾数，首数与尾数之和即为两点间距离。

3. 收敛值

收敛值是指已知两测点间在某一时间段内距离的改变量。令 t_1 时刻观察值为 R_1，t_2 时

刻观测值为 R_2，则收敛值 $\Delta u_2 = R_1 - R_2$，此值除以时间 $\Delta t = t_2 - t_1$，即为收敛速度。必须指出，前后两次观测时的量测方法相同，即收敛计悬挂方向相同，钢带尺张紧力调整过程相同，这样可以消除仪器悬挂、调整张力等系统读数，以利提高量测精度。

由于 KM—1 型收敛计其微读数是随隧道内空的缩小而减小，所以计算第 i 次与上一次量测的收敛差值为：

$$\Delta u_i = R_{i-1} - R_i \tag{5-1}$$

第 n 次量测的总收敛值为：

$$u_n = \sum_{i=2}^{n} \Delta u_i \tag{5-2}$$

4. 钢带尺刻度误差消除

任何类型收敛计的钢带尺定位孔位都有误差，称为刻度误差，刻度误差是不可避免的，但可通过量测方法将其消除而不影响量测结果的精度，一般有以下两种情况：

(1)换孔前后均能读数。钢带尺定位孔间距为 20mm，螺旋测微器量程为 25mm，当测微器读数值小于 5mm 时，钢带尺需要换孔量测，换孔前量测一次，令测微器读数为 R'，旋转测微器至 25mm，钢带尺换孔，换孔后再测一次，令测微器读数为 R''，则孔位读数 $m = R'' - R' - \Delta A$（ΔA 为钢带尺定位孔间距 $\Delta A = 20\text{mm}$）。

孔位误差求出后对换孔观测值进行改正，即可求得正确的观测值。

【例 5-1】 换孔前测微器读数 $R' = 3.64\text{mm}$，然后旋转测微器到 25mm，钢尺进行换孔，调整张紧力进行第二次读数，得测微器读数 $R'' = 23.85\text{mm}$，求改正后正确读数。

【解】：孔位误差为：

$$m = R'' - R' - \Delta A = 23.85 - 3.64 - 20 = 0.21(\text{mm})$$

改正后正确读数为：

$$23.85 - 0.21 = 23.64(\text{mm})$$

从该例可以说明换孔前测微器数加上 20mm 可直接作为换孔后测微器读数，这一规律可方便观测者消除了孔位误差。

(2)换孔前不能读数。当量测间隔时间内出现较大变形，换孔前不能读取数值，则应按下式计算收敛值：

$$\Delta u_i = R_{i-1} - R_i + K\Delta A \quad (K\text{ 为换孔个数})$$

【例 5-2】 第 $i-1$ 次的微读数为 5.04mm，下次量测时需钢带尺换孔，由于变形大换孔前读不出微读数，换孔后第 i 次量测的微读数 R_i 为 19.55mm，计算其收敛值 Δu_i。

【解】：收敛值为：

$$\Delta u_i = 5.04\text{mm} - 19.55\text{mm} + 20\text{mm} = 4.59\text{mm}$$

5. 测值温度修正

由于钢尺受温度变化的影响会产生热胀冷缩，而每次观测环境温度不尽相同，即要对观测值进行温度修正，以消除变温引起的误差。一般以 20℃ 为标准，其修正值为：

$$R_i = L_i \cdot \alpha(20 - t_i) \tag{5-3}$$

$$R_{it} = R_i + R_t \tag{5-4}$$

式中：R_{it}——第 i 次量测的真实读数(mm)；

R_i——第 i 次量测的实测读数(mm)；

R_t——因温度变化的读数的变化值(mm)；

L_i——第 i 次量测时的钢尺挂孔长度；

α——钢尺线膨胀系数,其值 $\alpha = 12.6 \times 10^{-6}℃^{-1}$。

三、监测断面的设置

监测断面必须尽量靠近开挖工作面,但太近会造成开挖爆破下的碎石砸坏测桩,太远又会漏掉该量测断面开挖后的变位值,根据《公路隧道施工技术规范》第 9.2.5 条规定,测点应距开挖面 2m 的范围内尽快安设,并应保证爆破后 24h 内或下一次爆破前测读初次读数。

1. 量测断面间距及测点数量

根据围岩类别、隧道埋深、开挖方法等按表 5-2 确定量测断面间距及测点数量,收敛测线的布置形式如图 5-1 所示。

量测断面间距和每断面测点数量　　表 5-2

围 岩 类 别	断面间距(m)	每断面测点数量	
		净空变化	拱顶下沉
Ⅰ~Ⅱ	5~10	1~2 条基线	1~3 点
Ⅲ	10~30	1 条基线	1 点
Ⅳ	30~50	1 条基线	1 点

2. 量测频率

根据围岩变形规律,变形量在开挖后初期变形大,以后逐渐变缓,最后趋于稳定,根据《公路隧道施工技术规范》第 9.2.1 条规定量测频度为：

开挖	1~15d	(1~2)次/d
	16~30d	1 次/2d
	31~90d	1 次/周
	91~120d	1 次/2 周
	120d 以上	1 次/月

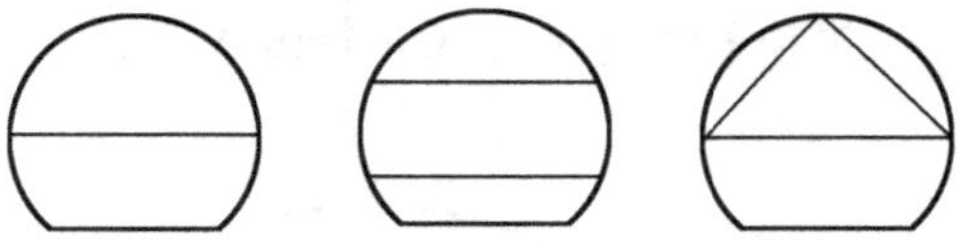

图 5-1　隧道周边位移量测测线布置

净空变位量测和拱顶下沉量测的测点间距按表 5-3 确定,测试频度可根据位移速度和量测断面距开挖面的距离分别按表 5-4 和表 5-5 确定。当按表 5-4 和表 5-5 选择量测频率出现较大差异时,宜取量测频率较高者作为实施的量测频率。

净空位移、拱顶下沉测点间距(m)　　表 5-3

围 岩 条 件	洞口附近	埋深小于 2B	施工进度 200m 前	施工进度 200m 后
硬岩地层(断层破碎带除外)	10	10	20	30
软岩地层(不产生很大塑性地压)	10	10	20	30
软岩(产生很大塑性地压)	10	10	20	30

注:B 为隧道开挖宽度。

量测频率(按位移速度)　　表 5-4

位移速度(mm/d)	量测频率
≥5	2 次/d
1～5	1 次/d
0.5～1	1 次/(2～3)d
0.2～0.5	1 次/3d
<0.2	1 次/7d

量测频率(按距开挖面距离)　表 5-5

量测断面距开挖面距离(m)	量测频率
(0～1)B	2 次/d
(1～2)B	1 次/d
(2～5)B	1 次/(2～3)d
>5B	1 次/3d

注:B 为隧道开挖宽度。

四、测桩埋设与测线布置

当采用全断面开挖时,在一般地段每个监测断面通常埋设测桩 1 号、2 号、3 号、4 号、5 号共 5 个,布置 A、B、C、D 共 4 条测线,如图 5-2 所示。

若为半断面开挖,可先埋设 1 号、2 号、3 号测桩,对 A、B、C 3 条测线进行量测,当下台阶开挖到达相应的监测断面位置时,再埋设 4 号、5 号测桩,对下部 D 线进行量测。

在特殊地段,根据具体情况,可另增设测线。

对埋设测桩的要求为:

(1)1 号、2 号、3 号、4 号及 5 号测桩应埋设在同一垂直平面内。

(2)1 号和 2 号及 4 号和 5 号测桩分别在同一水平线上,3 号测桩应埋设在拱顶中央。

(3)1 号、2 号测桩应埋设在起拱线附近,4 号、5 号测桩应设在施工底面上 1.5m 左右。

五、拱顶下沉量

拱顶下沉量的大小,根据测线 A、B、C 的实测值并利用三角形面积公式换算求得,如图5-3所示。

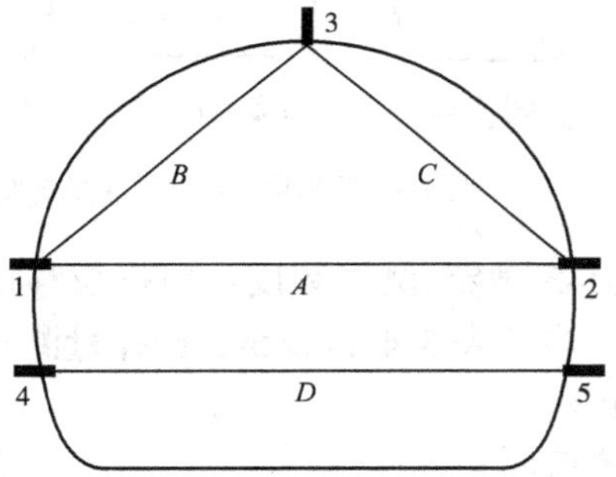

图 5-2　测桩布置形式

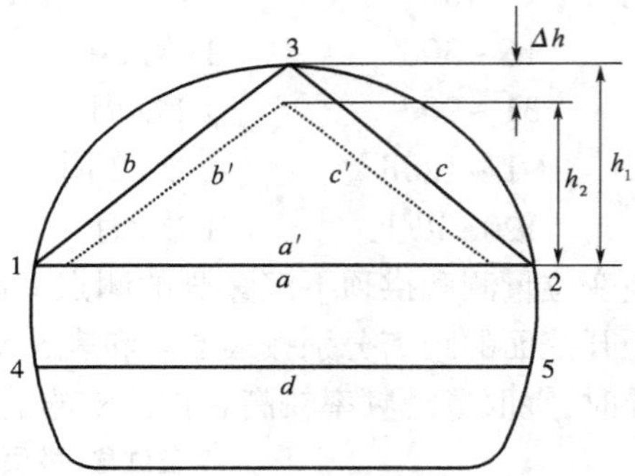

图 5-3　拱顶下沉计算布置示意图

拱顶下沉量为:

$$\Delta h = h_1 - h_2$$

$$h_1 = \frac{2}{a}\sqrt{S(S-a)(S-b)(S-c)}$$

$$S = \frac{1}{2}(a+b+c)$$

$$h_2 = \frac{2}{a'}\sqrt{S'(S'-a)(S'-b)(S'-c)}$$

$$S' = \frac{1}{2}(a'+b'+c')$$

式中：a、b、c——前次量测 A 线、B 线、C 线所得的实测值；

a'、b'、c'——后次量测 A 线、B 线、C 线所得的实测值。

● 第四节　地表下沉量测 ●

浅埋隧道通常位于软弱、破碎、自稳时间极短的围岩中，施工方法不妥极易发生冒顶塌方或地表有害下沉，当地表有建筑物时会危及其安全。浅埋隧道开挖时可能会引起地层沉陷而波及地表，因此，地表下沉量测对浅埋隧道的施工是十分重要的。

一、量 测 目 的

地表下沉量测的目的主要包括以下内容：

(1)地表下沉的范围以及下沉量的大小。

(2)地表下沉量随工作面推进的变化规律。

(3)地表下沉稳定的时间。

二、量测方法及测点布置

1. 量测方法

一般用水平仪量测，其量测精度为 ±1mm。

对于浅埋隧道地表沉降以及沉降的发展趋势是判断隧道围岩稳定性的一个重要标志。用水平仪在地面量测，简易可行，量测结果能反映浅埋隧道开挖过程中围岩变形的全过程。

如果需要了解地表下沉量的大小，可在地表钻孔埋设单点或多点位移计进行量测。浅埋隧道地表下沉量测的重要性，随埋深变浅而增大，见表 5-6 所列。

地表沉降量测的重要性　　表 5-6

埋　深	重 要 性	量测与否	埋　深	重 要 性	量测与否
$3D<h$	小	不必要	$D<h<2D$	重要	必须量测
$2D<h<3D$	一般	最好量测	$h<D$	非常重要	必须列为主要量测项目

注：D 为隧道直径，h 为隧道埋深。

2. 测点布置

地表下沉测点宜布置在洞内净空变化量测基线和拱顶下沉量测测点所在的断面内，其纵向(隧道中线方向)间距可按表 5-7 选用。每个隧道至少布置两个纵向断面。

地表下沉测点纵向间距　　表 5-7

隧道埋深	测点间距(m)	隧道埋深	测点间距(m)
$h>2D$	20～50	$h<D$	5～10
$D<h<2D$	10～20		

由于浅埋隧道距地表较近，地质条件复杂，岩(土)性极差，施工时多用台阶分部开挖，因

此，纵向断面布置测点的超前距离为隧道距地表的深度 h 与上台阶高度 h_1 之和（即 $h+h_1$）。于是整个纵向测定区间的长度为 $(h+h_1)+(2\sim5)D+h'$（h' 为上台阶开挖超前下台阶的距离），如图 5-4 所示。如果采用全断面开挖，为了掌握地表下沉规律，应从工作面前方 $2D$（隧道直径）处开始量测地表下沉。

地表下沉量测在横断面上至少应布置 11 个测点，两测点的距离为 2～5m。在隧道中线附近测点应布置密些，远离隧道中线应疏些，如图 5-5 所示。

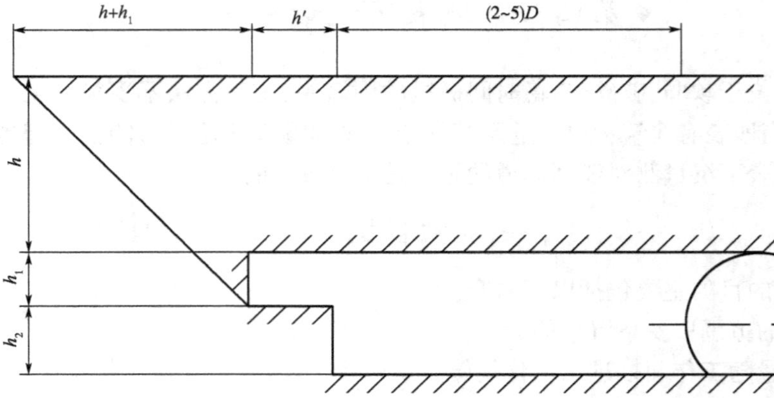

图 5-4　地表下沉量测区间

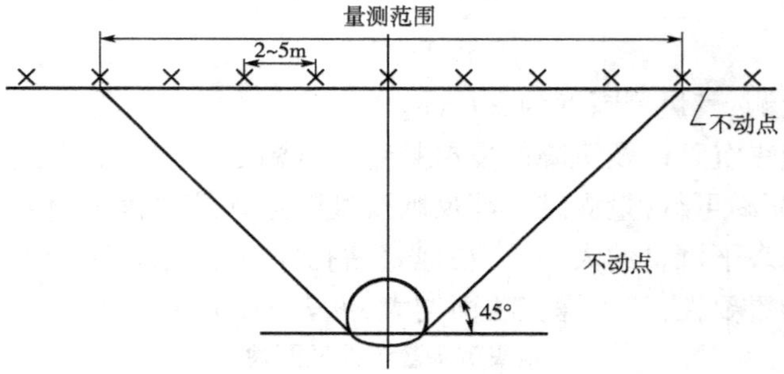

图 5-5　地表下沉测点在横断面上的布置

三、量 测 频 度

地表下沉量测在量测区间内，当开挖面距量测断面前后距离 $d<2D$ 时，每天 1～2 次；$2D<d<5D$ 时，每 2 天量测 1 次；当 $d>5D$ 时，每周量测 1 次。

四、量测数据整理

将每次的量测数据，经整理绘出以下曲线以便分析研究：

（1）地表纵向下沉量—时间关系曲线；

（2）地表横向下沉量—时间关系曲线。

从两曲线图中可以看出地表下沉与时间的关系，以及最大下沉量产生的部位等。如果地面有建筑物最大下沉量的控制标准,应根据地面结构的类型和质量要求而定,大约为1～2cm。在弯变点处的地表倾斜应小于结构的要求,一般应小于1/300。

根据回归分析,如果地表下沉量超过上述标准,应采取措施。

● 第五节　锚杆轴向力测定 ●

锚杆轴向力的测定属于选测项目,根据科研和生产的需要,首先在隧道内选择好拟测岩层,再结合隧道开挖等情况,选择好钻孔位置,以便于钻孔施工。

一、测定锚杆轴向力的目的

测定锚杆轴向力的目的主要有:

(1)了解锚杆受力状态及轴向力的大小。隧道开挖后随着围岩发生变形而产生锚杆轴向力,在围岩变形稳定前锚杆的轴向力是不断增加的,量测锚杆轴向力的大小是为了弄清锚杆的负荷状态,为确定合理的锚杆参数提供依据。

(2)判断围岩变形的发展趋势,概略判断围岩内强度下降区的界限。一般把从隧道壁面至变形量最大处称为隧道围岩的扰动圈。于是可为锚杆参数设计提供了一定依据。

(3)评价锚杆的支护效果。锚杆轴向力是检验锚杆支护效果与锚杆强度的依据,根据锚杆极限抗拉强度与锚杆应力的比值 K(锚杆安全系数)即可作出判断,锚杆轴向力越大,则 K 值小,当锚杆中某段最小的 K 值稍大于1时,应认为合理。

二、量测方法和量测设备

从量测方法来看,有电测法和机械法。不论采用哪种方法,它们都是通过量测锚杆,先测出隧道围岩内不同深度的变形(或应变),然后通过有关计算转求应力的量测方法。用电测法时,必须对量测传感元件做好防潮处理,如用机械式的量测法时,由于隧道较高,布置在拱顶和拱腰处的测点,必须采用台架才能进行量测工作,因此,这两种量测方法在洞内使用各有利弊,现就两种量测方法分别介绍如下。

1. 电测法的量测锚杆

1)电测法的量测锚杆分类

量测锚杆有铝锚杆、钢锚杆,有的也用塑料锚杆。所谓量测锚杆是沿锚杆轴线方向粘贴电阻应变片所做成的应变传感元件,将它埋设在垂直于隧道壁面的钻孔中,用电阻应变仪测出锚杆在钻孔方向的径向应变,根据锚杆的径向应变来转求锚杆径向所受的应力。

(1)量测铝锚杆。量测铝锚杆是用普通铝管制成,外径为24mm,壁厚2mm,长度按需要测试深度确定。

制作时,首先将铝管沿纵向剖成两半,再在其中一半的内壁按选定的距离贴上电阻应变片,由于温度对应变片电阻值的影响是相当大的,尤其是在现场量测时,会带来不可忽视的误差,必须设法消除。消除的方法是温度补偿,目前多用温度补偿片达到消除的目的。补偿片贴在另外的小铝片上,浮挂在空管内,处于不受力状态。量测铝锚杆其结构如图5-6所示。

(2)量测钢锚杆。量测钢锚杆是将电阻应变片贴于支护锚杆钢筋的表面,在贴片处焊上铁皮外罩，以保护应变片和便于防潮处理。若采用空心钢管其制作方法同铝锚杆。

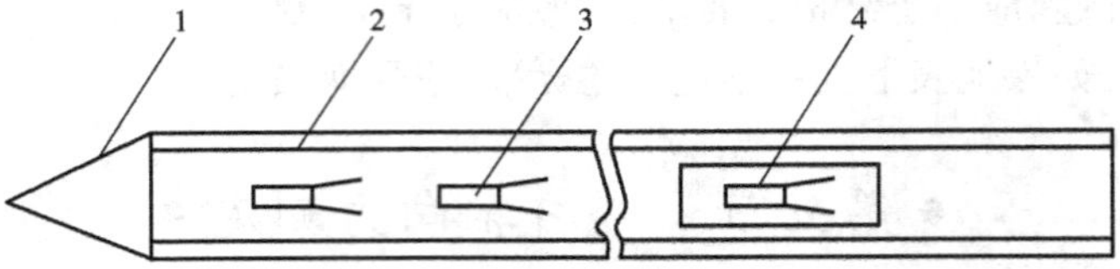

图5-6　量测铝锚杆结构示意图

1-顶尖；2-铝管；3-工作片；4-补偿片

每根量测锚杆贴好的电阻应变片及引出线接头都需进行防潮处理，可采用医用凡士林防潮，再用环氧树脂封口。

2）电量测锚杆的质量检验

由于电测法的量测锚杆是高精度应变的量测元件，故在埋设前应进行严格的质量检验，以保证洞内测试的可靠性，电量测锚杆的质量检验主要从以下3方面着手。

（1）零点漂移观测。在温度恒定、被测件不受力的情况下，测件上应变片的指示应变随时间的变化称为零点漂移（简称零漂）。零漂的主要原因是由于应变片的绝缘电阻过低，敏感栅通电流后的温度效应，粘接剂固化不充分，制造和粘贴应变片过程中形成的初应力以及仪器的零漂或动漂所造成。因此，在选择应变片与粘贴应变片时应特别注意这一问题。在不同地质条件下，隧道内实测的应变值是不同的，一般情况下零点漂移应小于10$\mu\varepsilon$。

（2）力学性能试验。为了检验贴片的牢固程度以及其机械滞后量，在恒定温度、对贴有应变片的杆件进行加卸载试验，对各应力水平下应变片加、卸载时所指示的应变量的最大差值作为其机械滞后量。机械滞后主要是由敏感栅、基底和粘结剂在承受应变后留下的残余应变所致。在测试过程中，为了减少应变片的机械滞后给量测结果带来的误差，可对新粘贴片的试件反复加卸载3～5次。

（3）防潮检验。隧道内湿度一般情况下都较大，有时湿度可达100%，因此，要求量测锚杆在饱和湿度的条件下，仍能保证量测数据准确，为此要求其绝缘电阻必须稳定。通常把绝缘电阻作为应变片粘结层固化程度和是否受潮的标志。绝缘电阻下降会带来零漂和测量误差，特别是不稳定的绝缘电阻会导致测试失败，于是采取措施保持绝缘电阻的稳定，这对于用于长期量测的铝锚杆是极为重要的。

3）应变仪

应变仪主要由电桥和放大器组成，其主要作用是配合贴在被测物件上的电阻应变片组成电桥，将被测物件上的应变信号转变成电信号，再经放大和相敏检波以及滤波后进行读数或数字显示，或输给记录器。电阻应变仪具有灵敏度高、稳定性好、测试简便、精确可靠且能做多点较远距离测量等特点。

应变仪按放大器的工作原理可分为直流放大式和载波放大式两类。直流放大式应变仪，电桥用直流供电，放大器采用差分放大器或调制型直流放大器，这种应变仪工作频率较高（达10kHz），因为用直流拱桥，分布电容不影响电桥平衡，故操作较简单。但直流放大器的零点漂移问题较难解决，是这种应变仪存在的最大问题。近年来，由于晶体管电路稳定技术的提高和集成电路技术的发展，直流放大式应变仪的使用日益渐多。载波放大式应变仪，电桥通常用数千赫的正弦交流供电。用载波放大式应变仪能较容易地解决仪器的稳定性问题,其结构较简单,对元件的要求可稍低,所以这种应变仪是目前用得最多的。我国生产的应变仪基本上是属于这种类型。另外,应变仪按其频率响应范围可分为静态、静动态和动态3类。

静态电阻应变仪是供测量变化较缓慢的信号,或变化一次后能相对稳定的静态信号,它的应变读数方法是另读法,靠手动平衡和转换测点,每次只能测一个点,多点测量时需用预调平稳箱,将各个电阻片依次与应变仪接通,逐点进行测量。常见的平稳箱有20个通道,每一通道都有4个接线柱 A、B、C 和 D,故可以同时连接20个测量电桥,依次测量20个测点。静态电阻应变仪比较简单,适用于野外或实验室测定使用。比较常用的有YJ—5型静态应变仪。

为了适应多点、高精度、自动化、数字化和快速测量的需要,目前已有集成电路化的多点数字式应变仪,它能直接显示应变读数,也可以将模拟应变的电信号,经模数转换装置,变为离数的数字信号,与电子计算机相联,进行测量数据的分析和处理。这种仪器适用于大型实验室使用。它可以每秒数点以至上千点的速度自动按指定顺序巡回测量,并能打印数据。国产YJS—14型静态电阻应变仪属多点自动测量的应变仪。

动态应变仪是供测量随时间变化的应变。为了记录动态信号,必须配有记录仪器,动态应变仪只能采用直读法,应变仪将电桥的输出电压信号放大后送给记录仪器。动态仪不能用轮换接入的办法进行多点测量,因此动态应变仪均设计成多通道的,能同时测几路信号。目前常用的Y6D—3A型动态仪,其工作频率为0～10kHz。

2. 机械法的量测锚杆

机械式量测锚杆,是在钢管体内固定有长度不等的细长变形传递杆,每一传递杆的一端分别固定在锚杆内壁预定的不同位置上,另一端引至孔口与锚杆端头基准板相应的测孔相连。由于量测锚杆内设置的测点不同,所以机械式量测锚杆有三点式、四点式及六点式量测锚杆。

1)机械式三点量测锚杆

这类锚杆是用来量测全长锚固型锚杆(主要是砂浆锚杆)受力的一种测量装置,用它可以监测锚杆在服务期间内轴向力的变化及分布规律,以此评价锚杆对围岩的支护效果,同时也可测出锚杆弹—塑性阶段锚杆受力的全过程。其结构如图5-7所示。

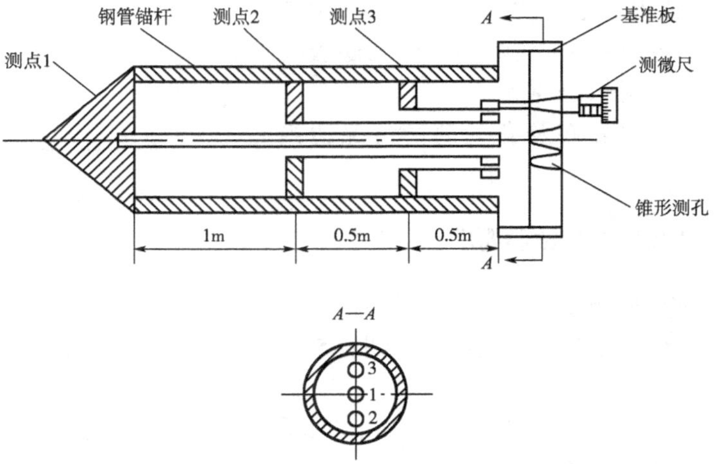

图5-7　机械式三点量测锚杆结构示意图

测点 1 位于量测锚杆底部，系量测锚杆距钻孔口最深处的测点，测点 2 位于量测锚杆中部，测点 3 位于量测锚杆浅部，量测锚杆用钢管制成。测点 1 为锥形端头焊接在锚杆底部，它所以制成锥形是为了便于锚杆安装，测点 2、3 的一端也与钢管内壁固定在一起，每个测点都引出一根刚性杆至孔口用来传递相关部位的变形，每一测点头由不锈钢材料制成，以保证长期观测不生锈，锚杆外端距测点头 20mm 处固定有基准板，测量时每次量出测点头与基准板间的距离变化值，即为每个测点与基准面间的相对位移，基准板上有 3 个锥形测孔，分别与测点 1、2、3 相对应，锥形测孔也是由不锈钢制成，测孔制成锥形主要目的是保证每次测量达到同心度的要求，以便提高测量精度。

三点量测锚杆长 2.5m，测点 1（深部测点）距孔口 2.5m，测点 2（中间测点）距孔口 lm，测点 3（浅部测点）距孔口 0.5m。位于基准板上的中间测孔 1 系量测深部岩体变形，下部测孔 2 系量测中间岩体变形，上部测点 3 为量测锚孔浅部岩体的变形。

2）机械式六点量测锚杆

六点量测锚杆制作材料与长度和三点量测锚杆相同，不同的是锚杆全长有 6 根刚性位移传递杆，分别焊接钢管锚杆的相关部位，两相邻传递杆间距为 0.4m，在轴向投影面上各传递杆投影点相差 60°。周围测点逆时针 1 点、2 点、3 点、4 点、5 点，中间点为 6 点，每测点距孔口基准板距离为：1 点 0.4m，2 点 0.5m、3 点 1.2m、4 点 1.6m、5 点 2.0m、6 点 2.5m。

3）特制百分表

用百分表测出量测锚杆不同深度处的变形，然后根据不同点处的应变反求锚杆的轴向力大小，如果锚杆轴向变形在弹性范围，可用事前率定的 σ-ε 曲线求出相应的应力。

三、量测锚杆的布置形式

不论是电测式量测锚杆还是机械式量测锚杆其布置的形式是一样的。在每一监测断面内一般布置 5 个量测位置（孔），每一量测位置的钻孔内设测点 3 ~ 6 个（根据量测深度和所选的量测锚杆决定）。具体的布置形式为在拱顶中央 1 个，在拱基线上（或拱基线上 1.5m 处）左右各设一个，在两侧墙施工底板线上 1.5m 处各设一个，如图 5-8 所示。

具体部位也可根据岩性及有关现场情况适当变更。

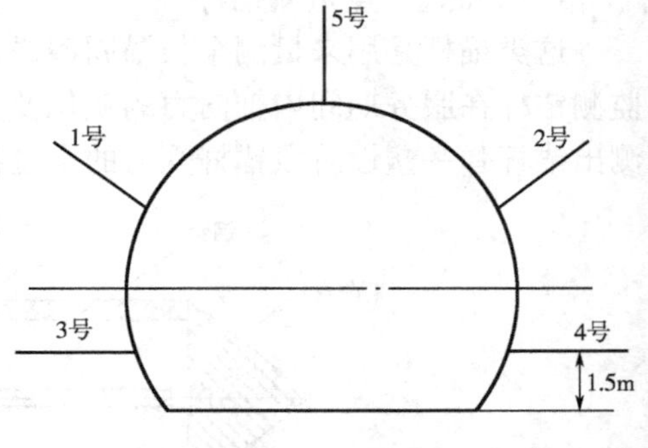

图 5-8　量测锚杆的布置形式

四、钻孔规格及钻凿要求

（1）所有量测锚杆应布置在同一垂直断面内。

（2）水平钻孔倾斜角度在垂直断面内不超过 5°；水平面内钻孔与隧道壁面交角应在 85° ~ 90°之间。

（3）钻孔直径为 55 ~ 65mm，孔深 2500mm，如果采用机械式量测锚杆需在孔口扩大孔径为 80 ~ 85mm，扩孔深为 200 ~ 250mm。

五、量测锚杆埋设

量测锚杆埋设的要求如下：

(1)为保证量测锚杆与孔壁的胶结质量，钻孔完后，要求吹孔，然后往孔内注满水泥砂浆，注意要均匀地填满全孔长。

(2)随后将量测锚杆插入注满砂浆的孔内，务必使锚杆端部与围岩壁面保持在同一平面内，不平之处，用砂浆抹平整，待砂浆凝固后即可开始初测。

(3)水泥砂浆拌和要求：水泥强度等级不小于42.5，砂粒径为0～3mm，质量配合比为：水泥：砂：水=1：1：0.4。

(4)在埋设电测锚杆时，要缓慢顺势向钻内推进，不可锤击，以免损坏电测元件。

六、量测与量测频度

量测与量测频度的要求如下：

(1)量测锚杆埋设后经过48h才可进行第一次观测，量测前先用纱布擦干净基准板上的锥形测孔，然后将百分表插入锥形孔内，沿轴向方向将百分表压紧直接读数，其读数值为测点头基准板间的距离，其前后两次量测出的距离变化值即为每个测点与基准面间的相对位移。

(2)三点量测锚杆的基准板上有3个锥形测孔，分别与测点1、2、3相对应，测点1居中系最深的测点，测点2在下是位于中间的测点，测点3在上是最浅的测点。

(3)每个测点的测孔如法操作三点，当该数值之间最大差值不大于0.05mm时，把平均观测结果记入记录本内，若3次读数值之间最大差值大于0.05mm时，进行第4次或第5次读数，直至达到有3次读数之间最大差值小于0.05mm时为止。以上是用机械式量测锚杆的测量法，如果使用电测锚杆，由于测点较多，应采用多点电阻应变仪将每一电测锚杆的电阻应变片与之一一相接进行测量，也可使用静态应变仪配预调平衡箱进行量测，可视设备条件确定。

(4)关于量测频度可参照内空收敛的量测频度。即在埋设后1～15d内每天测一次，16～30d每2d测一次，30d以后可每周测一次，90d后可每月测一次。

●第六节 钢架荷载量测●

在自稳时间很短的Ⅰ、Ⅱ类围岩隧道施工；浅埋、偏压隧道，当早期围岩压力增长快，需要提高初期支护的强度和刚度时；在砂、卵石、土夹层，大面积淋水地段以及为了抑制围岩大的变形需要增强支护抗力时，一般多采用钢架喷射混凝土作为初期支护。另外，当隧道施工需要施作超前支护时，需设置钢架作为超前锚杆或超前小钢管的支承构件。

一、量测的目的

(1)了解钢架受力的大小，为钢架选型与设计提供依据。

(2)根据钢架的受力状态，为判断隧道空间的稳定性提供可靠的信息。

(3)了解钢架的工作状态，评价钢架的支护效果。

二、量测设备与量测方法

目前国内使用较普遍的钢架荷载测量仪器有机械式测压仪,钢弦测压仪和液压测力计等。

1. ADJ 型测压仪

这是一种杠杆式测压仪,主要用来测量支架上所受的压力。

仪器主要由变形圆板1、上盖2、固定于上盖下面的杠杆3、底座4、弹簧5以及外壳6等组成,如图5-9所示。测压仪的工作原理可结合图5-9来说明,上盖把承受的荷载传给中心支承

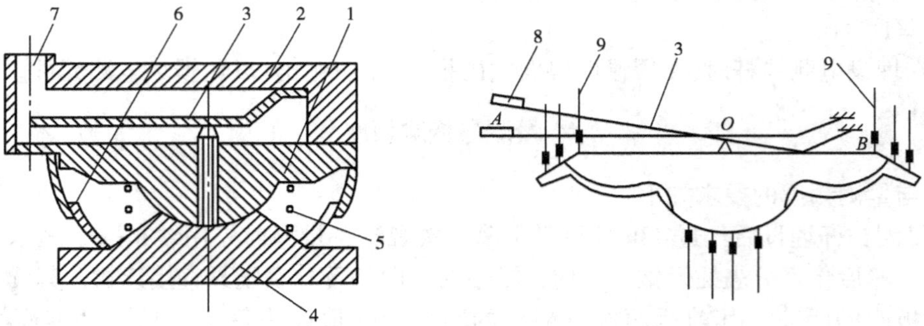

图5-9　ADJ 型测压仪

1-变形圆板;2-上盖;3-杠杆;4-底座;5-弹簧;6-外壳;7-百分表插孔;8-接百分表触杆;9-上盖传来的荷载

的变形圆板,圆板受压挠曲时带动上盖一起下沉,这时固定于上盖下面的杠杆 B 端也跟着下沉,杠杆在支点 O 的支承下,将杠杆 A 翘起,杠杆 A 端的升起量等于 B 端下沉量的3倍或3.25倍,于是,杠杆起到了把圆板挠曲量放大的作用。由插入孔中的特制百分表(图5-10所示),可读出 A 端的升起量。钢架刚安装时不受压力时与安装后受压力时特制百分表的两次读数差,就是因钢架受力所引起的特制百分表读数。最后从预先在实验室压力机上率定的"压力－百分表读数"的关系曲线(图5-11)上即可查出钢架所受压力的大小。

ADJ 型测压仪的主要优点是:不受温度、湿度等外界条件的影响,不需配置复杂的电子仪器进行量测,操作简单,使用方便,因而成本较低。不足之处是不能多点测量和远距离读数,设于拱部和侧墙高处的测点,必须使用拱架量测,故测试工作的安全性较差。

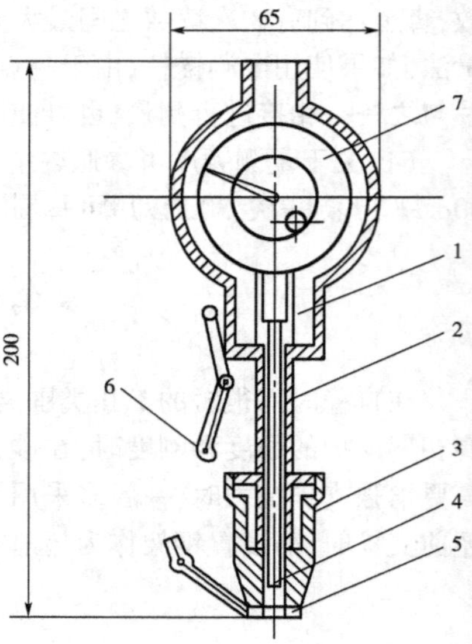

图5-10　特制百分表结构

1-保护环;2-外壳;3-保护盖;4-接长杆;5-套圈;6-链子;7-百分表

2. 钢弦测压仪

钢弦测压仪是一种常用的量测压力的仪器,可以量测应力、应变、荷载以及其他参数,具有坚固耐用的优点。由于所测量的参数转变为频率的变化,故抗干扰能力强,适合长距离传送,钢弦测压仪的形式很多,现只介绍 GH—50

型测压仪及 GSJ 钢弦频率仪的结构与使用方法。

1) GH—50 型压力盒

GH—50 型压力盒系采用钢弦式双线圈测量系统。量程为 50t，结构如图 5-12 所示。其工作原理是根据物理声学振动频率发生变化而设计的。压力盒的主体是工作膜 3，工作膜上装有一对钢弦柱 4，在钢弦下面装有激发磁头 6 和感应磁头 7。

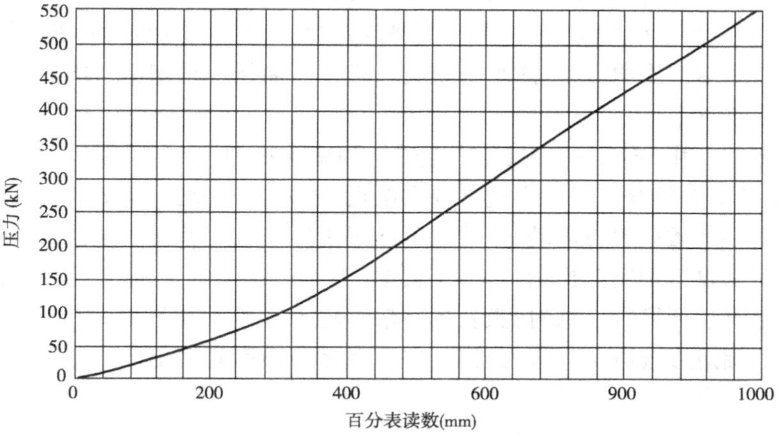

图 5-11　ADJ 型测力计标定曲线

未受压时，钢弦的应力为 σ_0，相应的初频率为 f_0，受压后，压力通过导向球面盖 1 集中作用于工作膜 3 的中心，使工作膜产生挠曲变形，从而使工作膜下部的两根钢弦柱 4 张紧钢弦，使钢弦应力增大，钢弦振动频率也相应增高。钢弦所受的张力越大，其自振频率越高；反之，自振频率越低。因此，钢弦振动频率的变化反映了加于钢弦上外力的变化。为此，将每个压力盒频率随压力变化的关系，事先作出率定曲线如图 5-13 所示。量测时，先把钢弦振动频率测出，然后查率定曲线即可确定压力值。

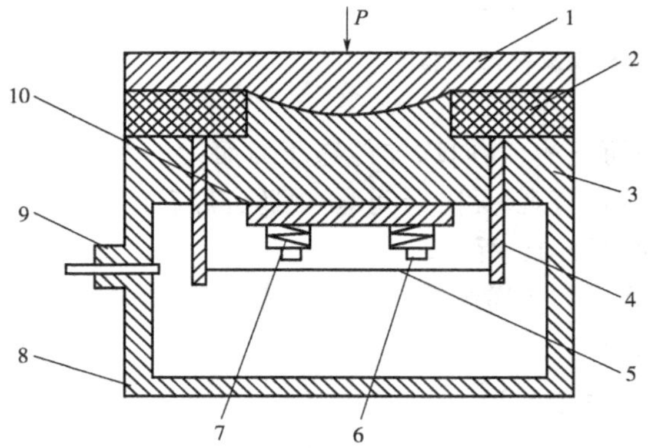

图 5-12　双线圈钢弦压力盒结构示意图

1-导向球面盖；2-橡皮垫；3-工作膜；4-钢弦柱；5-钢弦；6-激发线圈；7-感应线圈；8-后盖；9-电线出口；10-铝座

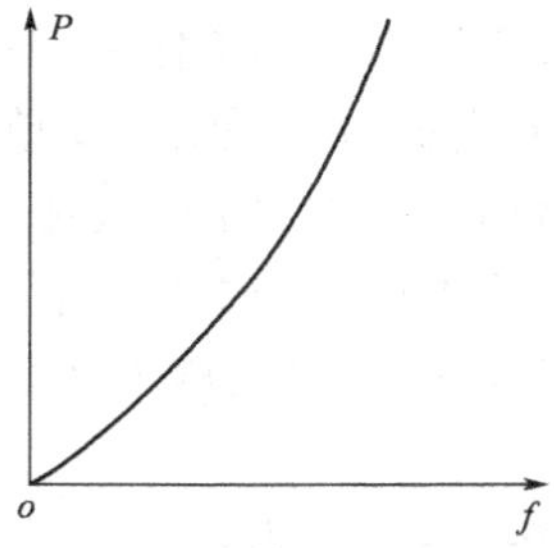

图 5-13　钢弦压力盒率定曲线

量测时，钢弦在激发器的双尖脉冲作用下进行连续振荡，其振动频率，可按下式计算：

$$f = \frac{1}{2L}\sqrt{\frac{\sigma}{\rho}} \tag{5-5}$$

式中：L——弦长；

σ——弦截面上的拉应力；

ρ——钢弦材料密度。

从上式中可见，在弦长 L、材料密度 ρ 一定的情况下，频率 f 随应力 σ 而变化，而弦的拉应力 σ 又随测压仪所受压力 P 而变化，因此，在材料试验机上，求出各台钢弦测压仪的 P-f 曲线即率定曲线。在实际使用中，通过测得的频度 f，查率定曲线即可知压力值的大小。

2）GSJ 钢弦频率计

GSJ 钢弦频率计用于分别对每只压力盒进行频率测量，其工作原理如图 5-14 所示。由图中可见，该频率计由 3 部分组成。启动电源供电后，激发器开始工作，这时钢弦的微小振动在感应磁头中产生一个微小感应电动势，输出电压经激发器放大后被变压器微分形成双尖脉冲，反馈到激发磁头用以激励钢弦振动，若为正反馈，钢弦振动不断加强，直到一周期内消耗的能量等于反馈能量时达到稳定。这时，激发器的信号输出端将输出同频率的等幅矩形波。数字频率计对这一等幅矩形波电信号进行检测，并显示相应频率的大小，从而完成了对钢弦频率的检测工作。

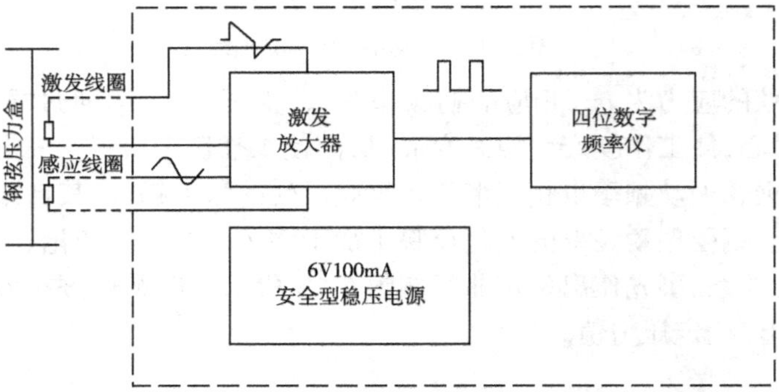

图 5-14　GSJ 型频率计原理框图

3）液压测力计

液压测力计的工作原理是根据液压不可压缩，各向均匀传递压力而设计的测量支架荷载的仪器，它的特点是结构简单、使用可靠、读数直观、无防爆问题，更适合煤矿使用。

目前国内常用 HC 型液压计，其结构如图 5-15 所示。

当压力计上盖 1 受力后，通过活塞 3 将压力传递给油缸内的液体，液体压强的变化直接从压力表 5 显示出来，压力计受力可按下式计算：

$$P = p \cdot A \tag{5-6}$$

式中：P——总压力；

p——压力表读数；

A——活塞面积。

HC 系列液压测力计，按压力表的安装方式可分为 A 型和 B 型。A 型压力表用高压软胶管与测力计连接，B 型不带胶管，压力表直接通过螺扣固定在测力计上。

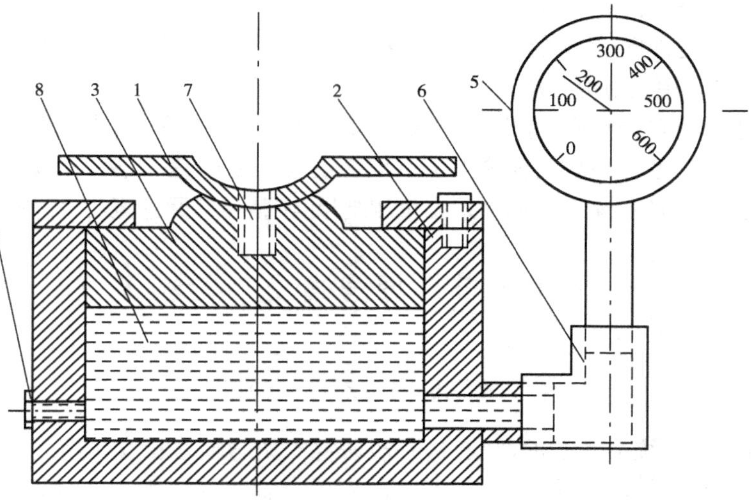

图 5-15 HC 系列液压式测力计

1-上盖；2-油缸；3-活塞；4-注油孔螺丝；5-压力表；6-活动接头；7-固定螺丝；8-液体

三、压力计安设

为了测定钢架上所受的压力，可在拱顶中央安设一台压力计，其他由拱顶中央向隧道两侧沿隧道壁按一定距离在两侧相应的位置，对称地安设压力计，进行相关部位压力的量测，至于安设数量多少，可根据现场的具体情况确定。一般情况下，除拱顶中央外，应在两侧二肩处、起拱线处以及在施工底板线上 1.5m 的侧墙的各对应位置上各设一台压力计进行量测，其他部位可根据需要在隧道两侧对称布置。

钢架可选用 I 型钢（或钢轨）、H 型钢、U 型钢、钢管、钢筋格栅等轻型钢材制成。为了施工方便，目前，现场多用主筋直径不小于 22mm 的 20MnSi 或 A_3 钢筋焊接的钢筋格栅钢架。由于格栅钢架与喷射混凝土层结合良好，能够共同承受围岩压力，所以应用较广，为了使压力计与钢架紧密接触，在安设压力计处，于压力计与钢架之间，必须铺设钢垫板（底托），以便钢架均匀受力。

在安设的压力计与隧道壁间，为使围岩压力均匀地传递到压力计上，用水泥砂浆将隧道壁面抹平，并使之达到良好的面接触。另外，在压力计周围的空隙处用碎石充填密实，防止压力计受力后偏斜，影响量测效果。

四、量测与量测数据分析

钢架受力的量测工作，应与围岩内空变形的量测工作同步进行，量测频度可参照围岩内空变形的量测时间间隔进行。对整理出的资料应作以下分析：

（1）根据同一时间内所测定的钢架受力与隧道围岩变形的大小，可以获得隧道围岩位移与围岩压力（钢架上的压力）间的关系。

（2）通过分析钢架受载与围岩变形关系，了解钢架的工作状态和对围岩的适应性，为设计合理的钢架提供依据。

（3）分析在整个观测过程中，隧道围岩变形与围岩压力的关系，确定在规定围岩条件下支护结构应具有的力学特性。

(4)隧道围岩类别低于Ⅳ类,开挖时常采用各种类型的钢架进行支护,由于围岩类别低、稳定性差,施工中多采用上下部分次开挖,当下部跳挖马口容易扰动架脚,造成上部拱架松动下落,轻则支护作用受到影响,重则可能导致局部坍塌。特别是当倾斜岩层出现时,极易产生顺层滑坍,影响钢架作用的发挥。这时,如果上部拱架上设有压力计,就能从其读数变化情况判断下部开挖对上部支护结构的影响。由此可根据量测结果,调整马口开挖宽度,保障下部开挖的安全。

● 第七节　围岩内变形量测 ●

一、围岩内变形量测的目的

为了探明支护系统上承受的荷载,进一步研究支架与围岩相互作用之间的关系,不仅需要量测支护空间产生的相对位移(或空间断面的变形),而且还需要对围岩深部岩体位移进行监测,因此,围岩内变形量测的目的为:

(1)确定围岩位移随深度变化的关系。

(2)找出围岩的移动范围,深入研究支架与围岩相互作用的关系。

(3)判断开挖后围岩的松动区、强度下降区以及弹性区的范围。

(4)判断锚杆长度是否适宜,以便确定合理的锚杆长度。

二、量测设备的选择

围岩内变形量测的设备,主要使用位移计,它可量测隧道不同深度处围岩位移量,随着岩土工程的发展,位移计被广泛地应用于地下空间围岩稳定性监测。

按测试装置的工作原理可分为电测式位移计和机械式位移计。电测式位移计是把非电量的位移量通过传感器的机械运动转化为电量变化信号输出,再由导线传送给二次仪表,接收并显示。电测式位移计施测方便、操作安全、能够遥控、适应性强、灵敏度高,但受外界干扰较大,读数易受多种因素的综合影响,稳定性较差,且费用较高。目前较多采用机械式位移计,按位移计可以测取位移量的个数多少。位移计可分为单点位移计和多点位移计,而单点位移计只能量测围岩内某一深度处的位移量,多点位移计可在围岩内部不同深度埋设多个测点,同时量测围岩内不同深度处位移量。一般来说,在工程实践中多点位移计被广泛采用。

1. 单点位移计的结构

单点位移计实际上是端部固定于钻孔底部的一根锚杆加上孔口的测读装置,如图5-16所示。这种位移计包括3部分,即楔缝式内锚头、位移传递杆和孔口测读部分(包括定位器、测环和百分表)。位移计可以从地表埋入,也可以从洞内埋,如图5-17所示。

单点位移计安装在钻孔中,锚杆体可用直径22mm的钢筋制作,锚固端用楔子与钻孔壁楔紧,有时为了锚固牢靠,可在孔底锚头处注入适量水泥砂浆。为了防止杆体偏斜,在钻孔内相隔一定距离,设有固定环4,使杆体位于钻孔中央。在端体自由端装有测头5,可自由伸缩,测头平整光滑。定位器7固定于钻孔孔口的外壳6上,测量时将测环8插入定位器7中,测环和定位器上都有刻痕,插入量测时,将两者的刻痕对准,测坏上安装有百分表9以测取读数。为了防止测读装置锈蚀，影响量测的准确性，测头、定位器和测环用不锈钢制作。

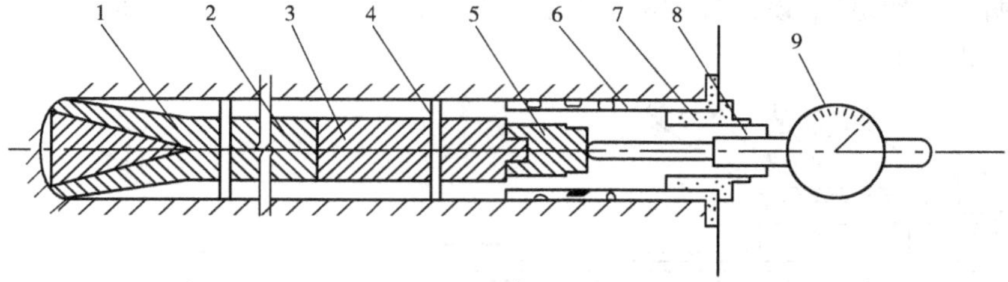

图 5-16　单点位移计装置

1-砂浆；2-锚杆体；3-连接杆；4-固定环；5-测头；6-外壳；7-定位器；8-测环；9-百分表

用百分表所测得的读数 u 的差值 $\Delta u = u_1 - u_2$，即为 A、B 两点间沿钻孔方向上的相对位移，如图 5-17 所示。若 A、B 之中有一点的绝对值已知，则另一点的位移即可随之确定。如果从地表埋入位移计，在这种情况下，由于孔口点的绝对位移可以用水准测量方法获得，因此岩体中点的绝对位移也可随之确定。从隧道内部打钻孔埋入的单点位移计，量测所得的位移量是隧道壁面与单点位移计固定点之间的相对位移，若钻孔相当深时，则可认为孔底位移为零，此时百分表测得的位移差值即为隧道围岩表面的绝对位移。

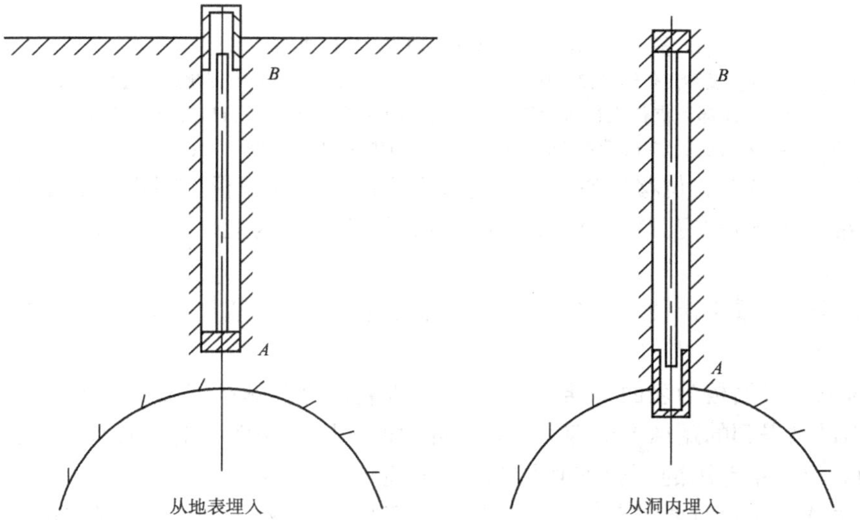

图 5-17　单点位移计测试

在同一量测断面内，若设置不同深度的单点位移计可测得不同深度的岩层相对于洞壁的位移量，据此可画出距洞壁不同深度的位移量的变化曲线。单点位移计通常多与多点位移计配合使用。

单点位移计结构简单，制作容易，测试精度高且钻孔直径小，受外界干扰小，容易保护，因而可紧跟爆破工作面安设。

2. 多点位移计的结构与工作原理

多点位移计的工作原理是将隧道围岩内部不同深度处某些点的位移状态通过与之固定的某种传递介质（杆、弦）引至岩体外部，以便进行量测。

由于多点位移计有多种形式,结构各异,现以马鞍山研究院研制的 SW—1 型四点杆式位移计为例说明其结构组成,该位移计由 1 个表面收敛点、3 个围岩位移点和 1 个孔口基准面板组成,如图 5-18 所示。

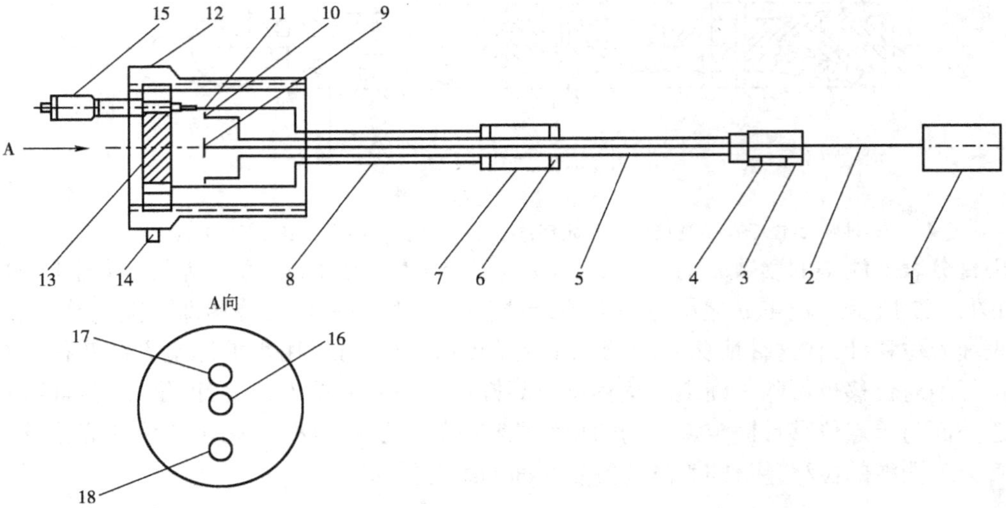

图 5-18　SW-1 型四点位移计结构图

1-深度测点锚头;2-深度测点传递杆;3-中部测点挡圈;4-中部测点锚头;5-中部测点传递杆;6-浅部测点挡圈;7-浅部测点锚头;8-浅部测点传递杆;9-深部测点端头;10-中部测点端头;11-浅部测点端头;12-孔口套筒;13-基准面板;14-收敛测点;15-测量百分表;16-浅部点量测孔;17-中部点量测孔;18-深部点量测孔

每个位移点由锚头、位移传递杆和测量端头组成。基准面板上固定有 3 个位移测点的锥形测孔,基准面板固定在孔口套筒上,套筒固定在围岩孔口内,套筒外表面固定有 1 个圆柱形收敛测点。

该位移计锚头采用快硬水泥粘结形式,抗震性能好,同时适用于软弱破碎围岩,也适用于坚硬围岩锚固。

量测时以基准面板为表面基准,每次测量出围岩内部各测点到表面基准的距离,同一测点在不同时刻量测得到的距离差值即为该点在此时间内围岩表面与围岩内部测点之间的相对位移,测点相对位移用专用的百分表直接测得。隧道两帮的收敛变形使用 KM—1 型收敛计进行。因此,位移计布置时要求在隧道两帮相同位置成对埋设。收敛计量测位移计表面的收敛值,即为隧道两帮变形的总和,然后根据两帮相对位移值的大小将收敛值按比例分配法进行计算,即可求得隧道两帮各位移点的绝对位移值。

拱顶安设位移计后可与两帮安设的位移计构成三角形,使用 KM—1 型收敛计量测出各边的收敛值,再利用三角形各边与三角形垂高之间的关系求算拱顶位移计各点的绝对位移值。

三、量测方法与量测频度

收敛测点测量用收敛计。位移测点的量测使用专用百分表进行,测量时将百分表插入基准面板的锥形测孔内,插稳之后即可读数,每个测孔测量 3 次,最大差值小于 0.07mm 时,取其平均值记入表中。

量测频度与围岩内空变形量测频度相同。

四、隧道围岩绝对位移计算方法

1. 代表符号说明(图 5-19)

设在隧道围岩埋设 3 套 SW-1 型四点位移计,A 埋设在左帮,B 埋设在顶板中央,C 埋设在右帮,如图 5-19 所示。U_i^A、U_i^B、U_i^C($i=1$、2、3、4),分别代表各位移计(A、B、C)各测点(1、2、3、4)的绝对位移值。

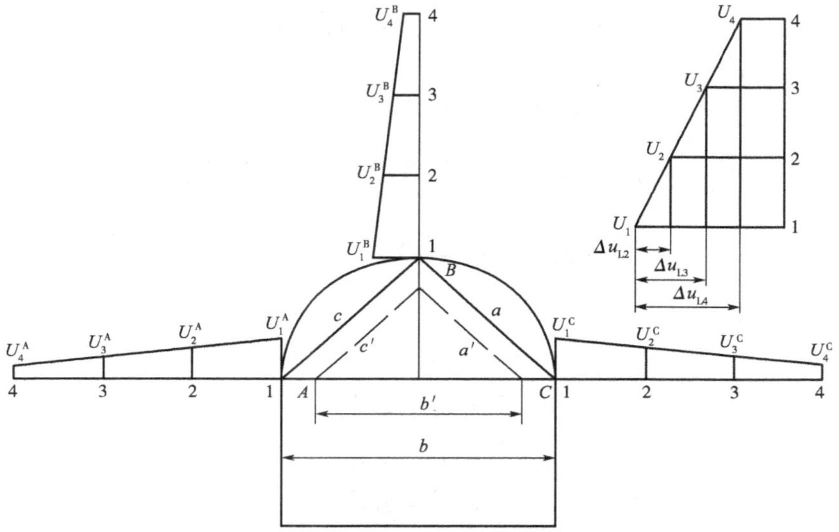

图 5-19 绝对位移计算图原理

$\Delta U_{1.2}^A$、$\Delta U_{1.3}^A$、$\Delta U_{1.4}^A$、$\Delta U_{1.2}^B$、$\Delta U_{1.3}^B$、$\Delta U_{1.4}^B$、$\Delta U_{1.2}^C$、$\Delta U_{1.3}^C$、$\Delta U_{1.4}^C$分别为 A、B、C 各位移计的第 2、3、4 点对第 1 点的相对位移增量。

2. 隧道两点 A、C 位移计各点的绝对位移值的计算

当 A、C 两点的收敛值 U_{AC}已测得时,可按 A 点与 C 点相对位移值大小按比例分配收敛值,由此,各位移点的绝对位移值大小分别由下式求得:

$$\left.\begin{aligned} u_4^A &= \frac{k}{k+1}(u_{A,C} - \Delta u_{1.4}^A - \Delta u_{1.4}^C) \\ u_3^A &= u_4^A + \Delta u_{1.4}^A - \Delta u_{1.3}^A \\ u_2^A &= u_4^A + \Delta u_{1.4}^A + \Delta u_{1.2}^A \\ u_1^A &= u_4^A + \Delta u_{1.4}^A \end{aligned}\right\} \tag{5-7}$$

式中:

$$k = \frac{\Delta u_{1.4}^A}{\Delta u_{1.4}^C}$$

$$\left.\begin{aligned} u_1^C &= u_{A.C} - u_1^A \\ u_2^C &= u_1^C - \Delta u_{1.2}^C \\ u_3^C &= u_1^C - \Delta u_{1.3}^C \\ u_4^C &= u_1^C - \Delta u_{1.4}^C \end{aligned}\right\} \tag{5-8}$$

3. 拱顶 B 点位移计各点绝对位移值的计算

(1)三位移计的 A、B、C 三点在同一垂直平面内,A 和 C 点的位移计在同一水平上。

(2)设 A、C 点只存在水平向位移,B 点只有垂直向位移。

由于 3 个位移计 A、B、C 的表面点构成一个三角形△ABC,其中边长 a'、b'、c'为测点 B 与 C、C 与 A、A 与 B 之间收敛后的距离,而 a、b、c 则为其初始距离,如图 5-19 所示,各个边长均可用收敛计测得。

从三角形△ABC 的边长与垂高的关系中求得:

$$h = \frac{2}{b}\sqrt{s(s-a)(s-b)(s-c)}$$

$$s = \frac{1}{2}(a+b+c)$$

$$h' = \frac{2}{b'}\sqrt{s'(s'-a')(s'-b')(s'-c')}$$

$$s' = \frac{1}{2}(a'+b'+c')$$

则有:

$$\left.\begin{aligned} u_1^B &= \Delta h = h - h' \\ u_2^B &= u_1^B - \Delta u_{1.2}^B \\ u_3^B &= u_1^B - \Delta u_{1.3}^B \\ u_4^B &= u_1^B - \Delta u_{1.4}^B \end{aligned}\right\} \tag{5-9}$$

五、利用量测结果判断围岩内变位状态

1. 根据围岩内变位曲线判断围岩内强度下降区和松动区的限界

若以横坐标表示各量测点距围岩壁面的深度,纵坐标表示各量测点围岩的绝对变位量,根据现场量测数值可绘出如图 5-20 所示的围岩内变位曲线,利用曲线斜率的变化状态可以判断围岩是否出现了强度下降区和松动区。判断的依据是如果曲线斜率可以分成 3 个区域,那么靠近围岩壁面的变位量最大,则是松动区,变位量较大的区域为强度下降区,再往围岩深部变形量最小,是为弹性区。从图 5-20 中可以看出,曲线只有两个斜度不同的区域,而总的围岩内变位量又很小,故可以判断出围岩内只有强度下降区和弹性区,没有松动区,且强度下降区的深度在 2m 以内,说明隧道围岩稳定。

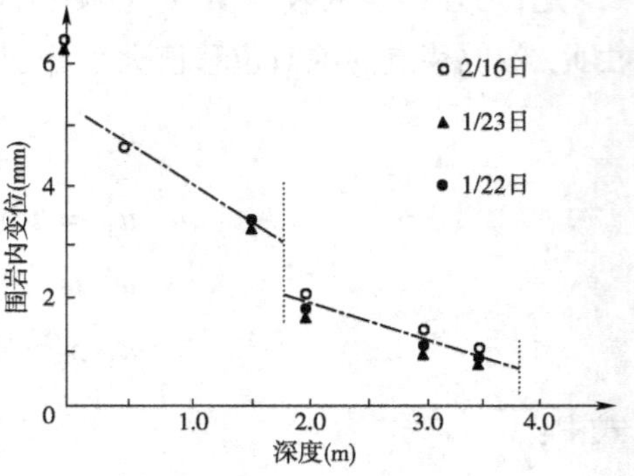

图 5-20　围岩内变位曲线

2. 通过核对预先选择的不动点的位置是否正确来进一步判断围岩内变位状态

利用单点位移计在围岩量测断面附近分别钻出垂直围岩壁面不同深度的钻孔,每孔设置一只与孔深相同的测杆,其中最长的钻孔应能达到围岩内不受开挖影响的范围内,只有这样才

可把位移计的锚固端看成不动点，才能正确测出围岩内变位。围岩内不受开挖影响的位置有多深，以及岩质条件、开挖方法、支护时机、开挖尺寸等因素的制约，一般情况下，对于跨度10m左右的隧道，不动点的深度约在4~12m之间。如果隧道跨度超过10m，且岩质条件较差时，则围岩内受开挖影响的深度会更大。

量测时选定的不动点位置是否正确，可以通过该量测断面的内空变位量测值来判断，如图5-21所示。A、C两点表示未变位前隧道围岩壁面的位置，A'、C'两点表示围岩壁面变位稳定后壁面的位置，这样，隧道内空变位量$\Delta U = AC - A'C'$，例如B、D两点为围岩内两个不动点，A、B两点间的初始距离为L_1，C、D两点间的初始距离为L_2，由于围岩内变位使A点移到A'点，C点移到C'点，则$AA' = \Delta L_1$（ΔL_1为从A点到B点这一深度范围内的围岩内变位量），$CC' = \Delta L_2$（ΔL_2为从C点到D点这一深度范围内的围岩内变位量）。

若B、D两点是没有发生移动的不动点，那么Δu应该等于$\Delta L_1 + \Delta L_2$；假如量测结果$\Delta U \neq \Delta L_1 + \Delta L_2$，则说明$B$、$D$两不动点至少有一个发生了移动，当$\Delta U > \Delta L_1 + \Delta L_2$，则说明不动点向隧道内空方向移动。当$\Delta U < \Delta L_1 + \Delta L_2$，则说明不动点发生了向围岩内侧方向移动，在实际工程中有这种向围岩内侧方向移动的现象，这可能是由于偏压引起的一侧不动点发生了向隧道围岩内侧方向的移动所致。

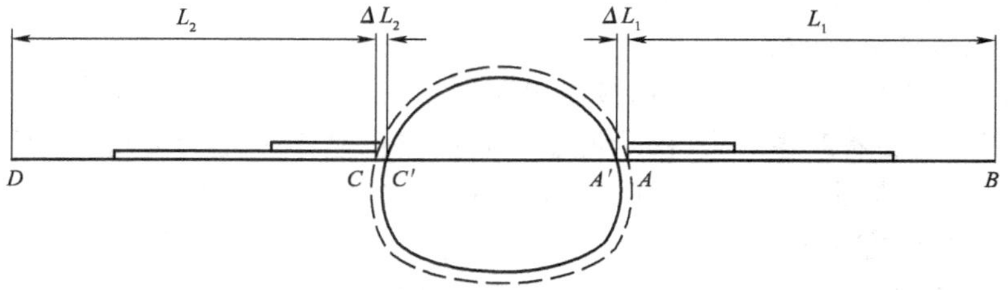

图5-21　围岩内空变位量测布置示意图

• 第八节　混凝土应力量测 •

一、量测目的

混凝土应力量测包括喷射混凝土和二次衬砌模筑混凝土应力量测，其目的为：

(1)了解混凝土层的变形特性以及混凝土的应力状态；

(2)掌握喷层所受应力的大小，判断喷射混凝土层的稳定状况；

(3)判断支护结构长期使用的可靠性以及安全程度；

(4)检验二次衬砌设计的合理性；积累资料。

二、量测仪器与方法

混凝土应力量测包括初期支护喷射混凝土应力和二次衬砌模筑混凝土应力量测，对于应力的量测是将量测元件（装置）直接安装于喷层或二次衬砌中，在围岩逐渐变形过程中由不受力状态逐渐过渡到受力状态。为了使量测数据能直接反映混凝土层的变形状态和受力的大小,要求量测元件材质的弹性模量应与混凝土层的弹性模量相近,从而不致引起混凝土层应力的异常分布,以免量测出的应力(应变)失真,影响评价效果。

目前,用于量测混凝土应力的方法主要有应力(应变)计量测法与应变砖量测法。

1. 应力(应变)计量测法

混凝土应变计是量测混凝土应力的常用仪器,量测时将应变计埋入混凝土层内,通过钢弦频率测定仪测出应变计受力后的振动频率,然后从事先标定出的频率—应变曲线上求出作用在混凝土层上的应变,然后再转求应力。图 5-22 为钢弦式混凝土应变计结构图。

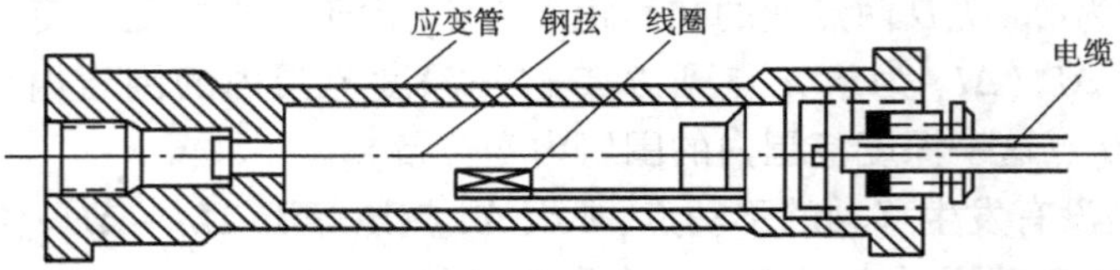

图 5-22　钢弦式混凝土应变计

2. 应变砖量测法

应变砖量测法也称电阻量测法。所谓应变砖,实质上是由电阻应变片,外加银箔防护做成银箔应变计,再用混凝土材料制成(50 ~ 120)mm × 40mm × 25mm 的长方体(外壳形如砖),由于可测出应变量故名应变砖。

量测时应变砖直接埋入混凝土内,混凝土在围岩应力的作用下,由不受力状态逐渐过渡到受力状态,应变砖也随着产生应力,由于应变砖和混凝土基本上是同类材料,埋入混凝土的应变砖不会引起应力的异常变化,所以应变砖可直接反映混凝土层的变形与受力的大小,这是应变砖量测较其他量测方法较优之处。

采用电阻应变仪量测出应变砖应变量的大小,然后从事先标定出应变砖的应力—应变曲线上可求出混凝土层所受应力的大小。

三、测试断面的布置

混凝土应力量测在纵断面上应与其他的选测项目的布置基本相同,一般布设在有代表性的围岩段,在横断面上除了要与锚杆受力量测测孔相对应布设外,还要在有代表性的部位布设测点,在实际量测中通常有 3 测点、6 测点、9 测点等多种布置形式。在二次衬砌内布设时,一般应在衬砌的内外两侧进行布置,有时也可在仰拱上布置一些测点,测点布置如图 5-23 所示。

四、混凝土应力量测及频率

测定混凝土应力时,不论采用哪一种量测法,均根据现场的具体情况及量测要求,定期进行量测。每次对每一应力、应变计的量测应不少于 3 次,力求量测数据可靠、准确。取其量测的平均值作为当次的数据,并做好记录。量测频率与其他选测项目量测频率相同。

对量测数据应绘制混凝土应力随开挖面变化的关系曲线,以便掌握试验断面处混凝土应力随开挖工作面前进距离的变化的关系;此外,还应绘制混凝土应力随时间变化的关系曲线,以便掌握量测断面处不同喷层混凝土应力随时间的变化关系。

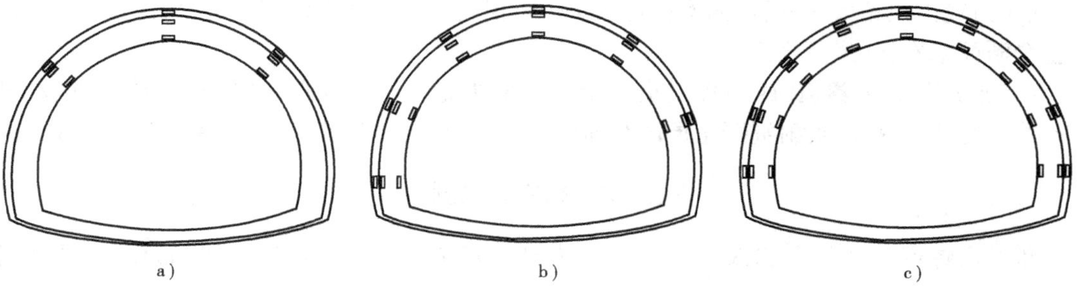

图 5-23　混凝土应力量测点布置图
a)3 测点;b)6 测点;c)9 测点

五、隧道喷层量测实例

1998 年 4 月华蓥山隧道右线 YK33 + 759 处对隧道喷层径向应力进行量测,共设 5 个测点,计有拱顶中央,左二肩、右二肩以及左、右侧墙距施工底板线 1.5m 处各埋设 GHL—2 型应力计一台,测定各点处喷层的径向应力,随着时间的增长其喷层应力随时间的变化关系曲线如图 5-24 所示。从图中可以说明以下问题:

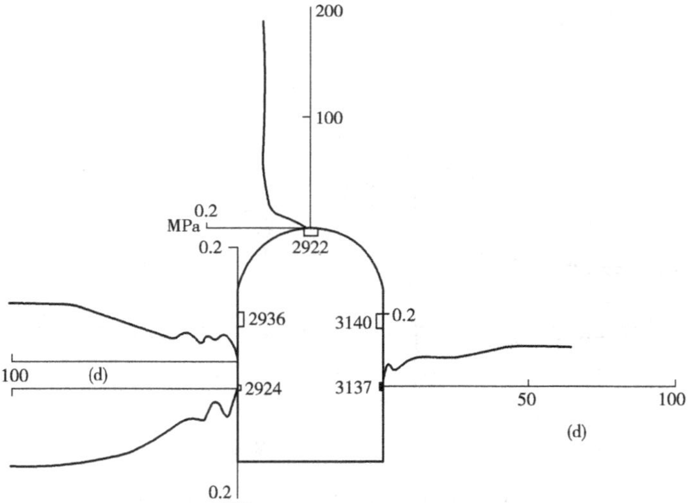

图 5-24　YK33 + 759 量测断面喷层应力计受力示意图
(2922、2956、2924、3140、3137 为应力计出厂号)

(1)从径向应力随时间变化的曲线中可以看出在喷射混凝土的受力,由于混凝土尚未固结,喷层能适应围岩变形而随之变形,所以隧道喷层应力为零。当喷层固结后,喷层将阻止围岩变形,使喷层产生应力,随着时间的延续,各点处喷层应力逐渐增加,随后趋于稳定,应力不再增大,从实测的数据看,一般在 15 ~20d 内应力已趋于稳定,最大应力均不超过 0.5MPa,远远小于喷层的抗压强度。这说明喷层起到了支撑作用。

(2)评定量测断面内不同部位喷层的稳定程度。从各部位所测出径向应力变化情况来看,拱顶部位所受应力最小,是断面内最稳定的部位,在两肩处应力稍有波动,但变化幅度不大,其应力较拱顶稍大,是断面内不稳定的部位。但是各部位所受的应力均小,并且日趋稳定,从整个断面来看,隧道是稳定的。

(3)通过华蓥山隧道、西山坪隧道大量喷层应力量测结果说明,在隧道岩质条件较好时(IV类及其以上围岩)喷射混凝土层的径向应力均较小,岩质条件较差时,径向应力则较大。

六、二次衬砌应力量测实例

华蓥山隧道西口右线YK33+750~760位于二叠系上统龙潭组第一段(P_2L^1)地层中,围岩为薄—中厚状泥岩、粉砂岩、炭质页岩、铝土质黏土岩、硅质灰岩,岩体中发育节理2~4组,间距0.13~1.00m,局部地段节理密集,岩体为块碎状镶嵌—块状砌体结构,属III类围岩。该段已进入××煤矿540水平下,隧道底板距××煤矿540大巷顶板垂距只有36m,并将穿过2.5~3.0m厚的煤层。为了保证施工安全顺利通过煤层,除采取了防止煤与瓦斯突出措施外,并加强了支护,图5-25为该地质YK33+756量测断面二次衬砌的受力图。该断面共设有5个测点,即在拱顶中央,左、右拱基线上与施工底板线1.5m的洞壁上各埋有GHL—2型应力计1台,从实测的应力—时间关系曲线可以得出以下结论:

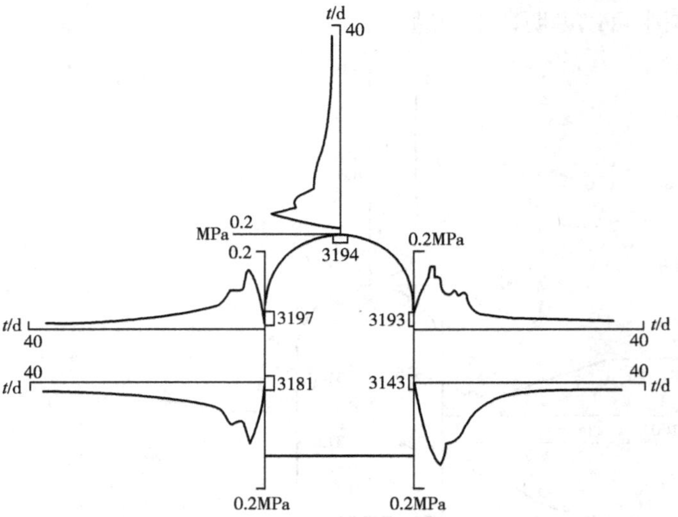

图5-25 YK33+756量测断面二次衬砌受力图

(5194、5197、5181、3193、3143为应力计出厂号)

(1)在现浇混凝土的当天,砌衬不受力,这是由于混凝土浇注后尚未初凝,所以应力为零。

(2)混凝土浇注一天后已经初凝,由于浇注模板的阻挡,混凝土衬砌开始受力,并日趋增大。

(3)拆模后由于尚未完全终凝的混凝土有自由变形的空间,所以应力逐渐降低,两周后应力基本趋于稳定,应力稳定在0.02MPa左右。

从该断面的量测结果可以看出,二次衬砌所受应力很小,最大值不超过0.2MPa,拆模后应力日趋降低,两周后基本趋于稳定,这时衬砌应力只有0.02MPa,以后的量测中衬砌应力没有变化,因此,可以说二次衬砌起到了安全储备的作用。

●第九节 围岩声波测试●

围岩声波测试是地球物理探测方法之一，通常泛指声波（频率 2～20kHz）和超声波（20kHz 以上）测试，因目前国内岩体测试中激发的弹性波频率大都在声波范围内，故一般称为声波测试。声波测试具有快速、简易、经济等特点，在地下工程测试中，被广泛地用来测定岩体物理性质（如动弹性模量、岩体强度、完整性系数等），判别围岩稳定状态，提供工程围岩分类的参数。

一、基本原理

岩体声波测试是借助于对岩体（岩石）施加动荷载，激发弹性波在介质中的传播，来研究岩体（岩石）的物理力学性质及其构造特征，一般用波速、波幅、频谱等参数进行表征。岩体虽非理想弹性介质，但如果作用应力小且持续时间短，所产生的质点位移量也非常小，一般不超过其弹性变形范围。在这种特定条件下，则可把岩体视为弹性介质，这是用弹性波法对岩体进行测试的基础。目前在声测指标中应用较普遍的是纵波速度，次之为横波速度和波幅变化的观测。在岩体中，波的传播速度与岩体的密度及弹性常数有关，受岩体结构构造、地下水、应力状态的影响，一般说来有如下规律：岩体风化、破碎、结构面发育则波速低衰减快，频谱复杂；岩体充水或应力增加则波速增高，衰减减少，频谱简化；岩体不均匀性和各向异性使波速与频谱的变化也相应地表现出不均一性和各向异性。

利用上述原理，在岩体中造成一小扰动，根据所得的弹性波（声波）在岩体中的传播特性与正常情况相比，即可判定岩体受力后的形态。

二、测试仪器

声波测试的主要测试仪器是声波仪及换能器（亦称声测探头）。声波仪是进行声波测试的主要仪器设备，它的主要部件是发射机与接收机。发射机根据使用要求，能向声波测试探头输出一定频率的电脉冲，向探头输出能量。接收机将探头所接收到的微量讯号，经过放大，并在示波管上反映出来。接收机不仅要求能够正确显示声波波形，而且要求在测得声波时能直接测得发射探头发射后到达接收探头的时间间隔，以便计算波速。纵波与横波主要根据起始波到达的时间及其波形特性辨别。目前国内应用的声波仪主要有 SYC—Z 岩石参数测定仪及 YB4 四线岩体波速仪等。图 5-26 示出了声波测试仪器的工作原理。

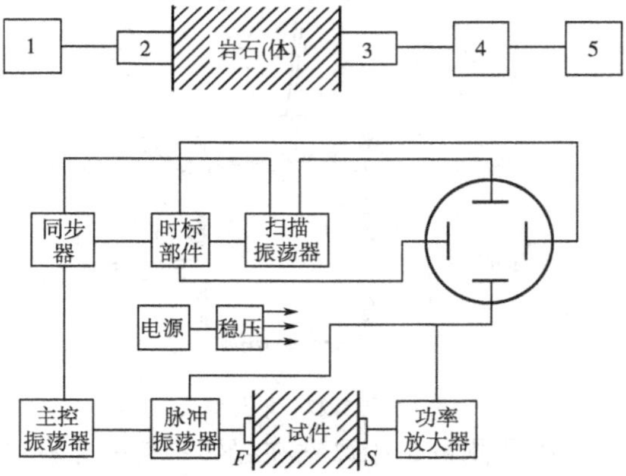

图 5-26 声波测试仪器工作原理图

1-振荡器；2-发射换能器；3-接受换能器；4-放大器；5-显示器

声波测试探头（换能器），按其功能可分为发射换能器和接收换能器，其主要元件都是压电陶瓷，主要功能是将声波仪输出的电脉冲变为声波能，或将声波能变为电信号输送给接收机。

发射换能器要求具有较高的发射能量（效率），接收换能器要求具有较高的灵敏度。两种换能器通常是专用的，各用其长，但有时可互相使用。国内换能器种类较多，按其结构可分为增压式、喇叭式和弯曲式等。增压式主要用于岩体钻孔测试中，其优点是在较宽的频带内有较高的灵敏度，但由于钢管侧面有缝，使径向振动声场分布不均匀，方向性很强；喇叭式（夹心式）主要用于岩体（岩石）表面测试或岩柱的透测测试中，弯曲式则主要用于室内小试件高频超声测试。

三、围岩声波测试项目及其测试方法

1. 测试项目

地下工程岩体中可采用声波测试的项目很多，主要有：

（1）地下工程位置的地质剖面检测（声波测井），用以划分岩层，了解岩层破碎情况和风化程度等；

（2）岩体力学参数测定，如弹性模量、抗压强度等；

（3）围岩稳定状态的分析，如测定围岩松动圈大小等；

（4）判定围岩的分类等级，如测定岩体波速和完整性系数等。

后两者是围岩声测中的两个重要项目。

2. 测试方法

1）围岩松动圈的测定

围岩松动圈是设计地下工程和评定围岩稳定性的重要参数之一。测定松动圈的原理主要是声波传播速度决定于岩体完整性程度。完整岩体的波速一般较高，而在应力下降、裂隙扩张的松动区波速相对下降，因而在围岩压密区（应力升高区）和松动区之间会出现明显的波速变化。应当指出，松动区不等于塑性区，它是塑性区中岩体松弛部分。

测试方法有单孔法（图 5-27）和双孔法（图 5-28）。

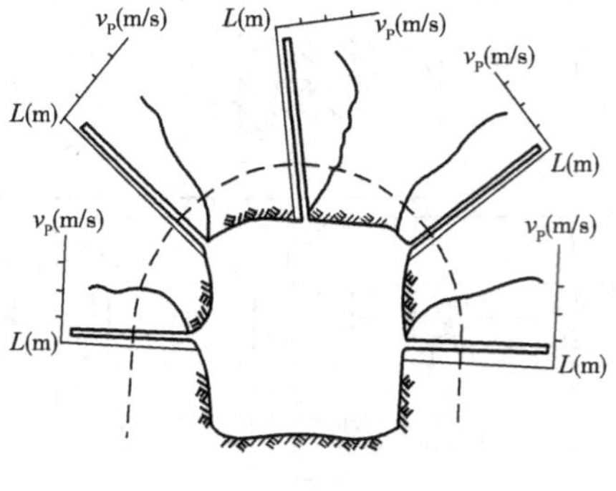

图 5-27　单孔测试

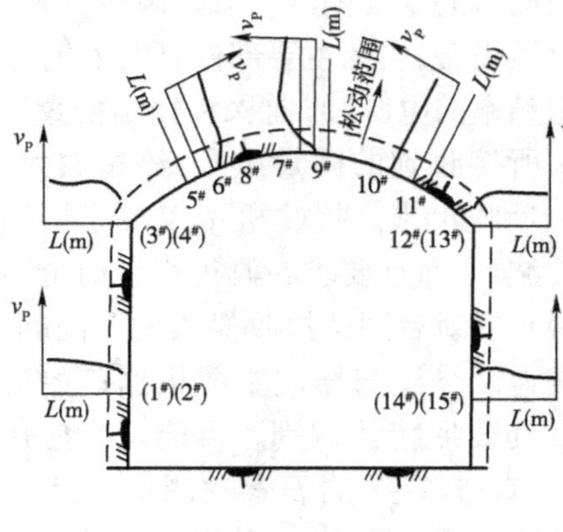

图 5-28　双孔测试

单孔测量是用风钻在岩体中打一小孔，将发射换能器和接收换能器组装在一起，放入充满液体的测孔中。换能器的组装方式有一发一收、一发二收、二发二收等。通常采用一发二收，如图 5-29 所示，该组合由一个发射换能器和两个接收换能器组成，固定三组相对位置，以两个接收换能器为实测距离。观察顺序为发射后，先读取至“收$_2$”的纵、横波走的时间 t_{p2} 和 t_{s2}，再读取至“收$_1$”的 t_{p1} 和 t_{s1}。不难证明下式：

$$v_p = \frac{df}{t_{p2} - t_{p1}} = \frac{df}{\Delta t_p} = \frac{ec}{\Delta t_p} \tag{5-10}$$

$$v_s = \frac{df}{t_{s2} - t_{s1}} = \frac{df}{\Delta t_s} = \frac{ec}{\Delta t_s} \tag{5-11}$$

测试时,不断移动换能器,即可获得孔深与波速的关系曲线。

双孔测试是目前应用较广的方法,它受局部岩体的影响小,一般采用双孔同步,单发单收的方式。在测试断面的测试部位,打一对小孔,孔间距离一般为 1 ~ 1.5m,在一孔中放入发射换能器,另一孔中放入接收换能器,平行移动这两个换能器,即可得声波与孔深的曲线关系。

根据实测资料,波速与孔深关系曲线类型大致可归纳为 4 种类型,如图 5-30 所示。

①“一”型,无明显分带,表示围岩较完整。

②“/”型,无松弛带,有应力升高,表示围岩较坚硬。

③“┌”型,无应力升高带,有松弛带,但应分清是爆破松动还是围岩进入塑性松动。

④“凸”型,松弛带,应力升高带均有。

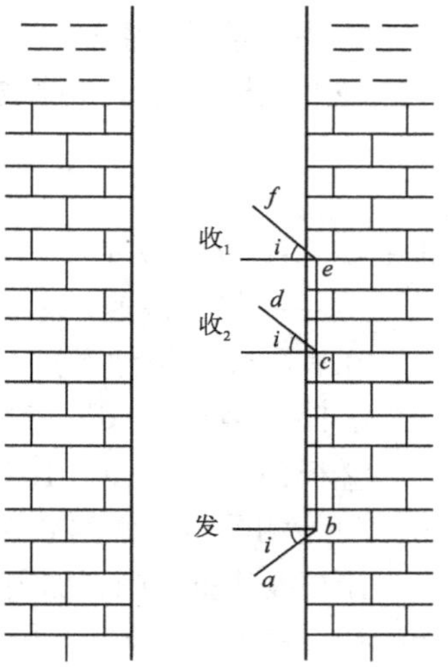

图 5-29　一发二收示意图

实测的 $v_p \sim L$ 曲线形态有时比上述 4 种曲线更为复杂,而且也不能单纯根据曲线形态来确定松动区范围,还必须考虑排除岩性及各向异性的影响。应当指出,若能在洞室工程开挖前后与支护前后作不同时期的声波测试,就能更加准确地判定围岩的稳定状态和松动区范围及其发展过程。

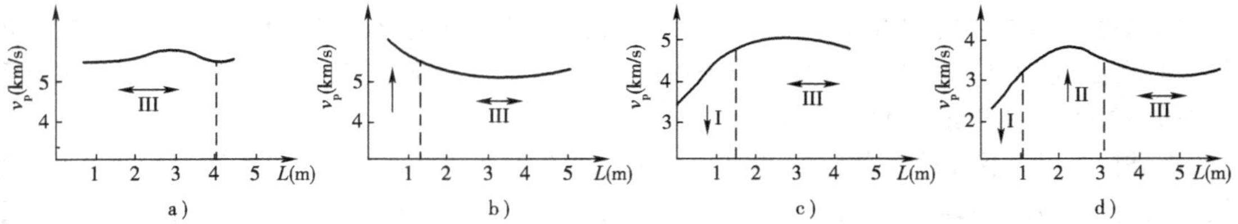

图 5-30　波速与孔深关系曲线类型

2)围岩分类的声波测试

在当前国内外的围岩分类中,常引用岩体纵波速度以及岩体与岩块波速比的平方作为围岩分类的判据。通常,岩体的波速越高,表明岩体越坚硬,弹性性能越强,结构上越完整,所含较弱的结构面减少。但有时波速并不反映岩体完整性好,如有些破碎硬岩的波速高于完整性较好的软岩,因此还要采用岩体完整性系数 $K_v = \left(\frac{v_{mp}}{v_{rp}}\right)^2$ 来反映岩体的完整性,v_{mp} 为岩体纵波速度,v_{rp} 为岩块的纵波速度,K_v 愈接近于 1,表示岩体愈完整。

在软岩与极其破碎的岩体中,有时无法取出完整而扰动不严重的岩块,不能测取岩块的纵波速度,这时可用相对完整系数 $K_v = \left(\frac{v_{mp}}{v_{zp}}\right)^2$ 代替 K_v 进行判断,v_{zp} 为岩体纵波速度最大值。在具体工程中,要结合岩体结构、岩体应力状况分析应用,如软弱完整岩体应力高的情况下,测出

的 v_{zp} 偏高, K_x 值偏小。若岩体极破碎,岩体应力又小的情况下,测出的 v_{zp} 偏低, K_x 值偏高。

围岩分类中声波测试方法,除采用钻孔法外,还可采用锤击法。锤击法受开挖影响较明显,测得波速比用钻孔法测得的偏低。在围岩分类中,必须考虑不同情况下测取波速的差异,而应分别采用不同的标准。

3)动弹性模量测试

动弹性模量是用弹性波法求得的,在无限介质条件下可得:

$$E_d = \rho v_p^2 \frac{(1+\mu)(1-2\mu)}{1-\mu} \text{ 或 } E_d = \rho v_s^2 \frac{3v_p^2 - 4v_s^2}{2v_p^2 - v_s^2} \tag{5-12}$$

式中: v_p——纵波波速;

v_s——横波波速。

在有限介质条件下:

①棒($\lambda \geqslant (5\sim10)d, 1/d>3$): $E_d = \rho v_b{}^2$, v_b 为细长杆的纵波波速。

②板($\lambda \leqslant 0.11, \lambda > 10\delta$): $E_d = \rho v_e{}^2(1-\mu^2)$, v_e 为板中的纵波速度。

4)检测围岩加固的效果

用声波法量测围岩加固前后的波速、波幅等参数的变化,可以检测喷锚支护的效果。喷锚支护的特点在于喷锚支护与围岩继续变形,并在围岩应力调整过程中使原已松动的围岩有所压密的趋势,从而发挥围岩的自承能力,达到支护的目的,图 5-31 示出了隧洞支护前、后与支护效果好坏时的声波波速与深度的关系曲线(V_p—L 曲线),曲线 1 为未支护时的波速曲线,说明隧洞围岩表层有松动带出现;曲线 2 为支护后松动带围岩有所压密,衰减段波速明显减小,说明喷锚支护起到了支护作用;曲线 3 为支护后支护效果差,松动带发展到一定范围后才稳定下来。

5)检测爆破对围岩稳定性的影响

爆破振动形成的裂隙带,实质上是原有裂隙的扩展和新裂隙的产生形成的。由于爆破出现这种后果,可以从声波波速和波幅的变化反映出来,并由此确定爆破对岩体的破坏范围和不同爆破方法对岩体稳定性的影响程度。

爆破振动强度及其对岩体稳定性的影响与爆破方法有关,在隧洞施工中,不断采用一些新的爆破技术,目的是为了减轻对围岩的破坏。对于同一爆破方法而言,坚硬岩体较软弱岩体破坏范围要小;对于同一岩体而言,光面爆破和预裂爆破较一般的普通爆破的破坏范围要小,如图 5-32 所示。

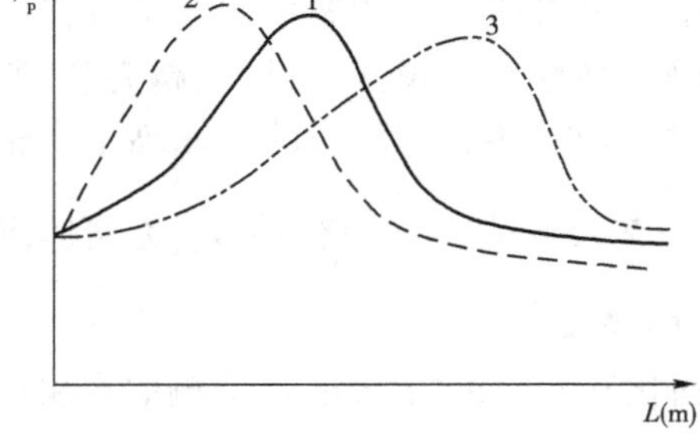

图 5-31　支护效果示意图

1-支护前;2-支护效果好;3-支护效果差,围岩松动带继续发展

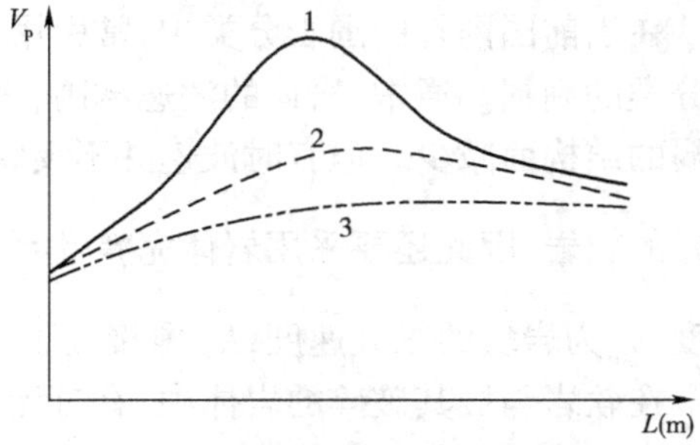

图 5-32　爆破法对围岩破坏的影响

1-预裂爆破;2-光面爆破;3-普通爆破

●第十节　超前探测技术在隧道施工中的应用●

一、地质雷达的特点及其应用现状

地质雷达(Ground Penetrating Radar,简称GPR)是利用无线电波检测地下介质分布和对不可见目标体或地下界面进行扫描,以确定其内部结构形态和位置的电磁技术。

在隧道开挖过程中,经常遇到复杂的地质结构,尤其是隧道穿过采空区、断层破碎带、岩溶地区以及煤与瓦斯突出的危险地段。若事先未能探清这些不良的地质状况,施工时往往会造成塌方、涌水或煤与瓦斯突爆等事故。为了防止这些事故的发生,应用非接触式无损伤地质雷达探测隧道工作面前方不良的地质构造,准确预测隧道工作面前方规定范围内的工程地质、水文地质,以便为隧道工程设计提供地质依据和指导施工,并根据超前预测的成果提出相应的技术措施与可行性建议,从而使隧道工程施工安全、经济效益显著提高。

作为一种非接触式的无损伤探测手段,地质雷达是利用电磁波的反射原理,对地质构造进行准确定位和正确的分析判断。由于其分辨率高、无损伤、探测和数据处理速度快、机动灵活、操作简便、抗干扰能力强,可对隧道一定范围内进行全方位探测,无需钻孔探测等辅助工程减轻了以往打钻孔探测隧道工作面前方工程地质和水文地质状况所需人力、物力和财力,从探测时间上缩短了占用隧道开挖工作面的时间,提高了探测工效,是一种快、好、省的超前探测方法。

二、隧道开挖面超前探测的主要内容

在隧道施工过程中,特别是在复杂地质条件下,为了防止在正常施工下避免工作面开挖出现不测事故(如出现断层、破碎带、采空区、溶洞、含水集水区、高应力地带以及其他不良地质现象等),可以采用地质雷达超前探测,以便了解隧道工作面前方的地质状况与水文地质条件,预测工作面前方的工程地质,做到有针对性的施工。使用地质雷达超前探测可以预测工作面前方以下一些内容:

(1)断层构造及断层破碎带。

(2)煤层、瓦斯、天然气、硫化氢气赋存条件及采空区状况。

(3)岩溶、空洞、裂隙及其规模和充填情况。

(4)地下水赋存状态及可能突水、涌水的位置以及水量的大小。

(5)软弱围岩及不同类别围岩的界面。

(6)其他不良地质情况。

根据地质雷达超前探测可分析判断隧道工作面前方有无以上情况或现象存在,从而结合探测的结果,采取相应的技术措施,做到有针对性的施工。

三、探 测 原 理

地质雷达是采用甚高频-超高频电磁波检测地下介质的地质特征,不同岩性分布和对不可见目标或地下界面进行扫描,以确定其内部结构形态或位置的电磁波技术。其探测原理是高频电磁波在介质中传播时,其路径、电磁场强度和波形将随所通过介质的电性差异及集合形态而变化。从各个不同深度返回的反射波与直达波被接收天线所接收,经过接收机放大、滤波等处理并经采样器数字化后输入微机进行处理,取反射波往返路程时间之半再乘以相应介质的电磁波传播速度便得出目标距离,再通过综合分析判断目标性质。因此,应用地质雷达可以探测隧道开挖工作面前方的地质和水文地质状况。

四、探测方法

应用地质雷达超前探测隧道开挖工作面前方的工程地质、水文地质以及煤层与瓦斯等情况的具体探测方法可根据以下原则设计。

1. 探测方案设计

1)探测点位的布置原则

公路隧道掘进高度有 8~12m,掘进宽度也在 10~15m 之间,掘进断面积多在 $100m^2$ 左右,施工时一般要求探测隧道开挖面前方及其周边(隧道顶部、底板及左右两端)10m 范围内的地质状况,含水情况以及煤层与瓦斯的赋存条件,因此,探测点位的设置应遵循以下布置原则:

(1)由于隧道开挖断面高度较大,因此探测时应在隧道断面内分设上、中、下三层探测线,每层测量多少以及测点位置与分布,应根据隧道宽度及地质构造的复杂程度确定。

(2)每一探测层间距和层内测点的距离,应根据开挖面岩性而定,一般在 2~4m 之间。

(3)为了探测隧道周边 10m 范围内的地质情况,为此在靠近隧道边缘的测点,除了探测正前方的岩性外,还应向外偏斜,而测点除了水平探测处还应上仰、下俯、向左偏斜和向右偏斜,以便准确测定隧道前方及周边 10m 范围内的地质情况。

(4)在满足超前探测的前提下,为了节省探测时间、简化探测施工程序,应根据地质条件的复杂程度,调整探测点数和点位,在地质情况不太复杂的一般地段,可简化为 7~9 个测点,即上层测线段 1~3 个测点,中、下层各设 3 个测点。地质情况简单时,上层只做中间的测点,两边的测点可省去;在地质情况较为复杂时,须加密布点探测。

根据以上原则,结合隧道工作面前方的具体情况以及探测目的与要求作出具体的探测设计,以便实施。

2)地质雷达超前探测的布置方式

地质雷达的探测布置比较灵活,根据隧道工作面前方的地质条件,岩层的赋存状况以及施工现场的具体情况布置一些测点、测线或网格,在测线、网格上的点距可根据工程所要求的精度选定一般为 2~4m,还可以根据具体情况和需要灵活改变。应用地质雷达可在隧道开挖工作面内的任意方向探测。对同一目标可以改变方位角、仰角、底角进行探测,总之以能达到隧道周围左右、上下 10m 范围内的探测为准。

2. 操作方式

在隧道内紧跟掘进工作面借助高空作业台车,搭设作业平台,根据现场实际情况,可分层布点,安置设备,为不使探测设备上下移动频繁,应先后依次进行上、中、下三个水平的探测工作。地质雷达探测操作可分为变参数探测和固定参数探测两种操作方式。在隧道工作面向前方探测时可以采用变参数探测或固定参数探测,为了便于应用波形法解释和使用横向衰减对比法解释,也可同时采用这两种方式探测。

每次地质雷达现场探测完成后,为了及时反馈有关探测信息,为工程技术决策提供依据以便指导施工。探测资料经处理解释后于24h内提交探测报告。报告中应主要包括有关探测隧道地质雷达超前探测成果表,隧道纵横剖面图各一张。成果表中的主要内容应有探测点位编号、里程、探测日期、探测点布置方位、方向及其描述,工程地质特征(围岩类别、有无溶洞、地下水、瓦斯、断层破碎带等及其危害程度),以及对探测中发现的问题提出处理措施与建议。至于图件在一般情况下只提供隧道纵横剖面图各一张即可,但在地质构造复杂地段应适当增加,以便进一步精确控制地质构造的空间形态。

探测资料的地质解释须在认真分析现有地质资料和实际地质调查的基础与结合施工地质实际情况进行,探测报告要求结论明确、定性准确,同时也应有定量评估。

3. 地质构造识别技术

地质雷达图像的解释基础是研究电磁波的传播特性,因此主要是通过找寻反射界面来判断以便得出目标体的几何形状和物理特征,因而介质的电性差异和物性差异是使用地质雷达判断目标物的形态和物性状态的主要依据,于是有关地质构造识别技术可以应用以下解释方法。

1)地质解释原则

(1)在一定的地质背景下,根据地质雷达波形进行地质解释,即根据隧道前方的地质地层的分布状况,大的地质构造发育情况,首先解释出地质背景,包括地层分界面及地层厚度,找到已知目标,如断层等所对应的波形及其所代表的实际准确位置,以已知目标所对应的波形及其实际的位置为准,然后对比其他波形进行地质解释。

(2)为了使图像的解释准确,采用从已知到未知进行对比分析,即首先对已知地质体如地层分界面、断层、溶槽及其充水性进行探测,分析其波形特点和规律,然后对未知地段进行探测和解释,并经过实践一认识下再实践的反复过程,使定性判别的准确从而提高可靠程度。

2)地质解释方法

采用地质雷达超前探测有关地质状况的解释可用波形解释法、横向衰减对比处理解释法和组合法。

(1)波形解释法。根据地下甚高频—超高频电磁波的反射原理,不同地质目标其反射回波在波形形状、宽度、幅度等方面都具有不同的特点和差异。因此,可根据波形特征解释隧道前方的地质构造及其充分性等,如平稳的断层面波形一般比较尖细,含水裂隙带或断层破碎带的波形稍宽,溶洞的波形钝而宽缓,边缘往往不规则。

(2)横向衰减对比处理解释法。根据几何光学原理,当电磁波从一种介质进入另一种介质时要同时发生两种物理现象,即反射和透射,设总的发射能量为1,那么,反射系数与透射系数之和应等于1,即

$$V + W = 1 \tag{5-13}$$

式中:V——反射系数;

W——透射系数。

反射系数和透射系数均与界面两侧介质的电性有关。

上式说明,在地下传播的雷达波,当遇到地质异常或地质变化时,一部分能量被反射,形成明显的反射波;另一部分继续向前传播,形成所谓的透射波。从理论上讲透射波当再遇到二次界面产生反射时,在其他条件相同的条件下,比没有经过一次界面反射的探测点上的反射能量明显减弱。但有时往往因该界面以上的地层变化大而使解释变得复杂化,特别是当测点很多

时,工作量极大,且检查核对原始数据时,频频翻阅原始资料,既费时又困难。因此,解释时还应该关注第一目标反射层之下所形成反射波的特征来解释第一反射层,即在其他条件相同的情况下,在各探测点上,第一反射层之下,在相同或相近的距离上,若第一反射层的特性相同,则第二反射层的反射特征主要取决于第二个界面特性;反之若在某些测点上第一个反射目标存在,而在另一些测点不存在,即可根据第二反射界面的特征来解释第一反射目标。简言之,第一反射界面的反射主要取决于第一界面的特性,第二界面的反射与第一界面有一定的关系,例如在第一测点上第一界面存在,第二界面也存在,而在第二测点上第一界面不存在,第二界面存在,那么根据上式在第一测点上第二界面的反射波幅度应明显低于第二个测点的幅值。在各测线的剖面上将这些时间相同或相近的各测点的反射波幅值输入到计算机在横向上构成长长的曲线,称为衰减曲线,在衰减曲线上形成了上下起跳的尖峰和拐点,构成横向对比,而寻找的目标层应该是时间上在先的反射波较强,其后的反射波较弱的地点,如图 5-33 所示,为目标判别简易曲线。

(3)组合法。在地质背景较为复杂或解释难度较大的情况下,同时使用上述两种解释方法,既方便又提高准确度。

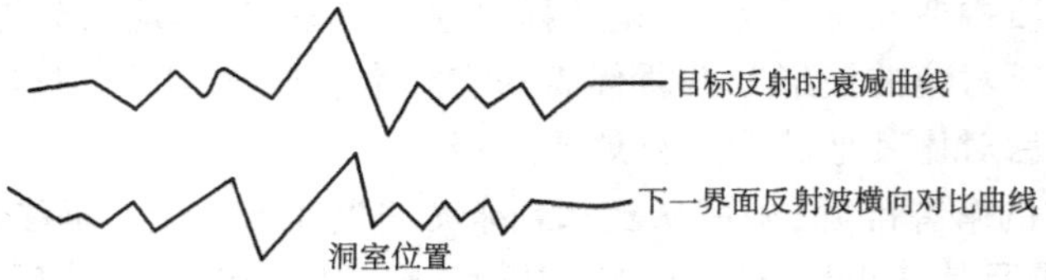

图 5-33　目标判别简易曲线

•第十一节　量测数据处理及应用•

一、量测数据的处理

1. 量测数据处理的目的

由于现场量测所得的原始数据具有一定的离散性,其中包含着测量误差甚至测试错误。不经过整理和数学处理的量测数据一时难以直接利用。数学处理的目的是:

(1)监视围岩变形或应力状态随时间的变化情况,对最终位移值及变形速率的变化进行预测预报。

(2)探求围岩变形或应力状态的空间分布规律,了解围岩稳定性的特征,以求合理地设计支护系统。

(3)将各种量测数据相互印证,以确认量测结果的可靠性。

2. 量测数据处理的内容及方法

由于隧道工程地质条件和施工工序的复杂性以及具体量测环境的不同,开挖导致隧道围岩的变形并不是单调的增加,因受地质因素和施工工艺的影响,在某一时刻某一地段围岩变形有可能出现扩张的现象,因此,围岩变形随时间的变化,在初始阶段呈波动的,然后逐渐趋于稳定。在量测数据整理中,可选用位移—时间曲线的散点图。

现场量测所得的数据(包括量测日期、时刻、隧道内温度、同一测线的3次重复量测微读数及钢尺孔位读数等)应及时绘制位移—时间曲线图(或散点图)。图中纵坐标表示变形量,横坐标表示时间。在图中应注明量测时工作面施工工序和开挖工作面距量测断面的距离,以便分析施工工序、时间、空间效应与量测数据间的关系。

量测数据的整理尽量采用电脑Excel软件进行管理。其主要内容包括:

(1)绘制位移、应力、应变随时间变化的曲线——时态曲线;

(2)绘制位移速率、应力速率、应变速率随时间变化的曲线;

(3)绘制位移、应力、应变随开挖面推进变化的曲线——空间曲线;

(4)绘制位移、应力、应变随围岩深度变化的曲线;

(5)绘制接触压力、支护结构应力在隧道横断面上的分布图。

由于量测误差所造成的离散性,按实测数据所绘制的位移等物理量随时间或空间变化的散点图上下波动,很不规则,难以用来分析。因此,需要采用数学处理的方法,将实测数据整理成实验曲线或经验公式。

回归分析是目前量测数据处理的主要方法,通过对量测数据回归分析可以预测最终值和各阶段的变化速率。常用的回归曲线方程有以下几种:

(1)对数函数

$$\begin{aligned} u &= A + B\ln(1+t) \\ u &= \ln[(B+T)/(B+t_0)] \end{aligned} \tag{5-14}$$

(2)指数函数

$$\begin{aligned} u &= Ae^{-B/t} \\ u &= A(e^{-B/t_0} - e^{-B/t}) \end{aligned} \tag{5-15}$$

(3)双曲函数

$$\begin{aligned} u &= t/(A+Bt) \\ u &= A[(1/(1+Bt_0))^2 - (1/(1+Bt))^2] \end{aligned} \tag{5-16}$$

式中:u——位移值(mm);

A、B——回归系数;

t——量测时间(d);

t_0——测点初读数时距开挖时的时间(d);

T——量测时距开挖时的时间(d)。

二、量测数据的应用

量测所得到的信息目前可通过理论计算(反分析)和经验方法两种途径来实现反馈。用有限元、边界元等和反分析技术结合的理论分析方法,计算结果可起到定性的作用。由于岩体结构的复杂性和多样性,在计算理论上做了近似和简化,另一方面理论计算的输入参数不易取得,理论计算分析还未达到定量标准。当前广泛采用经验方法来实现反馈。根据“经验”(包括调研及必要的理论分析)建立一套判断准则,然后根据量测结果(经过处理的)判断围岩稳定性及支护系统的可靠性,以便及时调整设计参数和进行施工决策。下面重点介绍以位移为基础的判断准则和施工管理标准。

1. 根据最大位移值进行施工管理

按照《公路隧道施工技术规范》(JTJ 042—94)规定,隧道周边允许相对位移值见表5-8。结合现场量测数据,可按表5-9进行量测管理和指导施工。

隧道周边允许相对位移值(%) 表5-8

围岩类别 \ 允许相对位移值(%) \ 覆盖层厚度(m)	<50	50~300	>300
IV	0.10~0.30	0.20~0.50	0.40~1.20
III	0.15~0.50	0.40~1.20	0.80~2.00
II	0.20~0.80	0.60~1.60	1.00~3.00

注:①相对位移值是实测位移值与两测点间距离之比,或拱顶位移实测值与隧道宽度之比;

②脆性围岩取表中较小值,塑性围岩取表中较大值;

③I、V、VI类围岩可按工程类比初步选定允许值范围;

④本表所列数值可在施工过程中通过实测和资料积累作适当修正。

位移量测数据管理等级 表5-9

管理等级	管理位移值	施工状态
III	$U<U_n/3$	可以正常施工
II	$U_n/3 \leqslant U \leqslant 2U_n/3$	应加强支护
I	$U>2U_n/3$	应采取特殊的措施

注:U为实测位移值;U_n为最大允许位移值。

(1)当量测位移U小于$U_n/3$,表明围岩稳定,可以正常施工。

(2)当量测位移U大于$U_n/3$并小于$2U_n/3$时,表明围岩变形偏大,应密切注意围岩动向,可采取一定的加强措施,如加密、加长锚杆等。

(3)当量测位移U大于$2U_n/3$时,表明围岩变形很大,应立即停止掘进,并采取特殊的加固措施,如超前支护、注浆加固等。

(4)当实测最大位移值或预测最大位移值不大于$2U_n/3$时,可以认为初期支护达到基本稳定。

2. 根据位移速率进行施工管理

(1)当位移速率大于1mm/d时,表明围岩处于急剧变形阶段,应密切关注围岩动态。

(2)当位移速率在1~0.2mm/d之间时,表明围岩处于缓慢变形阶段。

(3)当位移速率小于0.2mm/d时,表明围岩已达到基本稳定,可以进行二次衬砌作业。

3. 根据位移时态曲线进行施工管理

(1)当位移速率很快变小,时态曲线很快平缓,如图5-34a)所示,则表明围岩稳定性好,可适当减弱支护。

(2)当位移速率逐渐变小,即$d^2u/dt^2<0$,时态曲线趋于平缓,如图5-34b)所示,则表明围岩变形趋于稳定,可正常施工。

(3)当位移速率不变,即$d^2u/dt^2=0$,时态曲线直线上升,如图5-34c)所示,则表明围岩变形急剧增长,无稳定趋势,应及时加强支护,必要时暂停掘进。

(4)当位移速率逐步增大，即 $d^2u/dt^2>0$，时态曲线出现反弯点，如图 5-34d)所示，则表明围岩已处于不稳定状态，应立即停止掘进，及时采取加固措施。

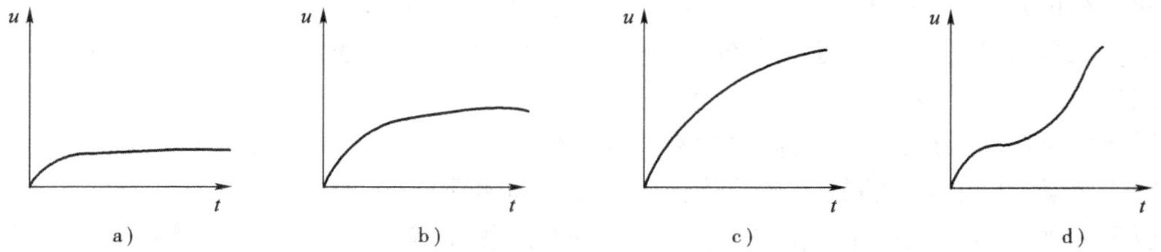

图 5-34　位移时态曲线

4. 二次衬砌的施作条件

(1)各测试项目的位移速率明显收敛，围岩基本稳定。

(2)已产生的各项位移已达预计总位移量的 80% ~90%。

(3)周边位移速率小于 0.1 ~0.2mm/d，或拱顶下沉速率小于 0.07 ~0.15mm/d。

从安全考虑，周边位移速率与拱顶下沉速度，应指不少于 7d 的平均值，总位移值可由回归分析计算取得。

• 第十二节　现场量测的规划 •

现场量测是隧道工程监控的重要手段，其目的在于了解围岩变形和应力变化的动态过程，掌握隧道围岩的稳定情况，判断支护系统的可靠程度，是直接为支护系统的设计和施工决策服务的，这是进行现场量测规划的基本出发点。现场量测规划的是否合理，不仅取决于所有规定的量测项目能否顺利进行，同时也关系到所得的量测结果能否反馈于工程的设计与施工，进而达到修改设计与指导施工，这是进行现场量测规划的基本要求。因此，合理而周密的现场量测设计是现场量测的关键。

现场量测的规划主要有以下方面的内容：

(1)量测项目的确定和量测手段的选择。

(2)施测部位的确定和测点的布置。

(3)实施计划的制定。

(4)量测管理工作。

一、量测项目的确定

量测项目应根据具体工程的特点，围岩的地质条件、工程规模、重要程度、支护类型和施工方法，并结合业主的财力来选择。

确定量测项目的原则是量测简单、结果可靠、成本低廉、便于施工采用、量测元件要尽量靠近工作面安设。对所选择的被测物理量要概念明确、量值显著，数据易于分析、反馈。

位移量测是最直接易行的，因而，应作为监控量测的重要项目，但在完整坚硬的岩体中，位移值往往较小，故应配合应力和压力量测。在岩体完整性差、地质条件变化较大的工程中，施工时应用声波法探测隧道前方的岩体状况；在地应力高的脆性岩体中施工，有可能产生岩爆，应采用声波监测岩爆的可能性或预测岩爆的时间。

对于浅埋的或在近水平岩层中施工的隧道工程，由于垂直方向的变形较大，应特别重视垂直方向位移的量测，可在拱顶设点进行拱顶沉降量测，在拱顶钻孔安装位移计，以便了解围岩内变位。浅埋隧道还应进行地表下沉量测等。在进行净空变化量测，要强调设置斜基线以便求得拱顶下沉量。

对于深埋隧道，水平方向位移的量测往往比较重要。可在边墙设置水平方向的测点，量测围岩内空收敛，也可在边墙打水平钻孔安设位移计量测围岩内变位。

至于量测重点应放在水平方向还是垂直方向，应根据围岩的赋存条件，隧道断面形状以及施工方法综合考虑决定。

二、量测手段和仪表的选择

量测手段和仪表的选择主要取决于围岩工程地质条件和力学性质，以及测量的环境条件。

对于在软弱围岩中施工的隧道工程，由于围岩变形较大，因而可以采用精度稍低的仪器和装置；而在硬岩中施工的隧道工程，由于围岩变形量相对较小，所以需采用高精度的量测设备。在一些干燥无水的隧道工程中施工，用电测仪表往往能取得较好的量测效果，但在地下水发育的地层中用电测法就较为困难，由于无法排除水对电测法的干扰，使电测法往往失效。使用各种类型的位移计时，对于深埋的隧道工程，必须在隧道内钻孔安装；对于浅埋的隧道工程，可以从地表钻孔安装，以量测隧道工程开挖过程中围岩变形的全过程。

为了便于施工单位采用应尽量选择简单、可靠、成本低廉的测试手段，量测元件要尽可能地靠近工作面安设，避免漏测开挖初期开挖工作面围岩的变形情况。仪器仪表等量测装置选择前需首先估算各物理量的变化范围，并根据测试重要程度确定测试仪器的精度和分辨率。收敛位移量测一般采用收敛计，在大型隧洞中，若围岩较软，收敛变形量较大，可采用测试精度较低、价格便宜的卷尺式收敛计。在硬岩中的隧道或洞径较小的洞室，收敛位移较小，对测试精度和分辨率要求较高，应选择钢丝式收敛计。当洞室断面较小而围岩变形较大时，可采用杆式收敛计。

位移计的选择为：在人工测读方便的部位，可选用机械式位移计；在拱顶，高边墙的中、上部，则宜采用电测式位移计，可引出导线在洞内量测或者进行遥测。对于要求在特深岩层内量测应选择串联式多点位移计。用于长期监测的测点，尽管在施工中变形较大，精度要求不高，但在长期监测时变化较小，为了两者兼顾应选用精度较高的位移计。

选择压力和应力量测元件时，应优先选用液压枕。在坚硬的岩层中，应力梯度较高，应选用压力盒。在经济条件允许的前提下，应尽量选用钢丝式压力盒和锚杆应力计，只有在干燥的隧道中，才选用电阻式或其他形式的压力盒和锚杆应力计。

三、量测部位的确定和测点的布置

量测部位的确定和测点的布置应遵循以下原则：

(1)从围岩稳定性监控出发，应重点监测围岩质量差及局部不稳定的块体，从反馈设计、评价支护参数合理性出发，则应在具有代表性的地段设置观测断面；在特殊的工程部位(如洞口、分叉处和洞内大断面紧急停车带)也应设置观测断面进行量测。

(2)在洞内进行隧道周边位移量测、拱顶下沉、多点位移及地表沉降量测测点应尽量布置在同一断面上,锚杆应力、喷层应力以及二衬应力等测点最好布置在同一断面上,以使量测结果互相对照,相互检验。量测断面的间距根据隧道长度和地质条件施工方法不同而定,当地质条件情况良好或开挖过程中地质条件连续不变时,间距可适当加大。如果地质变化显著时,量测断面间距可缩短。在施工初期,为了掌握围岩动态,应缩小量测断面间距,当取得一定数据资料后可适当加大,在洞口及埋深较小的地段也应适当缩小量测断面的间距。

(3)测点的布置应根据现场的量测项目,视隧道跨度和施工情况而定,对于收敛位移的量测,测点的量测方向可按十字形、三角形和交叉形等布置。十字形布置适用于底部施工已基本完成的隧道,测试结构物内部的收敛位移量。如果隧道顶部布有施工设备,可采用交叉形布置,三角形布置易于校核数据,一般多采用这种形式的布置方式,隧洞横断面较大时,可设多个三角形的量测方案。

位移计通常布置在地下洞室的拱顶、边墙和拱脚部位。当围岩比较均一时,可利用对称性,即仅在洞室一侧布置测点。若要求较精确地掌握洞室开挖前后围岩位移变化的全过程,可在地表或临近洞室打钻孔预埋。测孔的深度一般应超出变形影响范围,测孔中测点的布置应根据位移变化梯度决定。梯度大的部位应加密,在孔口和孔底一般都应布置测点,在软弱结构面、岩层间接触面和滑动面等两侧应各设一个测点。

压力盒和锚杆应力计应在应力变化最大或地质条件最差的地段设点,并根据位移变化梯度和围岩应力状态,在围岩不同的深度内布置测点,观测锚杆的长度应与工程锚杆相同,用于埋设压力传感器的钻孔和观测锚杆的钻孔布置形式与多点位移计相似。通常在钻孔中布置3个或更多的测点。

(4)用位移计量测围岩内位移时,测点的布置应考虑能同净空收敛量测所得的数据相互印证。锚杆轴向力、喷层应力和衬砌应力量测的测点应与收敛的测点布置在同一断面内,如果确有困难,也应布置在其前或后1m范围之内。

(5)各项量测的测点,应尽可能布置得靠近工作面,使之能尽量完整地获得围岩开挖初期力学形态的变化和变形情况;这段时间内,量得数据对于判断围岩性态是特别重要的。

在整个观测期间,应设立值班记录本,详细记载值班期间的一切情况,包括施工方法、施工部位、施工工艺流程以及施工进展情况;量测时工作面的施工内容以及量测点施工工序情况;量测时气候环境以及洞内温度、湿度情况;人工对工作面及其周围地质和支护状况的观察情况,如隧洞内渗流水、喷射混凝土和衬砌上的裂缝开展情况以及锚杆的工作状态等。

关于量测频率尚需注意以下两点:

(1)应当十分重视各量测项目初读数的准确性。隧道开挖所测得到的初读数是判断施工安全的基准点。初读数的取得往往需要经过数次波动之后才能趋于稳定。因此,测读时必须是连续三次测得的数值基本一致后才能将其定为初读数,否则应继续测读,直至满足要求为止。

(2)测得的数据应尽可能在现场整理分析,尽快提交工程施工单位和项目决策部门,以此修改设计,调整支护参数,合理安排施工进度。量测数据再准确,错过工程施工的最佳时机,其对工程施工的指导作用将荡然无存。从某种意义上讲,量测成果提交的及时性比单纯增加量测次数更为重要。

四、量测管理工作

隧道现场监控量测应成立专门量测小组，根据量测项目与量测任务的不同，可由3～5人组成。量测任务由施工单位或委托科研部门承担。量测组负责测点埋设、日常量测、数据处理和仪器保养维修工作。现场监控量应按量测计划认真组织实施，并及时将有关量测信息反馈于施工与设计。

由于现场量测与隧道施工作业易发生干扰，因此量测工作与施工作业必须紧密配合、相互支持，施工要为量测创造条件提供方便。施工单位不应以任何理由中断量测，并要防止因抢工期、抢工程进度忽视量测工作而危及施工安全。

在施工过程中，各预埋测点，应牢固可靠、易于识别，并要妥善保护，避免因施工造成人为破坏，以确保现场量测工作顺利进行。

1. 施工监测管理流程

施工监测管理流程如图5-35所示。

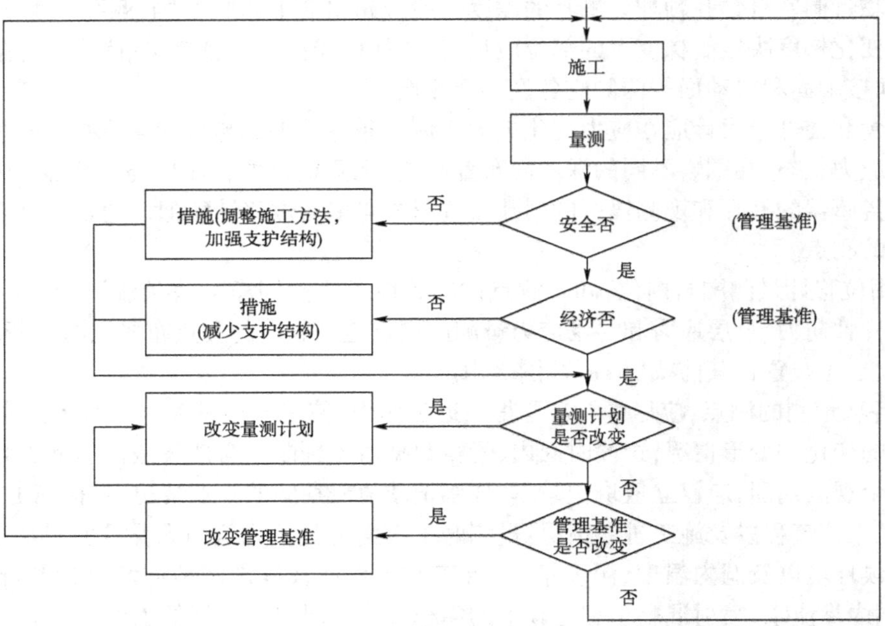

图5-35　施工监测管理流程

2. 隧道施工现场测试工作注意事项

(1)确保量测仪表具有良好使用状态

施工监测采用的机械式仪器和电子仪表，必须确保有良好的使用状态。

(2)现场测试前应做如下检查工作：

①检查仪表准备数据、质量，设备是否完好，如发现向题应及时修理、更换或补充；

②检查测点是否松动或人为损坏，确认测点状态良好时方可进行测试工作。

(3)测试工作过程中的基本要求：

①按各项目量测的操作规程安装好仪器、仪表，每测点一般测读3次，3次读数相差不大

时，可取算术平均值作为观测值；若读数相差过大时，应检查仪器、仪表安装是否正确，测点是否松动，当确定无误时再进行测试。

②每次测试时都要做好记录，并记录环境温度、掘进里程以及施工情况等，并保持原始记录的准确性。

③在现场进行粗略计算，若发现围岩与支护变形较大时，应及时通知现场施工负责人。

(4)现场测试完毕后应做好以下收尾工作：

①检查仪器、仪表，做好保养、保管工作；

②及时进行资料整理。

3. 量测资料整理

(1)首先对现场量测资料应认真检查、审核和计算，每次量测结束后，应在2h内进行资料整理工作；

(2)及时将量测资料填入有关图表，以便了解量测数据的变化规律，便于各量测断面和相同与不相同量测手段之间的对比、验证。

量测资料要列入竣工文件，为隧道施工积累资料，为其他条件类似工程设计和施工提供类比依据，并为隧道建成后运营管理服务。

复习思考题

1. 施工监控量测的任务有哪些？
2. 现场监控量测的项目有哪些？常用什么方法量测？
3. 何谓收敛量测？量测的成果怎样整理？怎样应用？
4. 某隧道拱顶下沉用水平仪量测，水平仪的前视读数为吊挂在拱顶测点的钢尺读数，后视读数为固定在衬砌上的标尺读数。初次观测读数：前视1126mm，后视1082mm；二次观测读数：前视1102mm，后视1071mm。试确定拱顶测点的位移量和方向。
5. 地表下沉量测的目的是什么？
6. 围岩内部位移量测的成果怎样整理？怎样用其评价围岩的稳定性和指导施工？
7. 锚杆轴力量测可得到哪些曲线？如何据此指导施工？
8. 试述弦测法量测压力的基本原理。
9. 监控量测的项目如何确定？
10. 混凝土应力量测可得到哪些曲线？有何工程意义？
11. 简述围岩声波测试的原理及方法。
12. 初期支护阶段围岩稳定性判别标准有哪些？
13. 量测部位如何确定？测点布置有哪些要求？

第六章 防排水材料及施工质量控制

知识目标

1. 防排水材料的检测试验方法；
2. 隧道防排水施工的质量控制措施。

技能目标

1. 会进行防水混凝土抗渗性能试验；
2. 会进行土工布物理特性检测。

渗漏水是公路隧道最常见的病害，它对行车安全、机电设备、通讯线路以及衬砌结构等都有不同程度的影响。为了防止和治理隧道渗漏，近年来，国内研究出了许多新材料、新工艺、新技术，其中尤以新材料发展最快。同时也因对新材料性能耐久掌握不够，有些材料本身也存在质量问题，导致一些隧道在采取种种措施后，仍出现严重渗漏。为了合理地选择防水材料，严把防水材料质量关，就必须在设计或施工前对所用防水材料进行性能检测。本章主要介绍目前国内公路隧道常用的防水材料的检测试验方法及施工质量控制。

●第一节　概　　述●

渗漏水是隧道的常见病害之一。隧道渗漏水的长期作用，可能造成隧道侵蚀破坏。围岩有地下水并具有侵蚀性的情况下，对衬砌和隧道设备的腐蚀性更加严重，导致路面积水，行车环境恶化，降低轮胎与路面的附着力。寒冷地区，尤其是严寒地区，反复冻融循环，在衬砌内部造成衬砌混凝土冻胀开裂；在衬砌与围岩之间造成冻胀，引起拱墙变形、破坏；拱墙上悬挂冰柱、冰溜，侵入净空；在隧底，可能冻起，并形成冰坡、冰锥，使行车滑溜，甚至无法通过。各种附属结构及设备，由于绝缘、防锈、防蚀等的要求，隧道不渗水是其正常工作的必要条件。因此，通过隧道防水与排水，使隧道衬砌不漏不渗，无论南方北方，都是保证隧道长期使用，保证行车安全的重要条件。

隧道的水害、冰害是由洞内、洞外的各种条件决定的，影响因素十分复杂。目前在隧道设计中通常都依靠综合治理的办法来达到防水防冻的目的。其中排水是主要的积极的办法，是多年来隧道治水的经验总结。

目前在设计中隧道排水的做法是：隧道开挖后，每隔一定距离沿洞周环向铺设弹簧排水管，其直径5～10cm，具有一定的柔性，可顺壁面随弯就弯；又由于弹簧具有一定的刚度，无论管子怎样变形，管径基本保持不变。弹簧排水管外面用玻璃纤维布包裹，具有滤水防堵功能。弹簧排水管下端与纵向排水盲管相连。纵向排水盲管有软管与硬管之分。软管与上述的弹簧排水管构造相同，管径通常为10cm左右；硬管即建筑工程中常用的PVC排水管。为了使PVC管既具有排水功能，又具有透水作用，使用中常在PVC管的上半部钻有大量的小孔。为了充分利用纵向排水盲管，纵向盲管铺设时还带有一定的泄水坡度。纵向盲管每隔10～20m留有一出水口，通过横向盲管与双边排水管或中央排水管相连，地下水经排水管集中排出。

隧道的防水做法是：将隧道衬砌修成复合式衬砌，采用夹层防水层。隧道开挖后用锚喷将岩面整平，在岩面上铺设一层土工布或PE泡沫垫层，然后再铺设一层防水板。防水板多为合成高分子卷材，种类繁多，目前工程上使用较多的有PVC、LDPE和EVA等。防水卷材在厚度和宽度上有不同的规格，使用时有环向铺设和纵向铺设两种。为了保证接茬的密封质量，一般在两幅卷材接茬处都要搭接10cm。卷材接茬有冷粘法和热合法两种。冷粘法主要用于PVC等防水卷材的胶合。使用时将专用胶合剂用刷子涂刷于接缝边缘，待胶合剂稍干后将两幅卷材粘合在一起。这种方法的优点是施工方便，施工速度快。热合法主要用于EVA和LDPE等防水卷材的搭接。施工时将两幅卷材平行放好，压茬宽度10cm，然后用专门的热合焊缝机将两卷材边缘压合于一起。值得指出的是，目前工程上使用的焊缝机多为双缝焊机。即在两焊缝中间留有一道宽1cm的气道，接缝焊完后，可用充气筒向气道内注气，若气道内空压不断降低，说明焊缝不够严实，应检查补焊；若气道压力保持不变，说明焊缝完好。热合法的最大优点就在于施工期间可进行质量检测。

防水卷材往洞壁上的固定方法有两种：一种是有钉铺设法，另一种是无钉铺设法。所谓有钉铺设法，是将防水卷材在洞壁上摊平，用塑料垫片压实后，用射钉枪将垫片固定在洞周壁面上。垫片的布置形式有梅花形和矩形；一般边墙垫片间距约1m，拱顶约80cm。为了防止垫片上的钉孔渗漏水，在防水卷材固定好后，在垫片四周涂刷一层胶合剂，再用一块稍大的塑料板将原先的垫片封盖，从而达到完全防水的目的。所谓无钉铺设法其实是对有钉铺设法的一种改进。这种方法先用塑料垫片及射钉固定土工布等防水卷材垫层，然后将防水卷材有规律地摊铺，在塑料垫片处用专用的平头烙铁将防水卷材与垫片热合。由于塑料垫片与防水卷材为同质材料，所以两者热合牢固，质量可靠。无钉铺设法是一种先进的施工工艺，它基本上保证了防水卷材的完整性与密闭性。采用复合式衬砌并在衬砌间夹防水层是我国公路隧道建设中的一项重大技术进步。

为了保证公路隧道防水抗渗，通常在设有防水夹层的基础上，对衬砌混凝土还提出特殊的要求，即要求其不但要有一定的强度，而且还要有一定的抗渗能力。实践证明，衬砌中的各种接缝是渗漏水的关键部位。设计中在伸缩缝、变形缝和施工缝间都设有止水带，以达到多层设防，疏而不漏之目的。

从设计角度看，公路隧道的防水、防冻做法已比较完善；而从施工角度看，由于工程条件的千变万化，以及主观原因或客观原因，经常使设计思想难以到位。因此，做好隧道的防水、防冻工作，归根到底要提高施工质量，加强工间质量检查与检测；遇到不良地质条件时，采用适当措施，使排水系统畅通无阻，防水系统不渗不漏。

•第二节　高分子防水卷材性能检测•

一、高分子防水卷材的种类及特性

从20世纪60年代开始,弹性或弹塑性的合成高分子卷材在发达国家得到广泛开发与应用。高分子防水卷材与传统的石油沥青油毡相比,具有使用寿命长、技术性能好、冷施工、质量轻和污染性低等优点。我国80年代起相继研制出三元乙丙橡胶卷材、氯丁橡胶薄膜、聚氯乙烯防水卷材和氯化聚乙烯防水卷材等。

1. 三元乙丙橡胶防水卷材

以三元乙丙橡胶为主体,掺入适量的硫化剂、促进剂、软化剂和填充料等,经过密炼、拉片、过滤、压延或挤出成型、硫化,分卷包装而成为三元乙丙橡胶防水卷材。由于三元乙丙橡胶分子结构的主链上没有双键,当它受到紫外线、臭氧、湿和热等作用时,主链不易发生断裂,故耐老化性能好,化学稳定性也好。它的耐候性、耐臭氧性、耐热性和低温柔性甚至超过氯丁与丁基橡胶,它还具有质量轻(1.2~2.0kg/m^2)、抗拉强度高(7.5MPa以上)、延伸率大(450%以上)和耐酸感腐蚀等特点。它对煤焦油不敏感,但遇机油会溶胀。

2. 氯丁橡胶卷材

以弹性体氯丁橡胶为主体,掺入适量的硫化剂、增强剂和填充料等,经过密炼、压延或挤出成型、硫化、分卷包装而成为氯丁橡胶卷材(薄膜),卷材厚度约1.5mm。氯丁橡胶在硫化加工时,所加的MgO(4%)和ZnO(5%)混合物,除作硫化剂外,MgO还能中和掉橡胶在高温或暴晒中释放出的微量氯化氢(HCl),ZnO则还兼有增进抗热老化的能力。氯丁橡胶的基本性能是:抗拉强度12.4MPa以上,延伸率300%以上,断裂永久变形5%,-40℃时耐冷脆性。另外,耐油性、耐日光、耐臭氧、耐候性很好;与三元乙丙橡胶相比,除耐低温性稍差外,其他性能基本类似。

3. 聚氯乙烯(PVC)防水卷材

聚氯乙烯制成防水卷材时,需改善聚氯乙烯的低温柔性和耐老性等。一般掺入适量的软化剂,如煤焦油,可使聚氯乙烯分子间距增大,以提高卷材的变形能力,又起到稀释作用;还要掺入适量的增塑剂,如邻苯二甲酸二辛脂(DOP),增塑剂溶解于聚氯乙烯的分子链中,削弱分子间力,使分子链柔性提高。由于软化剂和增塑剂的存在,使聚氯乙烯防水卷材的变形能力和低温柔性大大提高。加入活性氧化物填充料,如炼铝工业的副产品铝矾土,除起填充作用外,特别能吸收聚氯乙烯中分解出的氯化氢,阻止其降解反应。国产聚氯乙烯防水卷材强度为1.0~6.0MPa,伸长率为120%~240%,撕裂强度为0.8~3.0MPa;低温柔性:在-20℃~40℃时卷材绕直径10mm的金属棒弯180°无裂纹;耐热性:在80℃±2℃下恒温160h热老化后上述前3项指标降低20%;吸水率小于0.5%;该卷材尺寸稳定性、耐腐蚀性和耐细菌性等较好。聚氯乙烯防水卷材的厚度为0.8~1.5mm,呈浅灰色,质量约1.9kg/m^2。

4. 氯化聚乙烯—橡胶共混型防水卷材

它是以氯化聚乙烯塑料和橡胶共混方式制成的高分子防水卷材。共混之后得到的产品,避免了两种材料的缺点,具有两者的优点。所以,该卷材具有良好的物理性能,抗拉强度为

7.5MPa以上，伸长率450%以上，直角撕裂强度大于2.5MPa，-40℃低温脆性合格。另外，耐臭氧能力、耐候性和耐老化能力都比较好。

5. 氯化聚乙烯防水卷材（CPE）

氯化聚乙烯防水卷材，是以含氯量为30%～40%的氯化聚乙烯树脂为主要原料，掺入适量的化学助剂和大量的填充材料，采用塑料（或橡胶）的加工工艺，经过捏和、塑炼、压延、卷曲、检验、分卷、包装等工序，加工制成的弹塑性防水卷材。这种卷材，由于具有热塑性弹性体的优良性能，且原材料来源丰富，价格较低，生产工艺较简单，施工方便，故在世界各国发展迅速。目前，在国内属高档防水卷材。氯化聚乙烯防水卷材的主要原料是聚乙烯经过氯化改性制成的新型树脂——氯化聚乙烯树脂，在聚乙烯分子中引入氯原子后，使其结晶度和软化点下降，当含氯量为30%～40%时，它不但具有合成树脂的热塑性能，而且还具有橡胶状的弹性。由于氯化聚乙烯分子结构本身的饱和性以及氯原子的存在，使其具有优良的耐候性、耐臭氧和耐油、耐化学药品以及阻燃性能。

高分子防水卷材除了上述5种外，还有氯磺化聚乙烯（CSPE）、聚异丁烯（PIB）系列卷材，它们都是塑料经过改性，或橡胶经过改性，或两者复合以及多种材料复合，能满足防水要求的制品。随着科技的进步，高分子防水卷材的种类还会不断增加。

二、取样方法

合成高分子防水卷材包括三元乙丙橡胶防卷材、氯化聚乙烯—橡胶共混防水卷材、氯化聚乙烯防水卷材以及氯磺化聚乙烯防水卷材等品种。这些卷材均应成批提交验收，同一生产厂、同一品种、规格的产品5000m为一批进行验收，不足5000m也作为一批。从每批产品的1～3卷中取样，抽取的试样面积应不小于900mm×1000mm；试样应牢固地粘贴标签并用样品袋封装，标签及样品袋应注明：

(1)样品名称；

(2)生产厂名称；

(3)产品批号和生产日期；

(4)取样数量、日期、地点和取样人签字。

裁取试件的部位、种类、数量及用作试验的项目，应符合图6-1和表6-1的规定。

裁取试样的数量及用作试验的项目　　表6-1

试验项目		试样代号	试样数量
扯断强度		A—1　A—2	6
扯断抻长率		B—1　B—2	6
300%定伸强度		C—1　C—2	6
撕裂强度		D—1　D—2	6
热空气老化降低率	扯断强度	A—3　A—4	6
	扯断伸长率	B—3　B—4	6
	300%定伸强度	C—3　C—4	6
	撕裂强度	D—3　D—4	6
臭氧老化		E—1　E—2	6
脆性温度		F_1～30	90以上

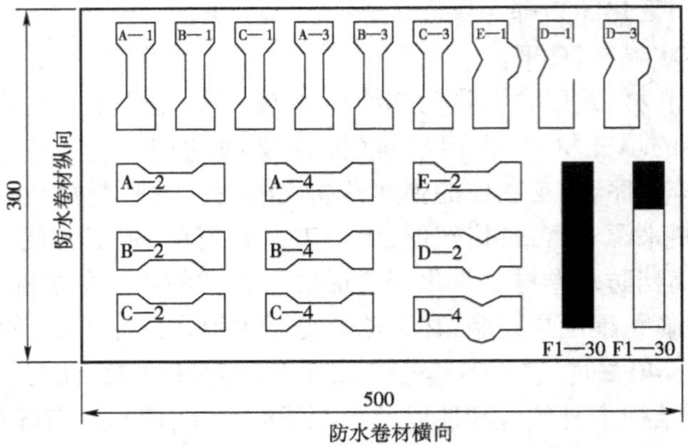

图 6-1　各种试件的种类及部位(尺寸单位:mm)

三、试验方法

1. 卷材长度、宽度及厚度的测量

合成高分子防水卷材的长度和宽度用卷尺测量,厚度用百分表测量。厚度测量点的选取,应符合图 6-2 的规定。

首先按图 6-2 所示尺寸裁取试样,尔后按规定选取 10 个测量点,测取厚度的平均值。

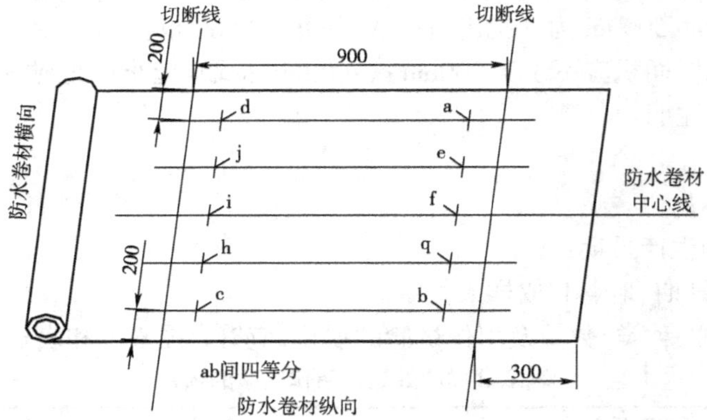

图 6-2　卷材厚度测量点(尺寸单位:mm)

2. 拉伸强度、扯断伸长率和 300% 定伸强度试验

1) 仪器及工具

(1) 拉力试验机。最大负荷 2kN,最小读数 10N,夹具的支持宽度不小于 50mm,夹持器的移动速度应为 500mm/min ± 50mm/min。

(2) 裁样机。

(3) I 型裁刀。

(4) 卡尺。

(5) 钢板尺。

2)试件准备

试件的性状为哑铃状,其中多用I型(通用型),具体形状及尺寸应符合图6-3的规定。

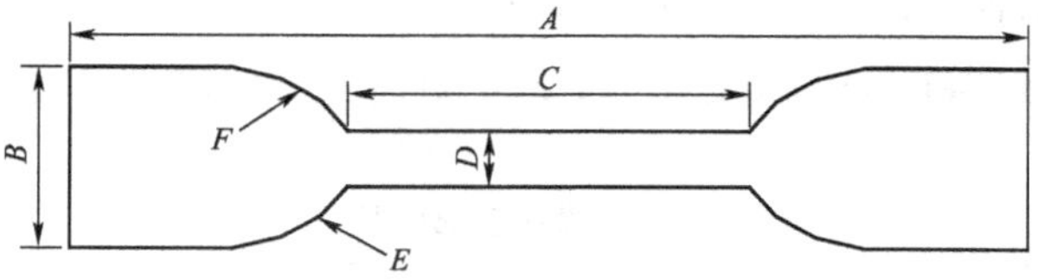

图6-3 哑铃状试件

3)试验步骤

(1)用卡尺测量试件的厚度,测量部位不应少于3点,取其最低值,并划出试件标距。

(2)将试件对称并垂直地夹在拉力试验机的上、下夹持器上,开动机器,以500mm/min ± 10mm/min的速度拉伸试件,并测量试件工作部分位抻到扯断时的负荷及扯断伸长值。

4)试验结果计算

(1)拉伸强度按下式计算:

$$\sigma = \frac{F}{bd} \tag{6-1}$$

式中:σ——拉伸强度(MPa);

F——试件断裂时的负荷(N);

b——试件工作部分的宽度(mm);

d——试件工作部分的厚度(mm)。

(2)断裂伸长率按下式计算:

$$\varepsilon = \frac{L - L_0}{L_0} \times 100\% \tag{6-2}$$

式中:ε——断裂抻长率(%);

L——试件断裂瞬间标距线间的长度(mm);

L_0——试件标距线间的初始有效长度(mm)。

(3)300%定伸强度计算

试验过程中,除记录掉断时的负荷和扯断伸长值外,还要记录试样拉伸到300%时的负荷,并计算出300%的定伸强度,其计算方法与拉伸强度的计算方法相同。

3.撕裂强度试验

1)试件及仪器

(1)拉力试验机:规格与拉伸强度试验用的相同。

(2)卡尺、钢板尺。

(3)裁样机。

(4)裁刀。试件裁刀的形状和尺寸应符合图6-4和表6-2的规定,各部尺寸允许公差为±0.5mm。

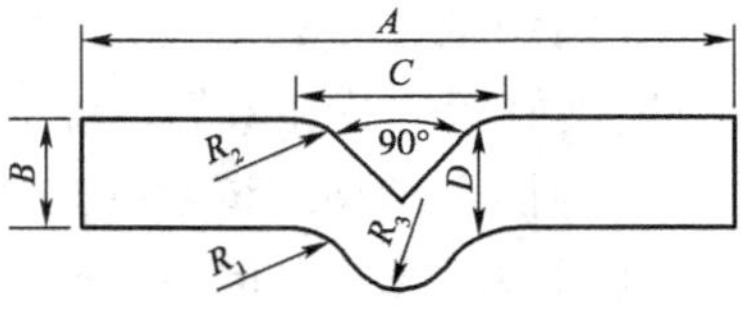

图6-4 抗撕裂试样裁刀形状

2)试验步骤

(1)用卡尺测量试件直角部位的厚度。

(2)把试件对称并垂直地夹持在拉力试验机上。

(3)开动试验机,以500mm/min ±10mm/min 的速度拉伸试件到完全撕断为止,记录撕断时的负荷。

抗撕裂试样各部位尺寸　　表6-2

代号	尺寸(mm)	代号	尺寸(mm)	代号	尺寸(mm)	代号	尺寸(mm)
A	100	D	20	R_3	12.8	α	32 ±2
B	20	R_1	25	H	0.5	β	20 ±1
C	56.6	R_2	20				

3)试验结果的计算

高分子防水卷材撕裂强度可按下式计算:

$$\Phi_s = \frac{F}{d} \tag{6-3}$$

式中:Φ_s——高分子防水卷材的撕裂强度(N/cm);

F——试件撕断时的负荷(N);

d——试件直角部位的厚度(cm)。

每一样品的试件数量不应少于5个,取试验结果的算术平均值。

4. 耐臭氧化试验

1)试件准备

(1)试件为哑铃形,其形状尺寸应符合图6-3的规定。

(2)试件的表面应擦拭干净,无油污、杂质(一般可用酒精擦拭)。

2)试验仪器

臭氧老化试验机由工作室、臭氧发生器、料架的拉伸和回转装置、气路、电器等部分组成。该仪器的主要参数如下:

(1)臭氧浓度10~100000pphm($1\text{pphm}=10^{-8}\text{m}^3/\text{m}^3$);

(2)换气量100~600L/h;

(3)工作室温度室温~50℃

(4)料架拉伸速度15或20次/min;

(5)料架回转速度1次/min(双向);

(6)料架拉伸距离,静态为0~50mm;动态为0~120mm。

3)试验步骤

(1)根据试验要求,将试件夹于静态或动态试料夹上,再置于臭氧室中。对于静态拉伸的试件,夹好后应放在室温下停放30~40min,再放入工作室中。

(2)静态和动态试验的拉伸率为20%、40%、60%或100%。

(3)臭氧老化时间,可在如下系列中选取:4h、8h、12h、24h、48h…

(4)臭氧浓度的选择,除特殊要求外推荐以下3种:

①25pphm ± 5pphm；

②250pphm ± 50pphm；

③15000pphm ± 1000pphm。

(5)接通电源，调整温度控制器，使工作室内温度升至40℃（或其他要求温度）；温度波动范围应大不于 ±1℃。

(6)启动分解、气路、回转、拉伸各部分，调节输入和输出流量升高臭氧发生器电压，当电压升至最高值（臭氧浓度满足要求时电压值）时，记录试验的起始时间。

(7)试验过程中每60min按规定分析工作室内臭氧的浓度，取各次浓度的平均值。

(8)随时察看试件表面，并记录每个试件最早出现裂纹的时间。整个试验过程中，除察看工作室温度和试件表面情况外，都应在避光下进行。

4)试验结果

试验结果可根据试验的性质和要求用下列方法表示：

(1)最早出现龟裂的时间，以浓度 × 时间表示（如1000pphm × 168h有、无裂纹等）。

(2)臭氧老化系数 K 可按下式计算：

$$K = \frac{Z_1}{Z_0} \tag{6-4}$$

式中：Z_0——臭氧老化前的抗张积（$10N/cm^2$）；

Z_1——臭氧老化后的抗张积（$10N/cm^2$）。

(3)代表每种试验品性能的试件数量：测定龟裂时间为3个，以一个试件最早出现裂纹的时间作为龟裂时间。

5. 热空气老化试验

热空气老化试验，将试件在常压和规定温度的热空气作用下，经过一定时间后，测定其物理机械性能的变化。热空气老化试验可用于测定合成高分子防水卷材的热稳定性能和防老化剂的效能，并作为产品的质量指标。

1)试验仪器

热空气老化试验箱由箱体、鼓风装置、加热调温自控装置和试件转动架等组成。

2)试件和试验条件

(1)试件

试件为哑铃形，其形状和尺寸如图6-3所示。每种防水卷材的试件不得少于10个，其中5个试件做老化前的拉伸性能试验；另外5个试件经热空气老化后，再做拉伸性能试验。

(2)试验条件

①试验温度的选取。根据试验要求，做对比试验时可选取的温度为50℃、70℃、100℃、120℃、150℃、200℃…；老化时间可选择24h、48h、72h、96h、144h、168h等等。

②鼓风。采用离心式鼓风机使热空气在箱内充分循环。鼓风的作用在于使箱内温度均匀，排除老化过程中产生的挥发物和补充新鲜空气，使空气成分保持一致。鼓风量的大小，可由老化箱工作室容积确定。

3)试验步骤

首先将老化箱调到所需的温度，并控制稳定，然后把准备好的试件呈自由状态挂在试验箱中;每两个试件之间的距离不得小于5mm,试件与箱壁的距离不得小于50mm。把试件放入老化箱内,当老化箱到达所需要的温度时开始计算老化时间。到规定时间时,取出试件并在室温下停放4~96h,然后进行拉伸性能试验。

6. 脆性温度试验

脆性温度试验是用来衡量合成高分子防水卷材耐寒性能的方法之一。试件受外力作用后不会发生强迫高弹性,而发生脆性断裂,此时的温度即为脆性温度。脆性温度试验就是测定试件在玻璃态时强度等于或小于其玻璃态结构重排所需的应力的临界温度,因此,脆性温度一般比玻璃化温度低。

1)仪器

脆性温度试验机由电气箱、变速箱、低温槽、搅拌器、试样架、冲击锤6部分组成。

2)试件准备

试件的长度为25mm±0.5mm,宽度为6.5mm±0.3mm,厚度为2mm±0.3mm。

3)试验步骤

(1)将低温槽内的介质调至所需温度。

(2)把试件垂直夹在试样架上(夹持不能过紧,防止试件变形),然后浸入低温槽内的冷浆介质中,并在介质中保持3min;在此时间内,温度波动不得超过±1℃。

(3)提出夹持的试件,并于0.5s内开动冲击锤冲击试件。试件经冲击,如出现断、裂时,应提高介质的温度;否则,应降低其温度,直至使试件出现直接可见的裂口或折断的最高温度(在此温度的上一度要有两个不出现断、裂的测定结果),就是该试件的脆性温度(℃)。

7. 柔度试验

(1)冷浆箱:温度范围20℃~-50℃。

(2)圆棒:ϕ10mm金属棒。

(3)试验方法:将3块试样分别绕ϕ10mm圆棒弯曲半周,观察其开裂情况。

第三节　土工布物理特性检测

土工布是透水性的土工合成材料,按制造方法分为无纺或非织造土工织物和有纺或机织土工织物。因其具有过滤、排水、隔离、加筋、防渗和防护等作用,在水利、冶金、电力、石油、海港、铁路公路、机场、市政和建筑等部门得到广泛应用。特别是无纺土工织物在隧道工程中作为防水卷材的垫层和排水通道,用量十分可观。为了选择和应用土工织物,必须了解材料的工程特性,以便正确确定设计参数。有些特性参数例如产品的类型、聚合物的种类、加工工艺及产品规格等是生产厂家提供的。同一种类型的材料,因加工工艺及制造过程不同,其工程特性有时差别很大。因此,对厂家提供的数据应采取慎重的态度,使用单位应抽样试验来核实和确定。对隧道工程,比较重要的工程特性有物理特性、力学特性和水力学特性。本节主要介绍土工合成材料各种试验的取样要求、数据整理方法和土工合成材料的物理特性检测。

一、取样要求

(1)试样不应含有灰尘、折痕、损伤部分和疵点。

(2)每项试验的试样应从样品长度与宽度方向上随机剪取,但距样品边缘至少100mm。

(3)为同一试验剪取两个以上的试样时,不应在同一纵向或横向位置上剪取,如不可避免时应在试验报告中说明。

(4)剪取试样应满足精度要求。

(5)剪取试样时,应先制订剪裁计划;对每项试验所用的全部试样,应予编号。

二、试验数据的整理方法

1. 算术平均值

算术平均值按下式计算:

$$\bar{x} = \left(\sum_{i=1}^{n} x_i\right) / n \tag{6-5}$$

式中:n——试样个数;

x_i——第 i 块试样的试验值;

$\bar{x}$——n 块试样试验值的算术平均值。

2. 标准差 σ

标准差按下式计算:

$$\sigma = \sqrt{\frac{\sum_{i=1}^{n} (x_i - \bar{x})^2}{n-1}} \tag{6-6}$$

式中符号意义同前。

3. 变异系数 C_v

变异系数按下式计算:

$$C_v = (\sigma / x) \times 100\% \tag{6-7}$$

式中符号意义同前。

4. 临界值

在资料分析中,可疑数据的舍弃宜按照 K 倍标准差为舍弃标准,即舍弃那些在 $\bar{x} \pm K\sigma$ 范围以外的测定值。对不同的试件数量,K 值按表6-3选用。

统计量的临界值　　表6-3

试件数量	3	4	5	6	7	8	9	10	11	12	13	14
K	1.15	1.46	1.67	1.82	1.94	2.03	2.11	2.18	2.23	2.28	2.33	2.37

三、单位面积质量试验

1. 目的及适用范围

本试验方法适用于测定土工合成材料的单位面积质量。

2. 仪器和仪具

(1)剪刀。

(2)尺。最小分度值为1mm。

(3)天平。感量0.01g(现场测试可为0.1g)。

3.试样数量与规格

(1)试样数量不得少于10块,对试样进行编号。

(2)试样面积:对一般土工合成材料,试样面积为10cm×10cm,裁剪和测量精度为1mm。

4.试验步骤

将裁剪好的试样按编号顺序逐一在天平上称量,并细心测读和记录,读数应精确到0.01g(现场测试可精到0.1g)。

5.结果整理

(1)按下式计算每块试样的单位面积质量 M:

$$M = \frac{m}{A} \tag{6-8}$$

式中:M——单位面积质量(g/m^2);

m——试样质量(g);

A——试样面积(m^2)。

(2)计算单位面积质量的平均值 $\overline{M}$、标准差 σ 及变异系数 C_V。

(3)试验记录格式见表6-4所列。

土工合成材料单位面积质量试验记录 表6-4

委托单位		试验温度	
名称与型号		试验湿度	
试样状态		试验者	
试样尺寸		计算者	
试验日期		校核者	
试验序号	试样面积(m^2)	质量(g)	单位面积质量(g/m^2)
1			
2			
3			
4			
5			
6			
7			
8			
9			
10			
平均值 标准差 σ 变异系数 C_v(%)			

6. 报告

(1)说明试验方法。

(2)平均单位面积质量(g/m^2)。

(3)标准差 σ 及变异系数 C_V。

四、厚度试验

有些土工合成材料,受压力时厚度变化很大。为标准计,需规定在某固定压力下测定厚度。工程上常规定此压力为2kPa;根据工程需要,还可测试在20kPa、200kPa压力下的系统厚度。厚度变化对织物的孔隙率、透水性和过滤性等水力学特性有很大的影响。

土工织物厚度测试可采用专门的厚度测试仪,也常利用土工固结仪进行测试。

1. 用厚度试验仪测厚度

1)目的和适用范围

本试验方法适用于测定土工合成材料在不同压力下的厚度。

2)仪器和仪具

厚度试验仪由下列部件及用具组成,如图6-5所示。

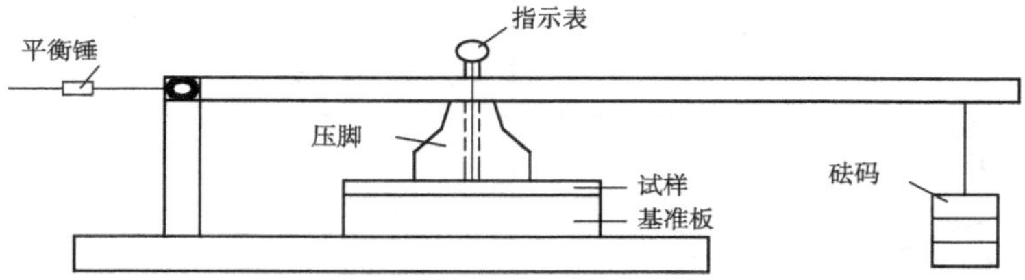

图6-5 厚度试验仪器

(1)基准板。其面积要大于2倍的压脚面积。

(2)可更换的压脚。采用表面光滑、面积为 $25cm^2$ 的圆形压脚。压脚重5N,放在试样上时,其自重对试样施加的压力为2kPa ±0.01kPa。

(3)采用砝码或杠杆方法对压脚加压,压力分别为:20kPa ±0.1kPa,200kPa ±1kPa。

(4)百分表(或千分表)。用以量测基准板至压脚间的垂直距离。试样厚度大于0.5mm时,表的最小分度值为0.01mm;厚度等于或小于0.5mm时,最小分度值为0.001mm。

(5)秒表。最小分度值为0.1s。

3)试样数量与规格

(1)试样数量不得少于10块,对试样进行编号。

(2)试样面积为10cm ×10cm。

4)试验步骤

(1)擦净基准板和压脚,检查压脚轴是否灵活,调整百分表至零读数。

(2)提起压脚,将试样在不受张力情况下放置在基准板与压脚之间。轻轻放下压脚,稳压30s后记录百分表读数。

(3)土工合成材料的厚度一般指在2kPa压力下的厚度测定值,在需测定厚度随压力的变化时,尚需进行(4)~(5)步骤。

(4)增加砝码对试样施加20kPa ±0.1kPa 的压力,稳压30s 后读数。

(5)增加砝码对试样施加200kPa ±1kPa 的压力,稳压30s 后读数。除去压力,取出试样。

(6)复重(2)~(5)的步骤,测试完10 块试样。

5)结果整理

(1)分别计算每种压力6 块试样厚度的算术平均值,以毫米(mm)表示。当试样厚度大于0.5mm 时,要求计算精确至0.01mm;当厚度小于或等于0.5mm 时,要求精确至0.001mm。

(2)计算每种压力厚度的标准差 $\overline{\sigma}$ 及变异系数 C_v。

(3)在未明确规定压力时,采用2kPa 压力下试样厚度平均值作为土工合成材料试样的厚度。

(4)试验记录格式见表6-5 所列。

土工合成材料厚度试验记录 表6-5

委托单位		试验温度	
名称与型号		试验湿度	
试验状态		试验者	
仪器型号		计算者	
试验日期		校核者	

厚度(mm) 压力 / 序号	2kPa	20kPa	200kPa
1 2 3 4 5 6 7 8 9 10			
平均值(mm) 标准差 σ 变异系数 C_v(%)			

(5)绘制厚度与压力的关系曲线图,以横轴为压力的对数坐标,纵轴为厚度的平均值。

6)报告

(1)给出试样某一压力的平均厚度;

(2)给出平均厚度的标准差 σ 和变异系数 C_v。

2. 用无侧限抗压强度试验仪测厚度

1）目的和适用范围

本试验方法适用于测定土工合成材料在不同压力下的厚度。

2）仪器和仪具

无侧限抗压强度试验仪包括以下部件及用具，如图 6-6 所示。

（1）可升降的基准板。面积应大于两倍的圆形压脚面积。

（2）可更换的压脚。圆形，$25cm^2$。

（3）量力系统。量力环（或压力传感器）、测力表，量力钢环应定期标定。

（4）其他如百分表（或千分表）、秒表等。

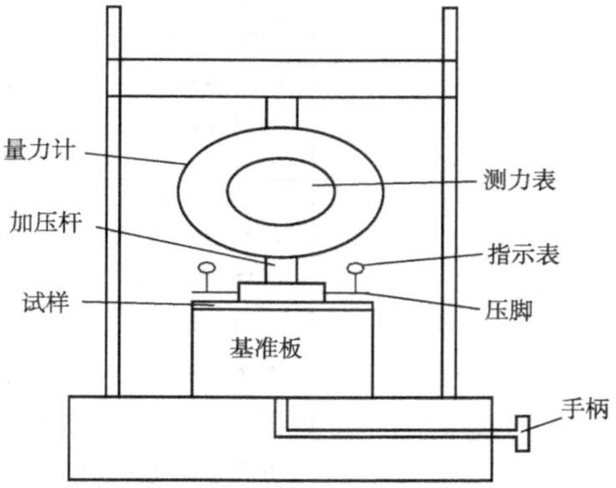

图 6-6　无侧限抗压强度仪示意图

3）试样数量与规格

（1）试样数量为 10 块，对试样进行编号。

（2）取样面积为 10cm × 10cm。

4）试验步骤

（1）转动手柄，使基准板上升，待其与压脚接触，调整百分表至零读数。

（2）转动手柄，使基准板下降，将试样放在板上。

（3）再转动手柄，使基准板上升，试样受压。可根据 1 ~ 3000kPa 的压力范围和量力环的钢环系数来确定加压时量力环中测力表的读数范围，一般在此读数范围内分三级加压，施加压力分别为：2kPa ± 0.01kPa、20kPa ± 0.01kPa、200kPa ± 0.01kPa，每次加压后需稳压 30s 再读数。

（4）土工合成材料的厚度一般指 2kPa 压力下的厚度测定值。在只需测定该压力下的厚度时，可只对试样施加 2kPa ± 0.01kPa 的压力。

5）结果整理

（1）由量力环变形读数和钢环系数，计算各变形值时试样所受的压力。

（2）按不同压力时的试样厚度绘制厚度—压力曲线，用横轴为压力的对数坐标，纵轴为厚度的平均值绘图。

（3）计算出每种压力试样的平均厚度、标准差 σ 及变异系数 C_v。

（4）在未明确规定压力时，采用 2kPa 压力下测得的试样厚度平均值作为土工合成材料试样的厚度。

（5）本试验记录格式见表 6-6 所列。

土工合成材料厚度试验记录　　表 6-6

委托单位		试验温度	
名称与型号		试验湿度	
试验状态		试验日期	
仪器型号		试验者	
压脚尺寸		计算者	
钢环系数		校核者	

续上表

序号	项目	测点									
		1	2	3	4	5	6	7	8	9	10
1	百分表(0.01mm) 钢环(0.01mm) 压力(kPa) 厚度(mm)										
2	百分表(0.01mm) 钢环(0.01mm) 压力(kPa) 厚度(mm)										
3	百分表(0.01mm) 钢环(0.01mm) 压力(kPa) 厚度(mm)										
4	百分表(0.01mm) 钢环(0.01mm) 压力(kPa) 厚度(mm)										
5	百分表(0.01mm) 钢环(0.01mm) 压力(kPa) 厚度(mm)										

6)报告

试验报告内容同前。

●第四节　土工织物的力学特性测试●

反映土工织物力学特性的指标主要有抗拉强度、撕裂强度、顶破强度和刺破强度等。

一、抗拉强度

土工织物是柔性材料，大多通过其抗拉强度来承受荷载以发挥工程作用。因此，抗拉强度及其应变是土工织物主要的特性指标。土工织物的抗拉强度与测定时的试样宽度、形状、约束条件有关，因此必须在标准规定的条件下测定。土工织物在受力过程中厚度是变化的，不易精确测定，故其受力大小一般以单位宽度所承受的力来表示(单位为 kN/m 或 N/m)，而不是以习惯上所用的单位面积上的力来表示。

目前测定抗拉强度基本上是沿用纺织品条带拉伸试验方法，即把试样两端用夹具夹住，以一定速率施加荷载进行拉伸直到破坏，测得试样自身断裂强度及变形，并绘出应力—应变曲线。显然这样测出的无侧限条件下的强度，并不能完全反映土工织物的现场工程特征。但因为材料埋于地层中，进行地层与材料相互作用的试验十分复杂，模拟现场工程条件和应力应变特性的试验方法尚未解决，因此目前仍沿用上述方法。

1. 适用范围

适用于土工合成材料的宽条拉伸试验和窄条拉伸试验，以测定土工合成材料的抗拉强度及延伸率。

2. 仪器和仪具

1）拉力机

具有等速拉伸功能，能测读拉伸过程中土工合成材料的拉力和伸长量或直接记录拉力—伸长量曲线（图 6-7）。

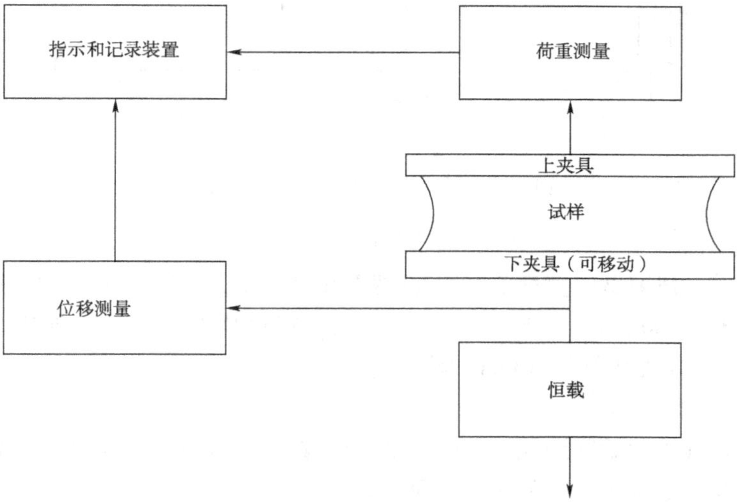

图 6-7　平面拉伸试验

2）夹具

一对夹持试样的夹具，其钳口面要有一定的约束作用，防止试样在钳口内打滑，同时又要防止试样在钳口内被损坏。

（1）宽条试样有效宽度 200mm，夹具实际宽度不小于 210mm。

（2）窄条试样有效宽度 50mm，夹具实际宽度不小于 60mm。

（3）为满足某些土工合成材料变形较大的要求，两夹具间的最大净距不小于 300mm。

3）动力装置

采用调速电机油压或机械设施调节拉伸速率。

4）测量和记录装置

（1）指示或记录荷载的误差不得大于相应实际荷载的 2%。

（2）对延伸率超过 10% 的试样，测量拉伸方向的伸长量可用有刻度的钢尺，精度为 1mm。

对于延伸率小于10%的试样,应采用精度不小于0.01mm的位移测量装置。

(3)可通过传动机构直接记录土工合成材料试样的拉力—伸长量曲线,也可用拉力传感器和位移传感器测量拉力和伸长量。

3. 试样制备

1)试样数量

分别以土工合成材料纵向和横向作试验长边,剪取试样各6块。

2)试样尺寸

(1)宽条试样。裁剪试样宽度200mm,长度至少200mm,实际长度视夹具而定。必须有足够的长度使试样伸出夹具,试样计量长度为100mm。对于有纺土工织物,裁剪试样宽度210mm,再在两边拆去大约相同数量的纤维,使试样宽度达到200mm(图6-8)。

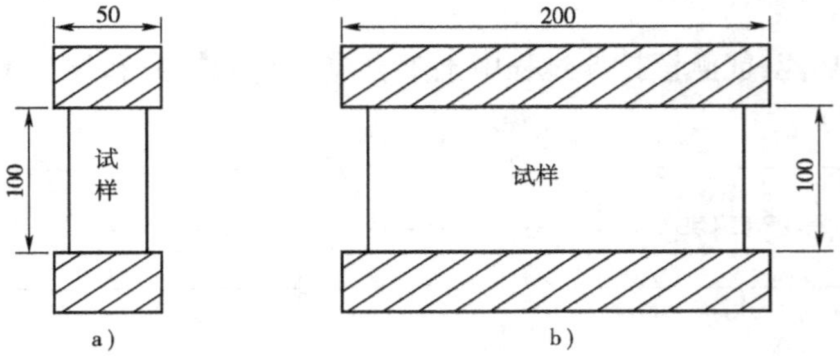

图6-8 宽条和窄条试样(尺寸单位:mm)

a)窄条 $B/L=\frac{1}{2}$;b)宽条 $B/L=2$

(2)窄条试样。裁剪试样宽度50mm,长度至少200mm,必须有足够的长度使试样伸出夹具,试样计量长度为100mm。对于有纺土工织物,裁剪试样宽度60mm,再在两边拆去大约相同数量的纤维,使试样宽度达到50mm(图6-8)。

4. 试验步骤

(1)调整两夹具的初始间距到100mm。两个夹具中要求其中一个的支点能自由旋转或为万向接头,保证两个夹具平行并在一个平面内。

(2)选择拉力机的满量程范围,使试样的最大断裂力在满量程的10%~90%范围内,设定拉伸速率为50mm/min。

(3)将试样对中放入夹具内。为方便对中,事先可在试样上画垂直于拉伸方向的两条相距100mm的下行线,使两条线尽可能贴近上、下夹具的边缘,夹紧夹具。

(4)测读试样的初始长度 L_0。

(5)开动试验机,以拉伸速度50mm/min进行拉伸,同时启动记录装置,连续运转直到试样破坏时停机;对延伸率较大的试样,应拉伸至拉力明显降低时方能停机。

当试样在钳口内打滑或大多数试样在钳口边缘断裂时,可采取下列改进措施:

①钳口内加衬垫;

②钳口内的土工合成材料用固化胶加强;

③改进钳口面。不论采取哪种措施,均应在试验报告中说明。

(6)测量伸长量。在拉伸过程中,测定拉力的同时测定伸长量。

5. 结果整理

1)抗拉强度

土工织物的抗拉强度 T_s,可用下式计算:

$$T_s = \frac{P_f}{B} \tag{6-9}$$

式中:T_s——抗拉强度(N/m 或 kN/m);

P_f——测读的最大拉力(N 或 kN);

B——试样宽(m)。

2)延伸率

延伸率 ε_p 按下式计算:

$$\varepsilon_p = \frac{L_f - L_0}{L_0} \times 100\% \tag{6-10}$$

式中:ε_p——延伸率;

L_0——初始长度(mm);

L_f——对应最大拉力时的试样长度(mm)。

3)拉伸模量

由拉伸过程中的拉力—伸长量可转化成应力—应变曲线,并可计算拉伸模量。由于土工合成材料的应力—应变曲线是非线性的,因此拉伸模量通常指在某一应力(或应变)范围内的模量,单位为 N/m 或 kN/m。根据应力—应变曲线的类型,拉伸模量可由以下方法求出:

(1)初始拉伸模量 E。如果应力—应变曲线在初始阶段是线性的,利用初始切线可取得比较准确的模量值,如图 6-9a)所示。由于应力—应变曲线方程一般是未知的,初始拉伸模量一般由作图法求出或选择初始直线段斜率代替。

(2)偏移拉伸模量 E_0。当应力—应变曲线开始段坡度很小,在中间部分接近线性,则把开始段的曲线舍弃,将纵轴向右移到直线部分的延长线与横轴相交的位置,再求出 E_0 和偏移量,如图 6-9b)所示。偏移初始拉伸模量一般由作图法求出或用直线段斜率代替。

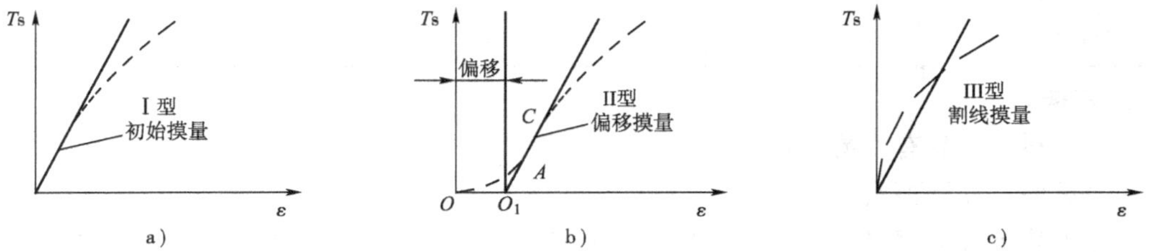

图 6-9 拉伸模量表示法

(3)割线拉伸模量 E_s。当应力—应变曲线始终呈非线性变化,用上述两种方法不能取得合适的模量时,则可采用割线法。从原点到曲线上某一点(如应变为 10% 或 20%)连一直线,该线坡度即为割线拉伸模量,并用 E_{s10} 或 E_{s20} 表示,如图 6-9c)所示。

$$E_s = \Delta T_{si} / \Delta \varepsilon_{pi}$$

式中:ΔT_{si}——对应于拉应变($\Delta \varepsilon_{pi}$)范围的拉就应力增量,$\Delta T_{si} = T_{si}$;

$\Delta\varepsilon_{pi}$——延伸率的增量，对通过原点的割线模量 $\Delta\varepsilon_{pi}=\varepsilon_{pi}$。

计算抗拉强度、延伸率及各拉伸模量的平均值，并计算它们的标准差 σ 及变异系数 C_v。试验记录格式见表 6-7 所列。

土工合成材料拉伸试验记录　　表 6-7

委托单位				试验温度			
名称与型号				试验湿度			
仪器类型				试验日期			
拉伸速率				试验者			
试样状态				计算者			
试样宽度				校核者			
序号	纵向拉伸				横向拉伸		
	初始长度（mm）	最终长度（mm）	延伸率（%）	拉力（N）	初始长度（mm）	延伸率（%）	拉力（N）
1							
2							
3							
4							
5							
6							
7							
8							
9							
10							
平均值 标准差 σ 变异系数 C_v（%）							

6. 报告

（1）材料及产品有关情况；

（2）试件尺寸及夹具情况；

（3）平均抗拉强度、延伸率、拉伸模量的平均值以及各指标的标准差 σ 和变异系数 C_v；

（4）应力—应变曲线。

二、撕 裂 强 度

土工织物在铺设和使用过程中，常常会有不同程度的破损。撕裂强度反映了试样抵抗扩大破损裂口的能力。撕裂强度可评价不同土工织物被扩大破损程度的难易，是土工织物应用中的重要力学指标。

目前撕裂强度试验沿用纺织标准测试方法。常用的纺织品撕裂试验，按试样形状分为梯形法、翼形法以舌形法，舌形法又分单缝与双缝两种。目前多采用梯形法测定土工织物的撕裂强度。

1. 适用范围

适用于土工合成材料(主要为土工织物和土工膜等)的撕裂试验，采用梯形法测定土工合成材料的撕裂强度。

2. 仪器和仪具

(1)拉力机。条带拉伸试验用的拉力机，其拉伸速率为100mm/min。

(2)夹具。夹持面尺寸(长×宽)为50mm×84mm，宽度要求不小于84mm，宽度方向垂直于力的作用方向。要求夹具上下夹持面平行、光滑，夹紧时不损坏试样，同时要求试验中试样不发生打滑。

(3)梯形模板。标有尺寸，用于剪样，如图6-10a)所示。

3. 试样制备

(1)试样数量。经向和纬向各取10块试样。

(2)试样尺寸。试样为宽75mm、长150mm的矩形试样，在矩形试样中部用梯形模板画一等腰梯形，尺寸如图6-10b)所示。

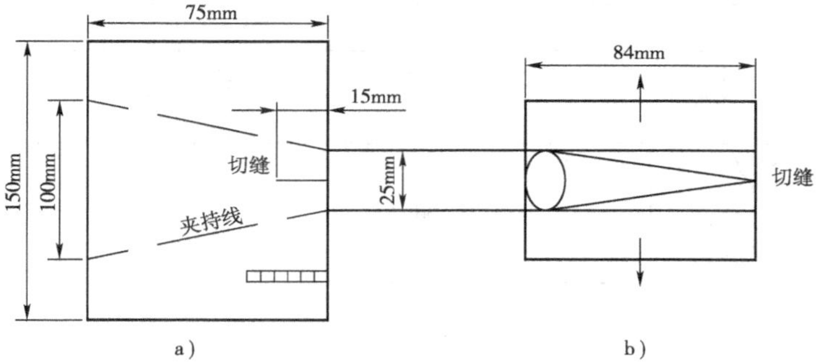

图6-10　梯形撕裂试验(尺寸单位:mm)

a)试样尺寸;b)夹具尺寸

(3)取样方法。应符合试样制备的一般原则。

(4)有纺土工织物试样。测定经向纤维的撕裂强度时，剪取试样长边应与经向纤维平行，使试样切缝切断和试验时拉断的为经向纤维。测定纬向撕裂强度时，剪取试样长边应与纬向纤维平行，使试样被切断和撕裂拉断的为纬向纤维。

(5)无纺土工织物试样。测定经向的撕裂强强度时，剪取试样的长边应与织物经向平行，使切缝垂直于经向;测定纬向撕裂强度时，剪取试样的长边应与织物纬向平行，使切缝垂直于纬向。

(6)在已画好的梯形试样短边1/2处剪一条垂直于短边的长15mm的切缝。

(7)准备好试样。如进行湿态撕裂试验，试样从水中取出到试验的时间不超过10min。

4. 试验步骤

(1)调整拉力机夹具的初始距离到25mm，设定拉力机满量程范围，使试样最大撕裂荷载在满量程的10%~90%范围内，设定拉伸速率为100mm/min。

(2)将试样放入夹具内，沿梯形不平行的两腰边缘夹住试样。梯形的短边平整绷紧，其余呈起皱叠合状，夹紧夹具。

(3)开动拉力机，以拉伸速率 10mm/min 拉伸试样，并记录拉伸过程中的撕裂力，直至试样破坏时停机。撕裂力可能有几个峰值和谷值，也可能单一上升而只是一个最大值。取最大值作为撕裂强度，单位以 N 表示。

(4)当试样在夹具内有打滑现象或有 1/4 以上的试样在夹具边缘 5mm 范围内发生断裂时，则夹具可作如下处理：

①夹具内加垫片；

②与夹具接触部分的织物用固化胶加固；

③修改夹具面。采用任何处理均要在试验报告中说明。

5. 结果整理

(1)分别计算顺机向和横机向的平均撕裂强度 T_t。

(2)分别计算顺机向和横机向撕裂强度的标准差 σ 和变异系数 C_v。

试验记录见表 6-8 所列。

土工合成材料撕裂试验记录 表 6-8

委托单位		试验温度	
名称与型号		试验湿度	
撕裂速率		试验者	
试样状况		计算者	
试样尺寸		校核者	

强度(N) 方向 / 序号	经向撕裂	纬向撕裂
1		
2		
3		
4		
5		
6		
7		
8		
9		
10		
平均值(mm) 标准差 σ 变异系数 C_v(%)		

6. 报告

(1)说明试验遵照的方法，介绍试样材料及制样情况。

(2)顺机向和横机向撕裂强度的平均值、标准差 σ 和变异系数 C_v。

三、顶破强度试验

工程应用中,土工织物常被置于两种不同粒径的材料之间,受到粒料的顶压作用;施工中也将受到抛填粒料引起的法向荷载。根据粒径大小及形状,土工织物按接触面的受力特征及破坏形式可分为顶破、刺破及穿透几种受力状态。顶破强度是反映土工织物抵抗垂直织物平面的法向压力的能力,顶破试验与刺破强度试验相比,压力作用面积相对较大,材料呈双向受力状态。下面介绍顶破试验中常用的圆球顶破试验。

1. 适用范围

适用于土工合成材料(主要为土工织物和土工膜等)的顶破强度试验,测定其圆球顶破强度。

2. 仪器和仪具

试验可在测定土工合成材料的条带拉伸强度的拉力机上进行,仪器主要包括下列附件:

(1)配有反向器的拉力机:反向器结构简单,由套在一起的上下两框架组成,上框架连至拉力机的固定夹具,上框架连至拉力机的可移动夹具,当下框架向下拉伸时,固定在上下框架上的圆球顶破装置产生顶压。

(2)圆球顶破装置由两部分组成,即一端部带有钢球的顶杆和一个安装试样的环形夹具。

①钢球直径为25.4mm。

②环形夹具内径为44.5mm。

③在环形夹具内夹紧试样时,不得损坏试样,不得对试样施加较大预应力,试验过程中试样不允许在夹具内滑移。

④安装球形杆和环形夹具时要注意对中,要求两者相对运动时钢球对中于环形夹具的中心。

3. 试样数量与规格

(1)试样数量:每组试验取10块试样。

(2)试样尺寸:试样尺寸为ϕ120mm。

4. 试验步骤

(1)选择拉力机的拉力量程范围,使最大压力在满量程的10% ~90%范围内。

(2)将试样在不受拉力的状态下放入环形夹具内,将试样夹紧。

(3)开动拉力机,顶压速率为100mm/min,在此速度下连续运行直至试样被顶破,记下最大压力,单位为牛顿。

5. 计算

(1)计算10块试样圆球顶破强度T_b的算术平均值。

(2)计算顶破强度的标准差σ和变异系数C_v。

本试验记录格式见表6-9所列。

6. 报告

(1)说明试验遵照的方法,介绍试样材料以及制样方法。

(2)每个试样的顶破强度及其平均值,单位为牛顿。

(3)顶破强度的标准差σ及变异系数C_v。

土工合成材料圆球顶破试验记录 表6-9

委托单位		试验温度	
产品类型		试验湿度	
仪器型号		试验者	
试样状态		计算者	
试样日期		校核者	

强度(N) 方向 序号	不同试样			
	A	B	C	D
1				
2				
3				
4				
5				
6				
7				
8				
9				
10				
平均值 标准差 σ 变异系数 C_v(%)				

四、刺破强度试验

刺破强度是反映土工织物抵抗如有棱角的石子或树枝等小面积集中荷载的能力。试验方法与圆球顶破试验相似,只是以金属杆代替圆球。

1. 适用范围

适用于土工合成材料(主要为土工织物和土工膜等)的刺破强度测定,可用来评价土工合成材料抵抗颗粒料贯入的能力。

2. 仪器和仪具

(1)压力机或带有反向器的拉力机。变形速率为300mm/min。

(2)量力环。量程要满足最大压力值。

(3)环形夹具。内径44.5mm。

(4)刚性顶杆。直径8mm,平头。

3. 试样数量与规格

(1)试样数量。每组试验取10块试样。

(2)试验尺寸。试样尺寸为 ϕ120mm。

4. 试验步骤

(1)将试样放入环形夹具内,使试样在自然状态下放平,拧紧夹具。

(2)将夹具放在加荷装置上并对中,如图 6-11 所示。

(3)将速率设定在 100mm/min。

(4)调整连接在刚性顶杆上的量力环的百分表读数至零。

(5)开机,记录顶杆顶压试样时的最大压力值。

(6)停机,取下试样。

(7)重复(1)~(6)步骤进行试验,每组试验进行 10 块试样。

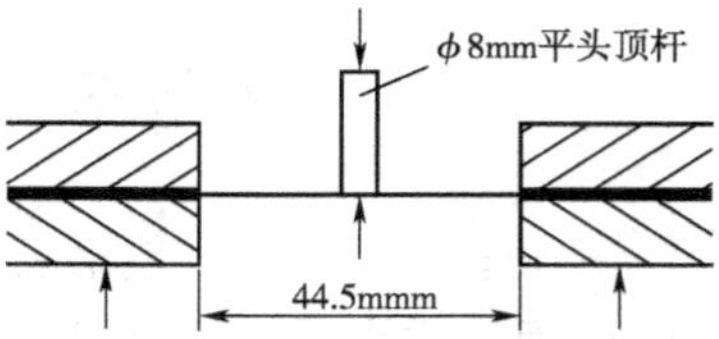

图 6-11　刺破试验示意图

5. 结果整理

(1)由量力环标定曲线,将量力环中百分表读数换算为力,单位为牛顿。

(2)计算 10 块试样刺破强度的算术平均值 T_p,单位为牛顿。

(3)计算标准差 σ 及变异系数 C_v。

试验记录见表 6-10 所列。

土工合成材料刺破试验记录　　　　表 6-10

<table>
<tr><td>生产厂家</td><td colspan="2"></td><td colspan="2">试验温度</td><td></td></tr>
<tr><td>产品类型</td><td colspan="2"></td><td colspan="2">试验湿度</td><td></td></tr>
<tr><td>试样状态</td><td colspan="2"></td><td colspan="2">试验者</td><td></td></tr>
<tr><td>刺破速率</td><td colspan="2"></td><td colspan="2">计算者</td><td></td></tr>
<tr><td>试验日期</td><td colspan="2"></td><td colspan="2">校核者</td><td></td></tr>
<tr><td rowspan="3">序　号</td><td colspan="5">不同试样</td></tr>
<tr><td colspan="2">A</td><td colspan="3">B</td></tr>
<tr><td>量力环读数
(0.01mm)</td><td>刺破强度
(N)</td><td>量力环读数
(0.01mm)</td><td colspan="2">刺破强度
(N)</td></tr>
<tr><td>1
2
3
4
5
6
7
8
9
10</td><td></td><td></td><td></td><td colspan="2"></td></tr>
<tr><td>平均值
标准差 σ
变异系数 C_v(%)</td><td></td><td></td><td></td><td colspan="2"></td></tr>
</table>

6. 报告

(1)说明试验遵照的方法,介绍试验材料以及制样方法。

(2)各个试样的刺破强度值及其平均值。

(3)标准差 σ 及变异系数 C_v。

•第五节　土工织物的水力学特性试验•

由于土工织物可以使水及空气自由地通过,并能有效地截留和控制土颗粒的流失,因此被广泛地用作排水和过滤材料。为此必须研究其水力学特性。主要包括两个方面:一是透水与导水能力,二是阻止颗粒流失的能力。这些特性主要包括土工织物的孔隙率和渗透特性等。

一、土工织物的孔隙率

土工织物的孔隙率是指孔隙体积与总体积的比值,以 $n(\%)$ 表示,它是无纺织物的主要物理性质之一。孔隙率的确定不需要直接进行试验,它可通过计算求得。

孔隙率可按以下公式计算:

$$n = \left(1 - \frac{m}{\rho\delta}\right) \times 100\% \tag{6-11}$$

式中:m——单位面积质量(g/m^2);

ρ——原材料密度(g/m^3);

δ——织物厚度(m)。

无纺织物的孔隙率随它所承受的压力的不同而不同。在不承压情况下,一般在 90% 以上,承压后孔隙明显降低。

二、土工织物的渗透特性

土工织物的渗透特性是重要水力学特性之一。在过滤标准及其他有关水力学设计中,是一项不可缺少的重要指标。根据工程应用的需要,常要确定垂直于织物平面的渗透特性和平行于织物平面的渗透特性。

1. 垂直于织物平面的渗透特性

当水流方向垂直于织物平面时,其透水性主要用垂直渗透系数表示。该系数是渗流的水力梯度等于 1 时的渗流流速,一般服从达西定律:

$$K_n = \frac{v}{i} = \frac{v\delta}{\Delta h} = \frac{Q\delta}{At \cdot \Delta h} \tag{6-12}$$

式中:K_n——渗透系数(cm/s);

v——渗透流速(cm/s);

δ——试样厚度(cm);

Δh——水头差(cm);

Q——t 时间的流量(cm^3/s);

A——面积(cm^2)。

应用此渗透系数时应注意以下两个问题：

①土工织物的厚度 δ 随法向压力而变化，其测量误差将影响水力梯度 i 及渗透系数 K_n 的精度。

②达西定律仅适用于层流状态。实际上当水力坡降大于某一数值后，流态将由层流转变为紊流，达西定律不再适用。

为避免厚度测量引起的误差，土工织物的透水性可采用透水率来表示。透水率是水头差等于 1 时的渗透流速，即单位时间、单位水头、单位面积流过织物的水量。可表示为：

$$\Psi = \frac{v}{\Delta h} \text{ 或 } \Psi = \frac{Q}{\Delta h \cdot At} \tag{6-13}$$

式中：Ψ——透水率（1/s）；

其余符号意义同式（6-12）。

目前测试土工织物垂直方向渗透特性的仪器类似于土工试验中所使用的渗透仪。试验方法原则上参照 ISO/TC_{38} SC_2/N8 的测试方法以及我国水电部《土工试验规程》规定的 SD128-012-84方法。

影响土工织物渗透的因素十分复杂，主要有：试样面积的大小、织物本身的性质、织物的结构类型及孔隙分布、织物平面上的法向应力、水位差、水温、水中气泡含量和测试仪器的性能等。

①当需测定不同法向压力下的渗透系数时，建议加压标准为 2kPa、20kPa、200kPa 或根据工程需要确定。

②根据国内外的试验报告，试样面积小的有 19.6m^2（直径 5.0cm），较大的有 165cm^2（直径 14.5cm），建议在 20～200cm^2 之间。

③试验前应将试样饱和，目的是排除试样中的空气，以免过水面积减小。试验用水也应进行脱气处理，以免水中气体分解气泡堵塞织物的孔隙。

④试验时试样边缘与侧壁之间必须严格密封。

⑤试样层数，可采用单层或多层，应根据具体条件而定。

⑥试验时应记录温度，并将在测试温度下确定的渗透系数换算为相应于标准温度（20℃）的值。其计算公式如下：

a. 标准温度（20℃）下渗透系数的计算公式：

$$K_n^{20} = \frac{Q\delta}{A \cdot \Delta h \cdot t} \cdot \frac{\eta_T}{\eta_{20}} \tag{6-14}$$

式中：K_n^{20}——标准温度（20℃）时试样的渗透系数（cm/s）；

η_T——试验水温（T℃）时水的动力粘滞系数（kPa·s）；

η_{20}——20℃时水的动力粘滞系数（kPa·s）；

其余符号意义见式（6-12）、式（6-13）。

b. 标准温度（20℃）下透水率的计算公式：

$$\Psi_{20} = \frac{Q}{A \cdot \Delta h \cdot t} \cdot \frac{\eta_T}{\eta_{20}} \tag{6-15}$$

式中：Ψ_{20}——标准温度（20℃）下试样的透水率（1/s）；

其余符号意义见式(6-14)。

土工织物的渗透系数为 $8\times10^{-4}\sim5\times10^{-1}$cm/s,其中无纺织物的渗透系数为 $4\times10^{-3}\sim5\times10^{-1}$cm/s。我国几个主要厂家的无纺织物的渗透系数在 $1.9\times10^{-2}\sim1.4\times10^{-1}$cm/s 之间。一般土工织物的透水率 Ψ 值为 0.02 ~ 2.2l/s。

2. 沿织物平面的渗透特性

土工织物在平行织物平面方向输导水流的性能可用沿织物平面的水平渗透系数或导水率表示,这是土工织物排水设计中的重要指标之一。

沿织物平面的渗透系数定义为水力坡降等于 1 时的渗透流速,即

$$K_t = \frac{v}{i} = \frac{vL}{\Delta h} \tag{6-16}$$

式中:K_t——沿织物平面的水平渗透系数(cm/s);

v——沿织物平面的渗透流速(cm/s);

i——渗流水力坡降;

L——织物试样沿渗流方向的长度(cm);

Δh——L 长度上测压管的水头差(cm)。

渗透流速 v 可根据在一定时间内的输导水量,用下式计算:

$$v = \frac{Q}{tB\delta} \tag{6-17}$$

式中:Q——t 时间内沿织物平面输导的水量(cm^3);

t——测定输导水量的时间(s);

B——试样宽度(cm);

δ——试样厚度(cm)。

土工织物输导水流的特性可以用导水率表示。导水率等于沿织物平面的渗透系数与织物厚度的乘积。

$$\theta = K_t \cdot \delta \tag{6-18}$$

式中:θ——导水率(cm^2/s)。

将式(6-17)代入式(6-18)可得:

$$\theta = \frac{q}{iB} \tag{6-19}$$

式中:q——沿织物平面输导水流的流量(cm^3/s)。

因此可知,导水率是水力坡降等于 1 时,沿织物平面单位宽度内输导的流量。

影响织物平面渗透特性的因素很多,如聚合物材料的可润湿性、添加剂的种类、织物的结构、孔隙的大小等。此外织物平面上的法向压力大小、水流方向、水位差、水中含气量以及测试仪器的型式等,都对测试结果有一定的影响。目前关于渗透系数 K_t 及导水率 θ 的测试方法和仪器结构型式还处于研究阶段。

无纺织物的 K_t 值为 $10^{-3}\sim10^{-1}$cm/s,一般比垂直于织物平面的渗透系数 K_n 大。根据对国产 10 种无纺织物渗透系数比较试验的资料,在不同的法向压力下,K_t/K_n 值在 1.4 ~ 7.5 之间,平均为 4.1。这种现象与纤维铺网时的方向及测试时试样与器壁间的止水严密与否有关。

• 第六节 防水混凝土抗渗性能试验 •

一、防水混凝土种类

防水混凝土是指在调整配合比或掺用外加剂的方法增加混凝土自身抗渗性能的一种混凝土。隧道衬砌常用的防水混凝土有以下几种。

1. 普通防水混凝土

普通防水混凝土是指以控制水灰比、适当调整含砂率和水泥用量的方法来提高其密实性及抗渗性的一种混凝土。其配合比需经过抗压强度及抗渗性能试验后确定。在有冻害地区或受侵蚀介质作用的地区应选择适宜品种的水泥,此种混凝土应严格按有关规定要求施工。

2. 外加剂防水混凝土

在混凝土中掺入适量的外加剂(如引气剂、减水剂或密实剂等),使其达到防水的要求。这种防水混凝土施工较为方便,若使用得当,一般能满足隧道衬砌的防水要求。

1)引气剂防水混凝土

常用的引气剂有松香酸钠、松香热聚物等。松香酸钠引气剂在混凝土中产生的气泡数量多、均匀而细小、间距小、质量好,其抗渗等级可达1.2MPa,抗冻性比普通混凝土提高3倍,抗侵蚀性和抗碳化能力亦有提高。但是,掺有引气剂的防水混凝土强度及弹性模量均有所下降,因此,使用时应先做试验。

2)减水剂防水混凝土

减水剂已在混凝土工程中广泛应用。混凝土使用减水剂可增加密实性,提高混凝土的抗渗能力和抗压强度。引气型减水剂混凝土的抗渗性较好;非引气型减水剂混凝土强度较高。混凝土使用减水剂除可得到高强度、高抗渗性和大流动度外,还可影响其凝结时间。除普通型外还有缓凝型,可使混凝土缓凝(3~6)h;促凝型可使混凝土早凝(1~2)h。如采用适当配制的复合减水剂,还可配制高强、缓凝高强或早强混凝土。

3)密实剂防水混凝土

(1)氯化铁防水混凝土是在混凝土中加入氯化铁防水剂制成的,具有高密实度、高抗渗性(可达1.2MPa以上);抗压强度可比普通混凝土增加13%~40%,并有早强作用;可耐碱性腐蚀,但不耐酸;有直流电源时对钢筋有锈蚀作用,故不宜采用。此种混凝土凝结时升温快,故应注意早期养护以防干缩裂缝。氯化铁防水混凝土性能好、造价低、施工方便,可以在适宜场合广泛采用。

(2)三乙醇胺防水混凝土是在混凝土中掺入少量(占水泥的0.05%)三乙醇胺制成的,有抗渗和早强作用。其强度在前两天提高60%,28d提高10%;对铜、铝破坏性大,对铁、镍腐蚀不明显,在有高压、直流电源的场合应慎重使用。

3. 膨胀水泥防水混凝土

用膨胀水泥配制的混凝土,其孔隙率减小,毛细孔径缩小,因而提高了抗渗性,按施工情况可用于隧道衬砌的拱墙接缝处。

二、一般规定

(1)当衬砌处于侵蚀性地下水环境中,混凝土的耐侵蚀系数不应小于0.8。

混凝土的耐侵蚀系数可按下式计算:

$$N_s = R_{ws}/R_{wy} \tag{6-20}$$

式中:N_s——混凝土的耐侵蚀系数;

R_{ws}——在侵蚀性水中养护6个月的混凝土试块抗折强度;

R_{wy}——在饮用水中养护6个月的混凝土试块抗折强度。

(2)当受冻融作用时,不宜采用火山灰质硅酸盐水泥和粉煤灰硅酸盐水泥。

(3)当钢筋混凝土衬砌采用防水混凝土时,应采用限制裂缝宽度计算方法进行配筋设计。其裂缝宽度不大于0.2mm。

(4)防水混凝土衬砌的钢筋保护层厚度迎水面不应小于35mm;当直接处于侵蚀性介质中时,保护层厚度不应小于50mm。

(5)防水混凝土衬砌的设计强度一般不低于C20,抗渗等级不应小于0.6MPa,衬砌厚度不应小于20cm。

抗渗等级可按表6-11的规定选用。

防水混凝土抗渗等级　　表6-11

最大作用水头 H 与防水混凝土衬砌壁厚 h 的比值 H/h	设计抗渗等级(MPa)	最大作用水头 H 与防水混凝土衬砌壁厚 h 的比值 H/h	设计抗渗等级(MPa)
<10	0.6	25~35	1.6
10~15	0.8	>35	2.0
15~25	1.2		

(6)试件的抗渗等级应比设计要求提高0.2MPa。

(7)当采用防水混凝土时,应对衬砌的各种缝隙采取有效的防水措施,以使衬砌获得整体防水效果。

(8)当采用高标号水泥配制防水混凝土时,在不致影响强度的情况下,可在混凝土中掺用适量的粉细料,增加其密实性,以提高防水性能。

三、试验目的

主要用于检测混凝土硬化后的防水性能以及混凝土抗渗强度等级。

防水混凝土的抗渗强度等级可分为以下3种。

1. 设计强度等级

它是根据地下工程的埋深以及水力梯度(即最大作用水头与建筑物最小壁厚之比)综合考虑而确定的,可参考表6-11。

2. 试验强度等级

它用于确定防水混凝土施工配合比。一般应在设计抗渗标号的基础上提高0.2MPa来确定。

3. 检验强度等级

它是对试验或施工过程中留置的防水混凝土抗渗试块进行抗渗试验所测得的强度等级。检验强度等级不得低于设计抗渗强度等级。

四、防水混凝土抗渗试块制作

1. 抗渗试块

圆柱体：直径、高度均为150mm。

圆台体：上底直径175mm，下底直径185mm，高为165mm。

2. 试块制作

每组试块为6个，人工插捣成形时，分两层装入混凝土拌和物，每层插捣25次，在标准条件下养护；如结合工程需要，则在浇筑地点制作，每单位工程制作不少于两组，其中至少一组应在标准条件件下养护，其余试件与构件相同条件下养护，试块养护不少于28d，不超过90d。

五、试验仪器

适于作混凝土抗渗性测定和试验研究的仪器为HS40A型混凝土抗渗仪。

仪器结构原理为：HS40A型混凝土抗渗仪是利用密封容器与其连通的管路系统各处的压强相等（水头不计），以水泵施压，并通过接点压力表和简单的电气控制系统，保持压力在规定的范围内来进行试验的简易装置。

HS40A型混凝土抗渗仪由机架试模、分离器、水泵、蓄水罐和电气控制等部分组成。

六、抗渗试验

抗渗试验的步骤如下：

（1）试验前，试块应保持潮湿状态，表面应干燥（在低于50℃的烘箱中烘10~30min，在通风处放5~15min，表面干燥即可）。

（2）将试模预热至50℃左右，涂以石蜡，装入试块，使试块周围与试模内壁之间的缝隙被石蜡填满。注意试块的上下表面不要沾上石蜡，若沾上石蜡则应凿除。

（3）装好试块的试模冷却后即可安装在渗透仪上进行加水试验。抗渗强度等级若要求大于0.8MPa，则初始加压为0.4MPa；抗渗强度等级若小于0.8MPa，则初始压力为0.2MPa。

试验过程中，若水从试块与试模内壁的缝隙中渗出，说明密封不佳，应重新密封，再进行试验。

（4）试验时，水压从0.2MPa开始，每隔8h增加0.1MPa，边加压，边观察，一直加至6个试块中有3个试块表面发现渗水，记下此时的水压力，即可停止试验。

注意：当加压至设计抗渗强度等级，经8h第3个试块仍不渗水时，表明混凝土已满足设计要求，也可停止试验。

（5）当未渗水的试块剖开，记录渗水高度。

七、试验结果计算

混凝土的抗渗标号是以每组6个试件中4个未发现有渗水现象时的最大水压力表示。抗渗强度等级按下式计算：

$$S = 10H - 1 \tag{6-21}$$

式中：S——混凝土抗渗强度等级；

H——第 3 个试块顶面开始有渗水时的水压力(MPa)。

八、抗渗试验的留置组数

抗渗试验较繁琐，试验过程中要安排人员值班，耗用时间较长，组数不宜过多，以能反映整个结构或重要部位的实际抗渗性能来确定组数。但无论防水工程的规模大小，应至少留置两组抗渗试块。其中一组在标准条件下养护，以检验防水混凝土的设计特征值，作为衡量防水混凝土结构抗渗性能的依据，测得数据应达到试验强度等级，最低值不应低于设计抗渗强度等级；其余各组块应与结构在同条件下养护，测得检验强度等级，作为结构抗渗性能的参考数据。

● 第七节　防水板施工与质量检查 ●

随着经济的发展和新材料、新工艺的出现，使我国有条件在近些年修建高等级公路隧道时采用复合式衬砌防水新技术。所谓复合式衬砌，即分内、外两层先后施工的隧道衬砌，在隧道开挖后及时安装钢构架、钢格栅和挂网锚喷，作为初期支护(或一次衬砌)；经监控量测或观察，确认围岩初期支护基本稳定后，再铺设防水层。防水层为不透水表面光滑的高分子防水卷材，它不仅起防水作用，而且对初期喷射混凝土及二次衬砌模注混凝土来说，还起到隔离与润滑作用，使初期支护喷射混凝土对二次衬砌混凝土的约束应力减少，从而避免模注混凝土产生裂缝，提高了二次衬砌混凝土的防水抗渗能力。

一、喷射混凝土基面要求

一般来说，隧道开挖并进行初期支护后，喷射混凝土基面仍相当粗糙，局部凹凸不平，经常出现锚杆头外露现象，若直接铺设防水卷材，其防水质量难以保证。因此，在防水卷材铺设前，要对喷射混凝土基面进行认真地处理。检查要点如下：

(1)喷射混凝土基面平整度：外墙 $D/L \leqslant 1/6$，拱顶 $D/L \leqslant 1/8$。其中 L 为喷射混凝土相邻两凸面间的距离；D 为喷射混凝土相邻两凸面间下凹的深度。

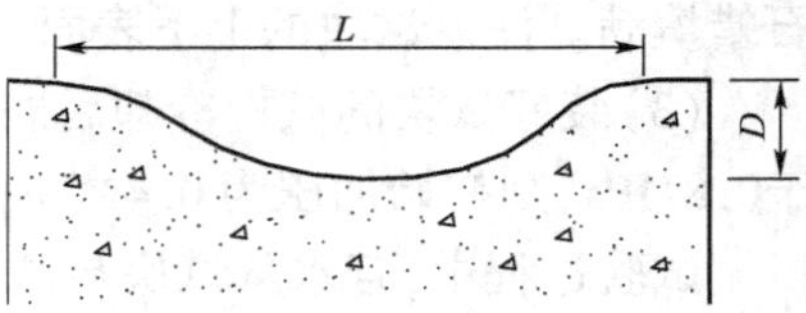

图 6-12　喷射混凝土基面检测

平整度用直尺检测，具体方法如图 6-12 所示。

(2)基面不得有钢筋、凸出的管件等尖锐突出物；若待铺设防水卷材基面有尖锐突出物，则必须进行割除，并在割除部位用砂浆抹成曲面，以免刺破防水层。

(3)隧道断面变化或转弯处的阴角应抹成 $R \geqslant 5$cm 的圆弧。

(4)防水层施工时，基面不得有明水；如有明水，应采取措施施堵或引排。

二、防水卷材施工工艺与检查方法

在初期衬砌施工完毕并达到要求的平整度后，就可以进行防水卷材的铺设。目前防水卷材的铺设工艺有两种:一是无钉热合铺设法,二是有钉冷粘铺设法。

1. 无钉热合铺设法

为了防水可靠和便于施工,先将 PE 泡沫塑料(或土工布)垫衬用机械方法铺设在喷射混凝土基面上,然后用“热合”方法将 EVA 或 LDPE 卷材粘贴在固定 PE 泡沫塑料垫衬的圆垫片上,从而使 EVA 或 LDPE 卷材无机械损伤。其施工程序如下:

(1)基面清理。要求符合上述标准。

(2)PE 泡沫垫衬的施工。在喷混凝土隧道拱顶正确标出隧道纵向的中心线,再使 PE 泡沫的横向中心线与喷混凝土上的这一标志相重合,从拱顶开始向两侧下垂铺设。

用塑料胀管、木螺丝或射钉枪和塑料垫片将 PE 泡沫卷材固定在已达基面要求的喷混凝土上。有时也可用热风塑料焊枪将 PE 泡沫塑料垫衬热粘在基面上,翘边处及其他必要点用射钉枪按上法加强固定。PE 泡沫塑料垫衬卷材间接缝用热风塑料焊枪粘结。

(3)热塑性塑料圆垫片的施工。热塑性塑料圆垫片是隧道复合式衬砌防水层施工的必要零部件。用塑料胀管和木螺丝或射钉枪、射钉将其覆盖在 PE 泡沫垫衬上,每隔 50 ~150cm 梅花形布设(拱顶 50cm、边墙 100cm、底板 150cm),构造如图6-13所示。

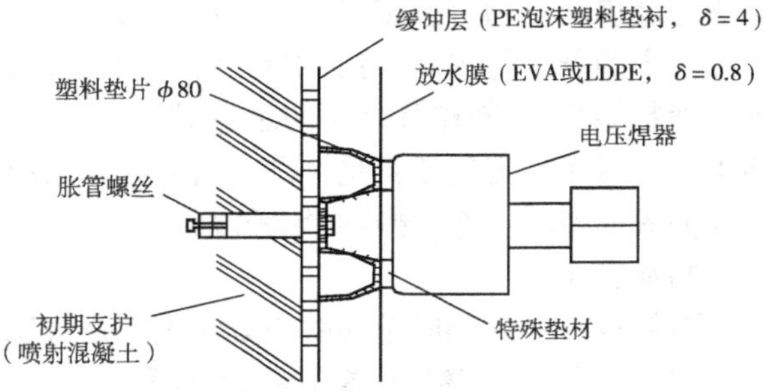

图 6-13 防水卷材固定方法(单位:mm)

(4)EVA、LDPE 与 ECB 的铺设。首先裁剪卷材,要考虑搭接在底板上,高边墙≥30cm。先在隧道拱顶部的 PE 泡沫塑料垫衬上正确标出隧道纵向中心线,再使防水膜的横向中心线与这一标志相重合,将拱顶部与塑料圆垫片热熔焊接,与 PE 泡沫塑料垫衬一样从拱顶开始向两侧下垂铺设,边铺边与圆垫片热熔焊接。铺设时要注意与喷射混凝土凹凸不平相密贴,并不得拉得太紧,一定要注意留出搭接余量。

EVA 或 LDPE 膜在与圆垫片用压焊器进行热合时,一般 10s 多即可。

用塑料热合机焊接材质较薄的防水膜时,还可采用反弯法进行施工。即首先将两层膜对接,然后热合焊接,当双焊缝经检查合格后,将其弯向一侧点焊在卷材上,这样可避免焊缝180°剥离。

2. 焊缝质量检测

防水膜间用热合机进行焊接,接缝为双焊缝,中间留出空腔以便充气检查。

检查方法是:用 5 号注射针与压力表相接,用打气筒充气(脚踏式或手动式皆可),充气时检查孔会鼓起来,当压力达 0.1 ~0.15MPa 时,停止充气。保持该压力时间不少于 1min,说明焊接良好;如压力下降,证明有未焊好之处,用肥皂水涂在焊接缝上,产生气泡地方为焊接欠佳之处。重新焊接可用热风焊枪或电烙铁等补焊,直到不漏气为止。检查数量,焊接 1000 延长米抽检 1 处焊缝;为切实保证质量,每天、每台热合机焊接均应取一个试检,注明取样位置、焊接操作者及日期。

3. 防水层破损的检查与修补

防水层施工必须精心,防水层质量检查必须认真。但破损有时是难免的,如正在工作的塑料热合机突然停电不能前进,此时会很快将防水层烧破。

检查出防水层上有破坏之处,必须立即做出明显标记,以便毫不遗漏地把破损处修补好。补后一般用真空检查法检验修补质量。具体要求为:

(1)补丁不得过小,离破坏孔边沿不得小于7cm。

(2)补丁要剪成圆角,不要有正方形、长方形、三角形等尖角。

在防水施工前如拱顶有大量涌水,应用不透水薄膜或塑料排水盒进行排水,以免因涌水使防水膜鼓包,影响二衬混凝土的灌注尺寸。

4. 有钉冷粘铺设法

1)工艺与特点

为了施工方便,目前已开发出防水板与土工布复合在一起的专用防水卷材,在这种卷材的纵向边缘留有10cm的粘接带,在此区内无土布层。施工中,先将初期衬砌基面整平,割除锚杆头等金属突出物。接着根据防水卷材的铺设方向(纵向或环向)截取相应的卷材段,擦干净粘接带内的灰尘与水滴,将防水卷材自下而上或自外而内边涂胶边固定。固定时采用射钉枪固定塑料垫片,塑料垫片外压防水卷材。卷材片间的粘接采用卷材厂家提供的专用胶,可冷涂施工。最后用比固定塑料垫片稍大的卷材块涂胶后修补射钉孔。这种工艺的特点是防水卷材铺成的表面留有钉疤,接茬时用胶冷粘。

2)施工检查

有钉冷粘法施工质量的检查方法主要是直观检查。具体办法是:

(1)用手托起塑料板,看其是否与喷射混凝土密贴。在拱顶,在1m^2范围内塑料板不得下凹或呈水平状。

(2)看塑料板是否有被划破、扯破、扎破等破损现象。

(3)看接缝处是否胶合紧密,有无漏涂胶现象,搭接宽度必须大于5cm。

(4)检查射钉补块是否严密,胶结强度能否满足施工要求。

● 第八节　止水带检查 ●

隧道围岩中的地下水无孔不入,必须综合治理,多层设防。衬砌施工缝、沉降缝及伸缩缝(或明洞与隧道衬砌接缝)是隧道防水的薄弱环节,若处理不当则是渗漏水的主要通道。衬砌施工缝和沉降缝一般都采用塑料止水带或橡胶止水带进行防水。由于止水带具有高弹性和压缩变形的特点,它在荷载的作用下产生弹性变形,能起到坚固、密封和有效防止接缝渗漏水的作用。止水带品种较多,有外贴式、预埋式、内贴式3种安装形式。其中预埋式止水带,因构造简单、施工简便及质量可靠,使用较为普遍。预埋式止水带的施工质量检查主要是预埋位置检查和止水带接头粘结检查。

一、预埋位置检查

二次衬砌浇筑时总是由外向内或由内向外从一个方向一环一环地逐步推进。止水带通常在先浇的一环衬砌端头由挡头板固定,要保证止水带预埋位置准确。施工中首先要检查止水带安装的横向位置,用钢卷尺量测内模到止水带的距离,与设计尺寸相比,偏差不应超过5cm。

其次检查止水带安装的纵向位置,通常止水带以施工缝或伸缩缝为中心两边对称,即埋在相邻两衬砌环节内的宽度是相等的;用钢卷尺检查,要求止水带偏离中心不能超过3cm。在工程上,还发现止水带与衬砌端头模板不正交,浇筑混凝土前应用角尺检查,否则会降低止水带在两侧的有效长度,并有可能影响混凝土密实度。

在浇捣作业时,应注意浇捣压力,以免止水带被刺破。如发现有破裂应及时修补,否则在接缝变形和受水压时,止水带所能抵抗外力和防水的能力就会大幅度降低。所以在施工过程中,应注意止水带的保护。浇捣时,应防止止水带偏移,并充分振捣,使止水带和混凝土很好贴合。衬砌脱模后,若检查发现施工中有走模现象发生,致使止水带过分偏离中心,则应适当凿除或填补部分混凝土,对止水带进行纠偏。

二、现场接头检查

止水带的接头部位是止水带防水的薄弱环节。止水带现场接头方式分对接、搭接和复合接3种。塑料止水带接头方法有两种:一种是焊接法,另一种是熔接法。焊接法是采用与塑料止水带材质相同的焊条(直径约3mm),用焊枪以180～200℃热风焊接为一体,在自然空气中冷却。熔接法是将塑料止水带加热至熔融状态下接合再冷却至常温。以上两种接头方法的性能是:焊接法为母体抗拉强度的70%以上,熔接法为母体抗拉强度的90%以上。

橡胶止水带的接头,常用的方法有热接和冷接。外、内贴式橡胶止水带,通常采用热接法,因为冷粘法中目前所采用的胶粘剂耐水性较差,故对于外、内贴式橡胶止水带拼接来说不宜采用;而预埋式,则可借助混凝土浇捣密实,冷接、热接两种方法可,以方便为宜。现场检查的主要内容有:

(1)接头留设部位与压茬方向。由于现场施工条件的限制,一般来说接头部位的防水能力要较正常部位差些,所以留设止水带接头时,应尽量避开排水坡度小与容易形成壁后积水的部位,最好留设在起拱线上下。其次应检查接头处上下止水带的压茬方向,此方向应以排水顺畅,将水流引为正确方向,即上部止水带靠近围岩,下部止水带靠近隧道内壁。

(2)接头强度。现场施工往往忽视接头表面的清刷与打毛,焊接或粘接后接头强度低,很不密实,防水性极差。检查时,用手轻撕接头,观察接头强度和表面打毛情况,不合格时重新焊接或粘接。

●第九节 排水系统施工与质量检查●

一般来说,山岭公路隧道的防排水系统属排水型,即地下水从围岩渗出,经管路系统排出洞外。这一点与要保证地下水位稳定、地下水不能外排的水密型地铁防水工程不同。对于山岭隧道,地下水的流程为:围岩→环向排水管→纵向排水管→横向排水盲管→中央排水管→洞外出水口。本节按照水流的顺序,简要介绍各排水管道施工中的质量检查方法。

一、环向排水管

1. 外观检查

目前工程上使用的环向排水管通常为涂塑弹簧外裹玻璃纤维布或塑料滤布构成。检查弹簧管质量时,首先检查玻璃纤维布或塑料滤布是否套紧;其次检查弹簧涂塑层是否均匀,涂层有无老化;然后用直尺量测弹簧管的直径,检查其是否与设计尺寸一致;最后从轴向和横向用力压弹簧管,观察其是否有较大的塑性变形,孔径是否有异常变化。

2. 安装检查

隧道围岩中的地下水是随季节与年份的变化而变化的,施工中经常因隧道渗水量小或无渗水而扩大弹簧排水管的间距。因此,施工检查中首先要按要求布设环向弹簧排水管,要保证基本间距,局部涌水量大时还应适当加大其密度。其次,安装时弹簧排水管应尽量紧贴渗水岩壁,尽量减小地下水由围岩到弹簧排水管的阻力。第三,弹簧排水管布置时沿环向应尽量圆顺,尤其在拱顶部位不得起伏不平。第四,弹簧排水管安装时应先用钢卡等固定,再用喷射混凝土封闭。最后应检查弹簧排水管与下部纵向排水盲管的连接,确保弹簧排水管下部排水畅通。

二、纵向排水盲管

1. 外观检查

1)纵向排水盲管材质及规格检查

塑料制品若保存不当极易发生老化,可目测管材的色泽和管身的变形;轻轻敲击观察管体是否变脆;用卡尺或钢尺量管径与管壁,检查其是否与设计要求相符。

2)管身透水孔检查

纵向排水盲管主要有两个作用:一是将环向排水管下流之水经其排至横向盲管;二是将防水卷材阻挡之水经纵向盲管上部透水孔向管内疏导。为了实现其第二项功能,盲管上的透水孔必须有一定的规格并保证有一定的间距。在纵向盲管安装前,必须用直尺检查钻孔的孔径和孔间距。

2. 安装检查

1)安装坡度检查

纵向排水盲管通常位于衬砌的两下角,需要从路面水平下挖一定深度才能达到设计标高。有时施工条件极为不利,施工较易出现管身高低起伏不定,平面上忽内忽外的现象。在这种情况下,隧道建成后纵向盲管容易被淤砂封堵,或被冰冻封堵,造成纵向排水不畅。因此,施工中一定要为纵向盲管做好基础,用坡度规检查、测定纵向盲管的坡度,使地下水进入纵向盲管后在一定的坡度下按指定的方向流动。

2)包裹安装检查

纵向排水盲管在布设时必须注意其细部构造。首先应用土工布将纵向排队水管包裹。使泥沙不得进入纵向盲管。其次,应用防水卷材半裹纵向盲管,使从上部下流之水在纵向盲管位置尽量流入管内,而不让地下水在盲管位置纵横漫流。因此,施工时要认真检查纵向盲管的包裹安装情况,杜绝粗放施工,为隧道后期排水创造条件。

3)与上下排水管的连接检查

纵向排水盲管在整个隧道排水系统中是一个中间环节,起着承上启下的作用。施工中应注意检查上部环向弹簧排水管与纵向排水盲管的连接。一般采用环向排水管出口与纵向盲管简单搭接的方式,避免两管之间被喷射混凝土隔断。其次还应注意检查纵向排水盲管与横向盲管的连接。一般采用三通管连接；三通管留设位置应准确，接头应牢靠，防止松动脱落。

三、横向盲管

横向盲管位于衬砌基础和路面的下部，布设方向与隧道轴线垂直，是连接纵向排水盲管与中央排水管的水力通道。横向盲管通常也为硬质塑料管，施工中先在纵向盲管上预留接头，然后在路面施工前接长至中央排水管。对横向盲管的检查，主要是接头应牢靠、密实，保证纵向盲管与中央排水管间水路畅通，严防接头处断裂，由纵向盲管排出之水在路面下漫流，造成路面翻浆冒水，影响行车安全；其次是在横向盲管上部应有一定的缓冲层，以免路面荷载直接对横向盲管施压，造成横向盲管破裂或变形，影响其正常的排水能力。

四、中央排水管

1. 外观检查

中央排水管位于路面下部中央，通常由预制混凝土管段构成。其作用主要有：一是集中排放由上游管路流来的地下水；二是通过其上部的众多小孔（ϕ12mm 左右）疏排路面下的各种积水。中央排水管的外观检查包括：

(1)预制管段的规整性。用钢尺量测管段直径，观察管身是否变形或有严重裂缝，检查管身上部透水孔是否畅通。

(2)管壁的强度。用石块轻敲管壁，检查混凝土强度是否满足设计与施工要求；对酥松掉块者，必须弃之不用。

2. 施工检查

1)中央排水管基础检查

中央排水管因隧道所在地区的不同，埋置深度在 0.5 ~2.0m 之间。施工时先挖基槽，整平基础，然后再铺设管段，最后回填压实。其中最重要的一个环节是处理管段基础。在软岩或断层破碎带区段施工中，应将不良岩(土)体用强度较高的碎石替换，并用素混凝土找平基面，使基础既平整又密实，为管段顺利铺设创造条件。施工中应特别注意检查基础的坡度，不仅总体坡度应符合要求，而且局部的几个管段间也应符合要求，尽量避免高低起伏。

2)管段铺设检查

管段铺设时，首先要保证将具有透水孔的一面朝上。管段逐个放稳后，再用水泥砂浆将段间接缝密封填实。待砂浆凝固后，应逐段进行通水试验，发现漏水，及时处理。之后用土工布覆盖管段透水孔，在横向盲管出口处注意与中央排水管的连接方式。回填时注意保护管段的稳定及其上部透水性。

复习思考题

1. 试述渗漏水对公路隧道的危害。

2. 高分子防水卷材的试验检测项目有哪些？怎样检测？

3. 某种高分子防水卷材的哑铃状试件工作部分的宽度 $b = 22.5\text{mm}$，厚度 $d = 2\text{mm}$，拉力达 720N 时试件断裂，试确定该试件的拉伸强度。

4. 某高分子防水卷材作断裂伸长率试验，试件初始时的标距 $L_0 = 100\text{mm}$，断裂时的标距 $L = 325\text{mm}$，试确定该试件的断裂伸长率。

5. 试述高分子防水卷材的热空气老化试验的步骤。

6. 防水混凝土的种类有哪些？防水机理有何区别？

7. 简述混凝土抗渗试验的方法。

8. 高分子防水卷材的种类有哪些？

9. 简述目前隧道中常用排水系统的构成。

10. 简述目前隧道的防水做法、常用材料及施工工艺。

11. 隧道衬砌的伸缩缝、沉降缝和施工缝是怎样防水的？

12. 排水系统施工质量的检查内容有哪些？

13. 防水板铺设前怎样检测基面的平整度？

14. 试述防水板无钉热合铺设焊缝的检测办法。

15. 试述防水板有钉冷粘铺设施工质量检查的步骤。

16. 试述缝间止水带施工质量检查内容和方法。

第七章

混凝土衬砌施工与质量检测

知识目标

1. 混凝土衬砌施工期间质量检查的内容和方法；
2. 混凝土衬砌内部缺陷检测的方法。

技能目标

1. 会用回弹法检测混凝土强度；
2. 会用超声波法检测混凝土强度；
3. 会用“回弹—超声”综合法测定混凝土强度；
4. 会进行混凝土强度评定。

隧道混凝土衬砌是隧道的主要承载结构，是隧道防水工程最重要也是最后的一道防线，往往还是隧道外观美的直接体现者，因此，隧道混凝土衬砌质量的好坏对隧道的长期稳定、使用功能的正常发挥以及外观美均有很大影响。目前，我国隧道混凝土衬砌常见的质量问题有局部裂缝和内部缺陷、混凝土强度不够、衬砌厚度不足等。本章针对上述问题，介绍目前工程上常用的检测方法。

• 第一节　施工过程中的质量检查 •

加强对衬砌混凝土各道施工工序的检查，是防止混凝土出现局部裂缝，内部缺陷和厚度不够、强度不足等质量问题的有效措施。

一、开挖轮廓检查

隧道开挖后，围岩壁面凹凸不平，经整形和锚喷支护，一般来说，隧道开挖断面形状和尺寸都能满足设计和施工要求。但有时会因开挖毛面欠挖，或是围岩变形较大，使隧道轮廓局部严重外凸，壁面不够平顺，若不及时处理，就会造成衬砌混凝土厚度不足或不能振捣密实。所以在衬砌混凝土浇注和防水层铺设之前，或用尺量，或用隧道断面仪对衬砌施工前的隧道实际轮廓进行检测。如果凸出部分基面已侵入衬砌断面，则应在浇注前进行处理，以保证衬砌混凝土厚度。

二、基础检查

基础施工检查的重点是基坑检查。首先是基坑的基本尺寸应符合设计要求。在不良地质条件下,基坑开挖可能会遇到种种困难,这时应采用锚喷支护或其他措施,加强对外壁围岩的支护,保证基坑基本尺寸。其次,浇注混凝土前,应清理基坑内的浮碴,排清基坑内的积水。最后,当地质条件发生不利变化时,还应注意检查基底承载力。基础在浇注前,还应检查排水管路布设情况,如水路是否畅通,外壁面上的防水板是否严密,止水带预埋位置是否准确,预留长度是否合适等。

三、模板检查

衬砌模板的质量在一定程度上决定着隧道衬砌的外观质量,并影响着衬砌的内在质量,因此,在施工前和施工过程中都应进行严格的质量检查。

1. 拱架应有足够的刚度

拱架是模板的依托,一般来说其强度不会存在大的问题,但其整体刚度常常引起衬砌质量问题。拱架的刚度可由计算或试验方法来检验,拱架的整体刚度可通过单个拱架的型钢号或架间距来调整。

2. 拱架应有规整的外形

拱架在使用前应先在样台上试拼,各架间的轮廓径向尺寸差不宜大于10mm;前后两端的拱架外形应尽量一致,最大径向尺寸差不大于5mm,以免前后两环衬砌间出现错台。

3. 模板长度和宽度均不宜过大

模板长度过大容易造成板块刚度不足,宽度较大不利于衬砌的弯曲过渡。其长度一般可取100cm,最大不应超过150cm;其宽度一般为50cm,并配备若干块较窄的模板,宽为30cm。

4. 拱架和模板设置位置应准确

架设时应按隧道中线和标高就位,反复校核,在施工允许误差范围内尽量减小误差。

5. 挡头板安装可靠,封堵严实

挡头板按衬砌断面制作,安装时要注意止水带两侧以及与初期支护间的密实,固定应可靠。

四、混凝土浇注检查

检查衬砌混凝土配合比、强度和坍落度,应根据有关规范进行。衬砌混凝土浇注检查主要靠现场直观进行,其重点环节有:

(1)角落部位与钢筋密度大部位的振捣。这些部位由于振捣较为困难,施工质量不易保证,若稍有不慎,就可能出现蜂窝麻面,降低衬砌强度,给渗漏水提供通道。

(2)拱顶部位浇注。拱顶部位的混凝土浇注是衬砌施工的难点之一,无论是送料还是振捣都相当困难,到了顶面混凝土拌和料还会出现沉析现象。这时旁站监督检查极为重要。

(3)水平施工缝后浇处理。由于各种各样的原因,经常出现衬砌混凝土到某一高度时,浇注作业不得暂时停止。如果间歇时间过长,超过了前浇混凝土的终凝时间,则不可避免地要在此位置上出现水平施工缝。实践证明,水平施工缝对隧道衬砌整体强度影响较大,特别是对衬砌防渗防漏影响极大,许多已建隧道的渗漏水都发生在水平缝上。因此,在后浇混凝土施工之前，必须清除先浇基面上的杂物，必要时还应凿除不干净、不密实的表层，作适当处理后再重新浇注混凝土。施工质量也只能靠现场观察来检查。

五、拆模检查

在衬砌混凝土达到一定强度之后才能拆除衬砌模板。施工中常常为了加快工程进度而提前拆模，造成低强度混凝土过量承载，致使衬砌出现裂缝。适宜的拆模时间应根据实际采用的混凝土的强度—时间（龄期）关系曲线确定。

《公路隧道施工技术规范》(JTJ 042—94）规定拆除拱架、墙架和模板，应符合以下要求：

（1）不承受外荷载的拱、墙，混凝土强度应达到5.0MPa，或在拆模时混凝土表面积和棱角不被损坏并能承受自重。

（2）承受围岩压力较大的拱、墙，封顶和封口的混凝土应达到设计强度的100%。

（3）承受围岩压力较小的拱、墙，封顶和封口的混凝土应达到设计强度的70%。

六、外观检查

衬砌拆模后，立即对衬砌表面的蜂窝麻面面积进行测量。如果蜂窝麻面面积不超过总表面积的0.5%，其深度不超过10mm，则属正常；否则应对混凝土水灰比、配比进行检测调整，或采取其他技术措施加以预防。

七、衬砌厚度的检测

隧道施工中，对二次衬砌厚度的检查，可在灌注混凝土之前进行。其检测方法是：可以在架设好模板灌注混凝土之前，用量尺检查衬砌厚度。在分段灌注的中部和端部两个断面内，对衬砌厚度所需的空间进行检测（精确到1cm），测点的间距为2m。

检测结果应在断面图上标注。在某些地质条件复杂而又必须保证衬砌厚度的地段，为确认衬砌尺寸符合要求，可以采用摄影照片或激光断面仪检测。当对衬砌厚度有疑问时，可用凿孔检测，但检测后孔眼应用水泥砂浆填塞；若衬砌背后设有塑料板防水层，为避免穿透防水层，则不宜采用凿孔的检测方法，而应采用其他方法检查二次衬砌的厚度。

八、养护检查

衬砌混凝土拆模后应及时进行养护，并应遵守下列规定：

（1）采用硅酸盐水泥拌制的混凝土，其养护时间不得少于7d；掺有外加剂或有抗渗要求的混凝土，不得少于14d。

（2）采用加覆盖物或洒水方式养护。养护用水的温度应与环境温度基本相同。

第二节 检测混凝土强度的方法

一、回弹法检测混凝土强度

1. 基本原理

回弹法是根据弹性能量与线性回弹值成一定比例的原理，以线性回弹值反映混凝土表面的硬度，根据混凝土表面硬度来推求混凝土抗压强度的一种检测方法。

2. 检测仪器及使用方法

回弹法是目前广泛采用的一种测定混凝土强度的无损检测方法。回弹法所使用的仪器称为回弹仪。回弹仪的构造如图 7-1 所示。

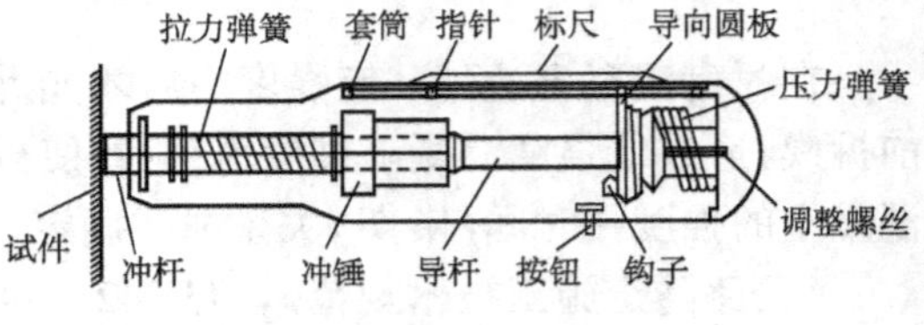

图 7-1　回弹仪的构造

使用时，先压一下冲杆，使按钮脱离导向圆板，在压力弹簧的作用下，圆板连同导杆被推向前方，并带动指针回“零”，使冲杆伸出套筒，此时钩子钩住冲锤。然后将冲杆垂直地顶向试件表面，徐徐用力将其顶回套筒内，于是拉力弹簧就逐渐处于受力状态。最后当钩子被后盖调整螺丝顶开时，冲锤就借弹簧力冲击于冲杆上，冲击反力将锤弹回，并带动指针在标尺上指出回弹值。

3. 回弹值测量

(1) 检测时，回弹仪的轴线应始终垂直于衬砌混凝土检测面，缓慢施压，准确读数，快速复位。

(2) 测点宜在测区范围内均匀分布，相邻两测点的净距一般不小于 20mm，测点距衬砌边缘或外露钢筋、预埋件的距离一般不小于 30mm。测点不应在气孔或外露石子上，同一测点只允许弹击一次。每一测区应记取 16 个回弹值，每一测点的回弹值读数精确至 1。

4. 碳化深度值测量

(1) 回弹值测量完毕后，应选择不少于衬砌的 30% 测区数在有代表性的位置上测量碳化深度值。

(2) 测量碳化深度值时，可用合适的工具在测区表面形成直径约为 15mm 的孔洞，其深度大于混凝土的碳化深度。然后除净孔洞中的粉末和碎屑，不得用水冲洗。立即用浓度为 1% 的酚酞酒精溶液滴在孔洞内壁的边缘处，再用深度测量工具测量已碳化与未碳化混凝土交界面到混凝土表面的垂直距离多次，取其平均值，该距离即为混凝土的碳化深度值。每次读数精确至 0.5mm。

5. 回弹值计算

(1) 计算测区平均回弹值时，应从该测区的 16 个回弹值中剔除 3 个最大值和 3 个最小值，然后将余下的 10 个回弹值按下列公式计算：

$$R_m = \frac{\sum_{i=1}^{10} R_i}{10} \tag{7-1}$$

式中：R_m——测区平均回弹值，精确至 0.1；

R_i——第 i 个测点的回弹值。

(2) 回弹仪非水平方向检测混凝土浇筑侧面时，应按下列公式修正：

$$R_m = R_{ma} + R_{a\alpha} \tag{7-2}$$

式中：R_{ma}——非水平方向检测时测区的平均回弹值，精确至 0.1；

$R_{a\alpha}$——非水平方向检测时回弹值的修正值，见表 7-1。

(3) 回弹仪水平方向检测混凝土浇筑表面或底面时，应按下列公式修正：

$$R_m = R_m^t + R_a^t$$
$$R_m = R_m^b + R_a^b \quad (7\text{-}3)$$

式中：R_m^t、R_m^b——水平方向检测混凝土浇筑表面、底面时，测区的平均回弹值，精确至0.1；

R_a^t、R_a^b——混凝土浇筑表面、底面回弹值的修正值，见表7-2。

非水平方向检测时回弹值的修正值　表7-1

R_{ma}	检测角度							
	向上				向下			
	90°	60°	45°	30°	-30°	-45°	-60°	-90°
20	-6.0	-5.0	-4.0	-3.0	+2.5	+3.0	+3.5	+4.0
25	-5.5	-4.5	-3.8	-2.8	+2.3	+2.8	+3.3	+3.8
30	-5.0	-4.0	-3.5	-2.5	+2.0	+2.5	+3.0	+3.5
35	-4.5	-3.8	-3.3	-2.3	+1.8	+2.3	+2.8	+3.3
40	-4.0	-3.5	-3.0	-2.0	+1.5	+2.0	+2.5	+3.0
45	-3.8	-3.3	-2.8	-1.8	+1.3	+1.8	+2.3	+2.8
50	-3.5	-3.0	-2.5	-1.5	+1.0	+1.5	+2.0	+2.5

注：①R_{ma}小于20或大于50时，均分别按20或50查表；

②表中未列入的相应于R_{ma}的修正值$R_{m\alpha}$，可用内插法求得，准确至0.1。

（4）如检测时仪器非水平方向且测试面非混凝土的浇筑侧面，则应先按表7-1对回弹值进行角度修正，然后再按表7-2对修正后的值进行浇筑面修正。

不同浇筑面的回弹值的修正值　表7-2

R_m^t 或 R_m^b	表面修正值 R_a^t	底面修正值 R_a^b	R_m^t 或 R_m^b	表面修正值 R_a^t	底面修正值 R_a^b
20	+2.5	-3.0	40	+0.5	-1.0
25	+2.0	-2.5	45	+0	-0.5
30	+1.5	-2.0	50	+0	0
35	+1.0	-1.5			

注：①R_m^t 或 R_m^b 小于20或大于50时，均分别按20或50查表；

②表中有关混凝土浇筑表面的修正系数，是指一般原浆抹面的修正值；

③表中有关混凝土浇筑底面的修正系数，是指构件底面与侧面采用同一类模板在正常浇筑情况下的修正值；

④表中未列入的相应于 R_m^t 或 R_m^b 和 R_a^t 或 R_a^b 值，可用内插法求得，精确至0.1。

6. 混凝土强度的计算

（1）衬砌第 i 个测区混凝土强度换算值，可按所求得的平均回弹值 R_m 及所求得的平均碳化深度值 d_m 由表7-3查得。有地区测强曲线或专用测强曲线时，混凝土强度换算值应按地区或专用测强曲线换算得出。

测区混凝土强度换算表 表 7-3

平均回弹值 R_m	测区混凝土强度换算值(MPa)					
	平均碳化深度值 d_m(mm)					
	1.0	2.0	3.0	4.0	5.0	≥6.0
20.0	9.8	—	—	—	—	—
22.0	11.9	11.0	10.2	—	—	—
24.0	14.2	13.1	12.2	11.5	10.7	10.1
26.0	16.6	15.4	14.4	13.5	12.6	11.6
28.0	19.2	17.6	16.5	15.4	14.4	13.2
30.0	21.9	20.0	18.6	17.4	16.4	14.7
32.0	24.9	22.8	21.2	19.6	18.4	16.4
34.0	28.0	25.6	23.7	22.1	20.4	18.3
36.0	31.2	28.2	26.2	24.5	22.4	20.2
38.0	34.9	31.5	29.2	27.4	24.8	22.5
40.0	38.3	34.5	31.7	30.0	27.0	25.0
42.0	42.2	37.6	34.9	33.0	29.8	27.5
44.0	46.4	41.3	38.3	36.3	32.8	30.2
46.0	—	45.2	41.9	39.7	35.8	33.1
48.0	—	—	45.6	43.2	39.0	36.0
50.0	—	—	—	46.9	42.3	39.1

(2)由各测区的混凝土强度换算值可计算得出结构混凝土的强度平均值。当测区数不少于10个时,还应计算强度标准差。平均值及标准差应按下列公式计算:

$$m_{fcu}^{c}=\frac{\sum_{i=1}^{m}f_{cu,i}^{c}}{n} \tag{7-4}$$

$$s_{fcu}^{c}=\sqrt{\frac{\sum_{i=1}^{m}(f_{cu,i}^{c})^{2}-n(m_{fcu}^{c})^{2}}{n-1}} \tag{7-5}$$

式中:m_{fcu}^{c}——衬砌混凝土强度平均值(MPa),精确至0.1MPa;

n——对于单个检测的衬砌环节,取一个环节的测区数;对于批量检测的衬砌环节,取被抽取测区数之和;

s_{fcu}^{c}——衬砌混凝土强度标准差(MPa),精确至0.1MPa。

注意:测区混凝土强度换算值是指按《回弹法检测混凝土抗压强度技术规程》(JGJ/T 23—92)检测的回弹值和炭化深度值,换算成相当于被测结构或构件的测区在该龄期下的混凝土抗压强度值。

表7-4为回弹法检测原始记录表,表7-5是衬砌混凝土强度计算表。有关回弹法更详细的要求与说明请查询现行建筑材料规范大全。

回弹法检测原始记录表

表 7-4

工程名称：　　　　　　　　　　　　　　　　　　　　　　第　　页 共　　页

编　号		回　弹　值 R_i																	碳化深度
构件	测区	1	2	3	4	5	6	7	8	9	10	11	12	13	14	15	16	R^m	d_i(mm)
	1																		
	2																		
	3																		
	4																		
	5																		
	6																		
	7																		
	8																		
	9																		
	10																		

测面状态	侧面、表面、底面、干、潮湿	回弹仪	型号	回弹仪检定证号
测试角度 α	水平、向上、向下		编号	测试人员资格证书
			率定值	

测试：　　　记录：　　　计算：　　　　　　　　测试日期：　　年　　月　　日

构件混凝土强度计算表

工程名称：　　　　　　　　　　　　　　　　　　　　　　表 7-5

构件名称及编号：　　　　　　　　　　　　　　　　　　　第　　页 共　　页

项目 \ 测区		1	2	3	4	5	6	7	8	9	10
回弹值	测区平均值										
	角度修正值										
	角度修正后										
	浇灌面修正值										
	浇灌面修正后										
平均碳化深度值 d_m (mm)											
测区强度值 f^c_{cu} (MPa)											
强度计算(MPa) $n=$		$m^c_{fcu}=$			$s^c_{fcu}=$			$f^c_{cu,min}=$			
使用测区强度换算表名称：　规程　地区　专用					备注：						

测试：　　　计算：　　　复核：　　　　　　　　计算日期：　　年　　月　　日

二、超声波法检测混凝土强度

1.超声波探测法

大量的试验表明,混凝土的抗压强度 R_c 与纵波的传播速度 v_e 之间存在着明显的关系,如图7-2所示。国内外对此曾进行了大量的试验研究,认为超声波在混凝土内的传播速度是由混凝土的强度所确定的,是混凝土成分(质量和原材料品种)、龄期及拌制工艺等的复合函数。这种方法在工程实践中的应用获得了显著的效果。同其他混凝土质量检验方法比较,具有速度快、精度高、操作简便等优点,如果与回弹法综合使用(综合法)可以提高测试精度。

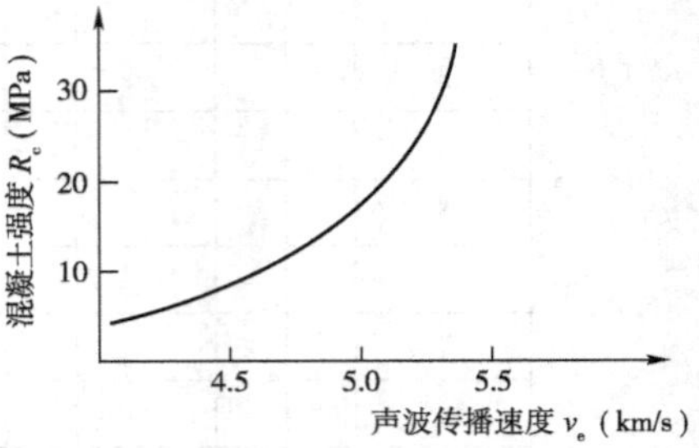

图7-2 R_c-v_e 关系曲线

利用超声波法确定混凝土强度是用公式 $R_c=ae^{bv_e}$ 来实现的,亦即将实测的超声波传播速度 v_e 转换成混凝土的抗压强度 R_c,公式中的 a、b 为常数。混凝土的组成因素,如水泥的品种与用量、集料的性质与级配、混凝土的龄期与湿度以及掺合料等,都对超声波传播速度与混凝土强度的关系产生影响。用分别求出影响系数的方法求得总影响系数 C_t:

$$C_t=C_cC_dC_aC_\Phi C_gC_mC_uC_p \tag{7-6}$$

式中:C_c——水泥品种影响系数;

C_d——水泥用量影响系数;

C_a——集料性质影响系数;

C_Φ——最大集料粒径影响系数;

C_g——细集料(0~1mm)所占比例影响系数;

C_m——混凝土龄期影响系数;

C_u——混凝土湿度影响系数;

C_p——混凝土掺合料影响系数。

"标准混凝土"的 $C_t=1$。对于非标准混凝土的抗压强度 R_{ef},可用"标准混凝土"的强度乘以总影响系数的方法进行修正:

$$R_{ef}=R_cC_t \tag{7-7}$$

推求影响系数的方法是选择在施工中常用的材料和常用的材料用量作为"标准",定它们的影响系数为1。然后在固定其他因素的情况下,改变某一因素,分别捣制不同标号的混凝土试块,进行声波试验和破损试验,作出相应的 R_v-v_e 曲线。再用标准材料的曲线进行比较,即可得到所求因素的影响。

以每个试块的平均波速 v_e 为横坐标,破损强度 R_c 为纵坐标,根据试验结果作散点图,再按散点图绘出影响系数为1的波速-强度标准曲线和其他非标准曲线。影响系数 $C=R_{ef}/R_{st}$,R_{st} 为标准曲线上的强度值,R_{ef} 为非标准曲线上的强度值。

例如在考虑水泥用量对 R_c-v_e 关系的影响时,以水泥用量 $300kg/m^3$ 为标准情况,其影响系数为1,按上述方法进行试验后绘出标准曲线,同样可绘出其他水泥用量时的影响即非标准曲线。依照公式 $C=R_{ef}/R_{st}$ 即可求出不同水泥用量的影响系数 C_d。

2. 影响因素与影响系数

(1)水泥品种。以强度等级为40的波特兰水泥为标准,其影响系数为 $C_c=1$。不同的水泥品种混凝土的影响系数见表7-6所列。

水泥品种影响系数 C_c 表7-6

水泥品种	影响系数	水泥品种	影响系数
快凝水泥 RIM	1.14	波特兰水泥 P400、P2400、M400	1.00
波特兰水泥 P500,BSS	1.07	矿渣水泥 F300	0.85

注:各影响系数及表中所列数值均为罗马尼亚资料。

(2)水泥用量。以水泥用量 $300kg/m^3$ 为标准,其影响系数为 $C_d=1$,不同水泥用量混凝土的影响系数见表7-7所列。

水泥用量影响系数 C_d 表7-7

水泥用量($300kg/m^3$)	影响系数	水泥用量($300kg/m^3$)	影响系数
100	0.46	350	1.11
150	0.61	400	1.21
200	0.75	450	1.30
250	0.88	500	1.38
300	1.00		

(3)集料性质。以常用的石英质河卵石为标准,其影响系数为 $C_a=1$。不同性质集料混凝土的影响系数见表7-8所列。

集料性质影响系数 C_a 表7-8

集料性质	影响系数	集料性质	影响系数
石英质河卵石	1.00	陶粒	2.10
石灰质碎石	0.82	玄武岩渣	4.00
玄武岩碎石	0.91	碎陶瓷	5.00
花岗石碎石	1.09	硅藻土	6.00
火成岩碎石	1.24		

(4)最大集料粒径。混凝土级配中,最大集料粒径不同,R_e-v_e 曲线也不同。以最大集料粒径30mm为标准,其影响系数 $C_\Phi=1$。不同粒径集料的混凝土影响系数见表7-9所列。

最大集料粒径影响系数 C_Φ 表7-9

最大集料粒径(mm)	影响系数	最大集料粒径(mm)	影响系数
70~80	0.94	15	1.05
30	1.00	10	1.12

(5)0~1mm细集料的比例。混凝土级配中,0~1mm细集料比例不同,R_c-v_e 的关系也不同。以集料(0~1mm)占12%的比例为标准,其影响系数 $C_g=1$。不同比例细集料混凝土影响系数见表7-10所列。

细集料(0～1mm)比例影响系数　　表7-10

0～1mm的比例(%)	影响系数	0～1mm的比例(%)	影响系数
6	0.96	30	1.12
12	1.00	42	1.20
18	1.04	54	1.28

(6)混凝土成熟程度。采用的成熟程度的概念,可考虑混凝土的龄期和成熟期中温度两个因素,用温度与天数的乘积来表示。以标准养护条件下的影响系数 $C_m=1$,不同成熟程度混凝土的影响系数见表7-11所列。

混凝土成熟程度影响系数 C_m　　表7-11

成熟程度(d·℃)	影响系数	成熟程度(d·℃)	影响系数
100	0.73	3100	1.10
250	0.87	6300	1.18
500	0.95	13000	1.24
1000	1.00	65000	1.36

(7)混凝土湿度。混凝土湿度对声波探测影响很大,因为混凝土湿度增大时,混凝土中的空隙为水所填充,而超声波在水中的传播速度远远大于在空气中的传播速度。因此,混凝土的湿度越大,超声波的传播速度也越快。鉴于目前尚无法测定混凝土的含水量,因此只能粗略地定标准养护条件的影响系数 $C_u=1$。不同养护条件的混凝土影响系数见表7-12所列。

混凝土湿度影响系数 C_u　　表7-12

混凝土湿度(养护条件)	影响系数	混凝土湿度(养护条件)	影响系数
空气中	1.04	在水中	0.80
标准养护(模内1d,水中2d,空气中21d)	1.00		

(8)混凝土掺合料。加掺合料的混凝土与不加掺合料的混凝土,其 $R_c \sim v_e$ 关系是不相同的。以不加掺合料的混凝土为标准,其影响系数 $C_p=1$。加入不同数量氯化钙的混凝土影响系数见表7-13所列。

掺氯化钙混凝土影响系数 C_p　　表7-13

掺合料比例(%)	影响系数	掺合料比例(%)	影响系数
0	1.00	4	1.40
2	1.19		

影响系数 C_p 也可用下式计算:

$$C_p = 1 + \frac{P}{10} \tag{7-8}$$

式中:P——掺合料占的百分比。

3. 确定混凝土的强度

以上述各影响系数中 $C=1$ 标准情况,制备标准混凝土试块,并以测得每个试块的平均传播速度 v 为横坐标、破损强度 R 为纵坐标,作散点图,散点图的曲线方程选用 $R_c=ae^{bv}$。选择试验数据中的两个点：如：

$$\begin{cases} R_1 = 8\text{MPa} \\ v_1 = 3200\text{m/s} \end{cases} \qquad \begin{cases} R_2 = 24\text{MPa} \\ v_2 = 4200\text{m/s} \end{cases}$$

代入公式 $R_e = ae^{bv}$ 中，解联立方程得：

$$b = \frac{\ln \frac{R_2}{R_1}}{v_2 - v_1} = 1.1\text{s/km}$$

$\log a = \log R_2 - bv_2 \log e = 0.380$

$a = 0.24\text{MPa}$

由此得曲线方程为：$R_c = 0.24e^{1.1v}$

非标准混凝土抗压强度为：$R_{ef} = R_c C_t$

4. 声波探测仪器

为使发射探头向被探测的混凝土发送声波，必须向其提供声频电信号，接收探头接收声波信号并将其转换为电信号；这些信号必须进行放大、处理和显示才能进行判断和识别。这些工作都是由声波探测仪器来完成的。

根据仪器发射声波的类型可分为以下 3 种：

(1)连续波型仪器。这种仪器发射的声波是连续的，并且声波频率保持不变。

(2)调频波型仪器。仪器发射的声波是调频的连续波，将声波作为载频，它受到另一低频振荡的频率调制。

(3)脉冲波型仪器。仪器不连续发射周期性的、频率保持不变的声波，可将其视为矩形脉冲所调制的声波。

接收信号的显示方式，可以采用光屏波形显示(如 CT5—10 型)和数字显示(如 JC—2 型、UCT—2 型)，也可以采用两者相结合的方法显示(如 SC—2 型)。采用示波管荧光屏显示波形具有直观、便于测读幅度的优点，但是，为了提高测读的精度，必须采用较大屏幕的示波管，这就使得仪器较为笨重，不便运输和现场使用。近年来随着数字技术的发展和集成电路的普遍应用，声波探测仪器广泛采用数字显示。数字显示精度高，便于测读，易于实现自动记录，但是，单纯的数字显示不便于测读声波的幅度变化，也不够直观。因此，有些仪器在采用数字显示传播时间的同时还配合以小屏幕的示波管显示，以满足各方面的要求。

随着电子计算机的广泛应用，声波信号的数字分析有了很大的发展。通过磁带记录装置录取声波信号，由电子计算机进行信号的数字分析与处理，不但速度快、精度高，而且还可从接收信号中提取更多的反映结构特征的有用信息。

5. 声波探测方法与探测条件

1)探测方法

在进行声波探测中，要根据被测对象的具体情况来选择探头的类型及其在混凝土上的安放位置。按探头的安放位置，声波探测可分为 3 种方法。

(1)穿透法。穿透法是将声波发射探头和接收探头放置在被测对象相对的两个表面上(图 7-3)，根据声波穿透混凝土后的波速及能量的变化情况来判断混凝土的质量。

穿透法灵敏度较高，是一种使用较为广泛的探测方法，但对发射头和接收探头安装位置的相对准确性要求较高，对混凝土衬砌不适用。

(2)反射法。反射法是由探头向混凝土发射声波，声波沿发射方向传播到混凝土底面后被发射回来并由接收探头接收(图7-4)，根据反射波的传播时间和显示的波形来判断混凝土内部的缺陷及材料的性质。

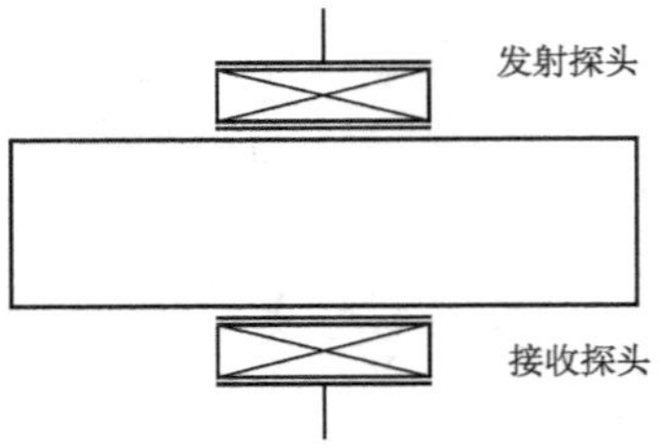

图7-3　穿透法声波控制

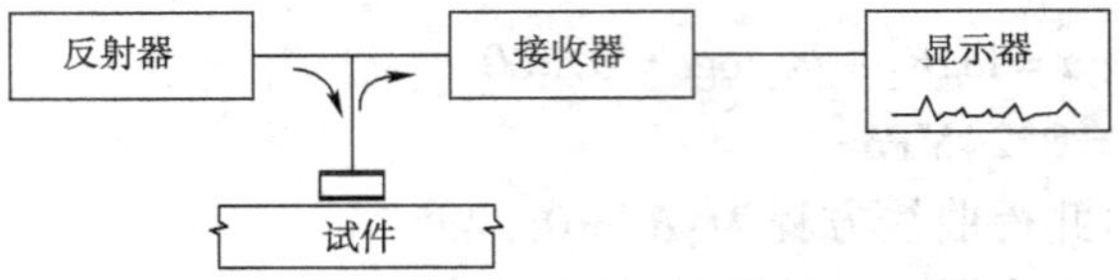

图7-4　反射法声波探测

在非金属材料的声波探测中，发射器多采用脉冲超声波，发射和接收探头可合用一个探头。这种方法适用于结构的另一面无法安放探头的情况，如隧道混凝土衬砌等。

当混凝土厚度很大，声波大量衰减，反射波十分微弱，接收较为困难时，可以用锤击等冲击的方法产生较大的发射能量。

(3)沿面法。由探头发射的纵波通过一定的角度射入混凝土中，并转换成表面波，通过对表面波传播特性的测定，判断混凝土的缺陷和材料的性能。表面波的能量只能在混凝土表面传播，它的能量随着深度的增加很快衰减，在混凝土内部大于一个波长的深度内，表面波能量已经很小，无法进行探测。

这种方法适用于只能在混凝土的一侧安设探头的情况，它适合检测衬砌混凝土。

2)探测条件

(1)声波的频率。测定纵波速度的精度与声波的频率有关，一般希望有尽量高的频率和尽可能长的传播距离。但是，由于混凝土粗集料颗粒尺寸较大，如果波长与粗集料尺寸相差不多或者还要小，就会引起波的散射和衰减。因此，应用声波探测混凝土一类结构时，其最高频率的上限为100kHz，一般约为20kHz。声波的频率越低，则传播的距离越远；但是，如果频率过低，也会使分辨率降低，并使指向性变差。

(2)耦合剂。为了使声波有效地发射到被测结构中，并有效地接收由结构中传来的声波，需使发射探头与接收探头和结构表面有良好的接触。因此，在探测时，除对测点处的结构表面进行平整处理外，还必须具有良好的可塑性，能易于紧密地填充在探头和结构表面之间，其阻抗应足够大，以便声能可以尽量多地入射到结构内。常用的耦合剂有机油、黄油或其他无机油类。

(3)仪器的选择。声波探测仪器是测试的中心环节，合理选择和使用仪器，对于测试精度有决定性的影响。一般认为，用于混凝土等非金属材料的声波探测仪，其计时精度应满足：

①对于声波传播距离在30mm以内的小型构件，仪器的绝对计时误差应小于0.15×10^{-6}。

②在探测较大的混凝土结构时，声速的测量误差应小于±1%。

为了减小速度的测量误差，除对计时精度要求较高外，还应对声波在混凝土中的传播路径长度作精确的测量。声路小于20cm时，应采用卡尺测量。

(4)探测对象。在向被测的混凝土结构或构件发射声波时,由于发射探头的指向性不可能很理想,入射的声波将会有一定的扩散。为了避免侧面反射对测试精度的影响,试验方向上的混凝土断面尺寸必须大于声波波长的两倍。

由于穿透探测对于发射、接收探头的安放位置有较高的要求,所以测点应事先画好线,然后按预定位置准确地安装探头。测点处的混凝土表面要清理干净并打平,然后在其上涂以耦合剂。探头应在混凝土表面压紧,使耦合剂层尽量薄,以减小耦合剂对声波传播时间和振动的影响。

三、"回弹—超声"综合法测定混凝土强度

1. 概述

"回弹—超声"综合法是应用回弹法和超声波法综合测定混凝土的强度。这种综合法是建立在回弹值和超声波传播速度与混凝土的抗压强度之间的相互联系的基础之上,即用回弹值和声波的传播速度综合反映混凝土的抗压强度。综合法与单一法相比,精确度高,适用范围广。

从前面叙述的回弹法和超声波法的影响系数中可以看出，同一个影响因素对不同的方法有着不同的影响，有些影响甚至互相矛盾。例如，混凝土的龄期和混凝土的湿度，对于回弹法来法，随着混凝土龄期的增长其表面硬化，加上混凝土表面碳化结硬，使回弹值偏高；对于湿混凝土，表面硬度降低，回弹值明显偏低。而对于超声波法来说，情况则相反，随龄期的增长混凝土内部趋于干燥，传播速度偏低；对于湿混凝土，声波的传播速度要比在干燥混凝土中快得多。

这两种单一的方法综合后,混凝土龄期和湿度的影响可以相互抵消而不加考虑。对于其他影响因素,在采用综合法后,不能相互抵消,但影响系数却比单一法要小。所以,对于已失去混凝土组织原始资料的长龄期混凝土,采用综合法确定其强度有较好的效果。

综合法确定混凝土的强度,主要是根据由试验值所建立的标准混凝土回弹值—超声波传播速度等强度曲线。混凝土的组成因素的影响,同样采用分别求出影响系数的方法,对非标准混凝土的抗压强度,用标准混凝土强度乘以影响系数的方法进行修正。

2. 影响因素和影响系数

综合法测定混凝土的强度有以下几个影响因素:水泥品种和用量,集料性质和最大集料粒径,细集料(0~10mm)所占比例等。求影响系数的方法与回弹法和超声波法中的相同,试块以20cm×20cm×20cm为宜,试块至少4组(每组3块),先进行回弹法试验,然后进行超声波法试验,最后进行破损试验。求得每个试块的平均回弹值 n 作为纵坐标,平均的声波传播速度 v 作为横坐标,并根据试验数据作散点图,将破损强度 R 值标于坐标点附近。根据散点图绘出标准混凝土与非标准混凝土的等强度曲线,则影响系数 C 为:

$$C = R_{ef}/R_{st} \tag{7-9}$$

式中:R_{ef}——非标准混凝土强度;

R_{st}——标准混凝土强度。

各因素的影响系数见表7-14~表7-18所列。

(1)水泥品种,如表7-14。

影响系数 C_c 表 7-14

水泥品种	影响系数 C_c	水泥品种	影响系数 C_c
快凝水泥 RIM	1.08 ~ 1.11	矿渣水泥 F300	0.88 ~ 0.92
波特兰水泥 P400	1.00		

(2)水泥用量,如表 7-15。

(3)集料性质,如表 7-16。

影响系数 C_d 表 7-15

水泥用量(kg/m^3)	影响系数 C_d
200	0.86 ~ 0.92
300	1.00
400	1.11 ~ 1.16
500	1.22 ~ 1.27

影响系数 C_a 表 7-16

集料性质	影响系数 C_a
石英质河卵石	1.00
石英质河卵石 30%	1.58
重晶石 70%	1.58
重晶石	1.90

(4)最大集料粒径,如表 7-17。

(5)细集料(0 ~ 1mm)的比例,如表 7-18。

影响系数 C_Φ 表 7-17

最大集料粒径(mm)	影响系数 C_Φ
7	1.07 ~ 1.11
30	1.00
70	0.95 ~ 0.96

影响系数 C_g 表 7-18

细集料的比例(%)	影响系数 C_g
6	0.95 ~ 0.96
12	1.00
18	1.03
30	1.06 ~ 1.09
48	1.13 ~ 1.16

3. 混凝土强度的确定

以影响系数均为 1.0 的条件下所构成的标准混凝土的回弹值—声波传播速度等强度曲线即为“标准混凝土”的等强度曲线。制定“标准混凝土”等强度曲线的试块需数百块,试块尺寸以 20cm × 20cm × 20cm 为宜,混凝土强度要在 5 ~ 40MPa 范围内均匀分布。将由综合法和破损试验测得的数据绘制散点图,并制成近于 45°倾斜角的等强度曲线和标准混凝土强度值。

非标准混凝土的抗压强度 R_{ef} 根据总影响系数 C_t 及标准混凝土的抗压强度 R_c 计算:

$$R_{ef} = R_c C_t \tag{7-10}$$

式中:$C_t = C_c C_d C_a C_g C_\Phi$。

4. 钻芯法检测混凝土强度

钻芯取样法检验混凝土强度指从混凝土结构物中钻取芯样和检查芯样,测定混凝土的劈裂抗拉强度或抗压强度,作为评定结构的主要品质指标。但是由于结构或构件部位的条件,所处位置及受力状态的影响,钻取芯样的数量通常比较少,在一定程度上可作为抽检混凝土抗压强度、均匀性和内部缺陷的指标。其检验原则如下:

1)芯样钻取

在钻取芯样前应考虑由于钻芯可能是导致对结构的不利影响,应尽可能避免在靠近混凝土构件的接缝或边缘钻取，且基本上不应带有钢筋。

芯样直径应为混凝土所有集料最大粒径的3倍，一般为150mm或100mm。任何情况下不小于集料最大粒径的2倍。

钻出后的每个芯样应立即清楚地标上记号，并记录芯样在混凝土结构中钻取的位置。

钻取的芯样数量应满足下列规定：

(1)按单个构件检验时，每个构件钻取芯样数不少于3个，对较小构件至少应取2个；

(2)对构件局部区域检验时，应由要求检验的单位确定取芯位置及数量。

2)钻取芯样检查

每个芯样应详细描述有关裂缝、分层、麻面或离析等，并估计集料的最大粒径、形状种类及粗细集料的比例及级配，检查并记录存在的气孔的位置、尺寸与分布情况，必要时应进行拍照。

在芯样的中间及两端1/4处按两个垂直方向测量三对数值确定芯样的平均直径d，精确至mm。

取芯样直径两端侧面测定钻取后芯样的长度及端面加工后的长度，其尺寸误差应在0.25mm之内，取平均值作为试件平均长度L，精确至1.0mm。

如有必要，应测定芯样的表观密度。

3)试件的制作

抗压试验用的试件长度(端部加工后)不应小于直径，也不应大于直径的2倍。芯样端面必须平整，必要时应磨平或用抹顶等方法处理。

芯样两端平面应与轴线垂直，误差不应大于1°。

4)芯样抗压强度

芯样抗压强度f_{cu}^{c}按下式计算：

$$f_{cu}^{c} = a \cdot \frac{4P}{\pi d^2} \tag{7-11}$$

式中：f_{cu}^{c}——混凝土芯样抗压强度(MPa)；

P——极限荷载(N)；

d——芯样截面的平均直径(mm)；

a——不同高径比芯样试件混凝土强度换算系数，见表7-19所列。

计算结果精确至0.1MPa。

混凝土圆柱体强度与立方体强度的关系见表7-20所列。

抗压强度尺寸修正系数　　表7-19

长度与直径(L/d)	修正系数a	说　明
2.00	1.00	当L/d为表列中间值时，修正系数可用插入法求得
1.75	0.98	
1.50	0.96	
1.25	0.93	
1.00	0.89	

圆柱体试件与方块试件抗压强度关系　　表 7-20

混凝土强度等级	28d 抗压强度(MPa)	
	圆柱体 Φ150mm×300mm	方块 150mm×150mm×150mm
C2.5/2.5	2.0	2.5
C4/5	4.0	5.0
C6/7.5	6.0	7.5
C8/10	8.0	10.0
C10/12.5	10.0	12.5
C16/20	16.0	20.0
C20/25	20.0	25.0
C25/30	25.0	30.0
C30/35	30.0	35.0
C35/40	35.0	40.0
C40/45	40.0	45.0
C45/50	45.0	50.0
C50/55	50.0	55.0

注:上表遇中间值换算时,可直线插入。

● 第三节　混凝土强度评定 ●

一、混凝土抗压强度试块的制取

检查混凝土质量应做抗压强度试验。当有抗冻、抗渗等特殊要求时,还需做抗冻、抗渗等试验。试块按下列要求制取:

(1)混凝土抗压极限强度试验,应制取边长为 15cm 的立方体试块,在标准条件(温度 20±3℃、相对湿度≥90%的潮湿环境或水中)下,龄期为 28d,用标准抗压试验方法。

(2)试块组数应按下列要求进行留置:

①每工作班不少于一组;

②每拌制 100m^3 混凝土不少于一组;

③每组至少制取 3 个试块。

二、混凝土抗压强度检验

混凝土抗压强度检验时要注意以下内容:

(1)原材料和配合比基本一致的混凝土,才能组成同一检查验收批。同一验收批混凝土的抗压强度,应以同批内标准试块的抗压强度代表值来评定混凝土质量。

(2)每组 3 个试块,应在同一盘混凝土中取样制作,试验结果的平均值为该组试块的抗压强度代表值(精确到 0.1MPa)。当三个试块中过大或过小的强度值,与中间值相比超过 15%时,以中间值代表该组试块的抗压强度。

(3)混凝土抗压强度的合格条件是:

$$
\begin{aligned}
(\overline{R}_{n} - KS_{n}) &\geqslant 0.85R \\
R_{min} &\geqslant 0.85R
\end{aligned}
\tag{7-12}
$$

式中:$\overline{R}_n$——同批 n 组试块强度的平均值(精确到0.1MPa);

K——合格判定系数,按表7-21取值;

S_n——同批 n 组试块强度的标准差(精确到0.1MPa);

R_{min}——同批 n 组试块抗压强度最小一组的数值(精确到0.1MPa);

R——相当于混凝土强度等级的极限抗压强度。

合格判定系数 *K* 值　　表7-21

n	10~14	15~24	≥25
K	1.70	1.65	1.60

(4)当混凝土试块抗压强度不符合要求时,可以从衬砌中钻取混凝土试样或用非破损检验法进行检查。如仍不符合设计要求时,可以从衬砌中钻取混凝土试样或用非破损检验法进行检查。如仍不符合设计要求,应对已完成的混凝土衬砌,按实际条件验算衬砌结构的安全度,或采取必要的补强措施。

●第四节　混凝土缺陷检测●

一、隧道混凝土衬砌裂缝检测

检测裂缝的简单仪器有刻度放大镜和塞尺。

1.刻度放大镜

这种仪器可用来检测混凝土裂隙的宽度。最小刻度值为0.01~0.1mm,量程为3~8mm。使用时将放大镜的物镜对准需检测的裂缝,经目测即可读出裂隙的宽度。

2.塞尺

塞尺的用途是检测混凝土裂隙的深度,它由一些不同厚度的薄钢片组成。

按混凝土裂隙的宽度选择合适的塞尺厚度并插入裂隙中,根据塞尺插入的深度即可得到裂隙的深度。

二、隧道混凝土衬砌内部缺陷检测

在浇注混凝土衬砌时,由于不慎或其他的原因,常常在衬砌内部造成空洞、蜂窝等缺陷,这些缺陷的存在降低了衬砌的承载能力并可能造成衬砌的早期损坏。利用超声波进行衬砌无损检验可及时发现这些隐患,这对于采取相应的补救措施,提高衬砌质量具有很大意义。

超声波在介质中传播时,如果在声路上遇有空隙,声波就产生反射,一部分能量受到衰减,另一部分能量绕过空隙继续向前传播,即所谓绕射现象。因此,接收到的信号与无空隙相比,不但能量减少很多,而且传播时间也有所增加。

1.检测混凝土中的空洞

对于混凝土内部大于10cm的空洞,可通过测定超声波的传播时间的突然变化来判断它的存在，并计算出空洞的尺寸。

空洞的半径可由下式计算：

$$R = \frac{l}{2}\sqrt{\left(\frac{t_d}{t_c}\right)^2 - 1} \tag{7-13}$$

式中：l——声路的长度；

t_d——有空洞处超声波传播时间；

t_c——无空洞处超声波传播时间。

为了正确判断空洞的大小与形状，可在有空洞的范围内打网格增加测点（图7-5），这样，便可正确地判断空洞的形状、大小和所在部位。

在空洞较小而声路较长时，由于缺陷的存在所增加的传播时间十分有限，因此这种计算方法误差较大，只能作参考。

如果混凝土结构内部存在蜂窝、离析等不密实的缺陷时，也可根据声波传播时间增长的现象作出初步判断。在实践中，经常采用一种有效方法是根据声波传播的振幅衰减情况来判断混凝土结构中存在的不密实情况。

对于混凝土不密实的缺陷深度（沿声路方向的长度），可按图7-6所示的方法求得。图中

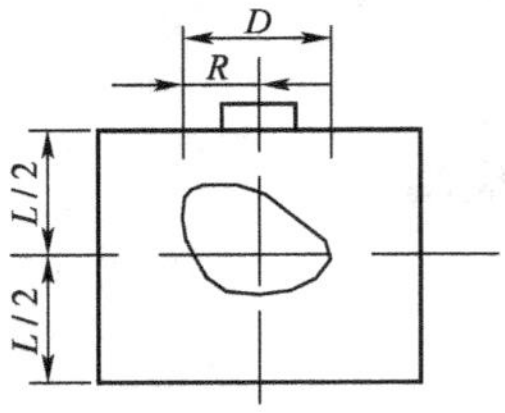

图7-5　探测内部孔洞示意

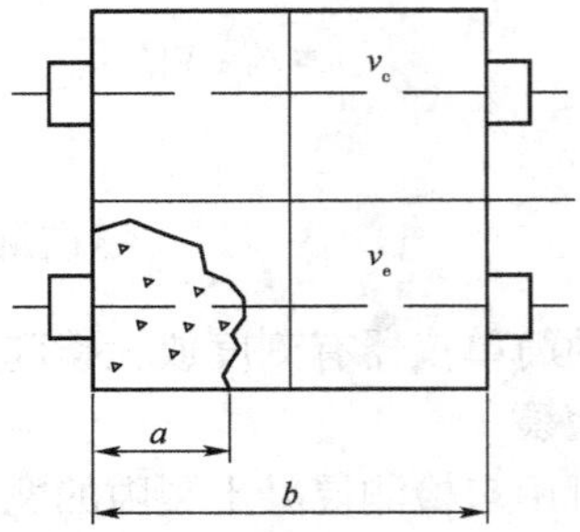

图7-6　探测不密实层示意

v_c 为声波通过密实混凝土的速度，v_d 为声波通过不密实混凝土的速度，b 为声路的长度，a 为缺陷深度。由图7-6可得声波通过不密实混凝土的传播时间 t 为：

$$t = \frac{a}{v_d} = \frac{b - a}{v_c}$$

则

$$a = \frac{v_b(tv_c - b)}{v_c - v_d}$$

2. 检测混凝土中的裂缝

混凝土结构由于养护不当，或承受较大的拉应力等原因，都可能在结构中出现裂缝。裂缝的存在不但降低了结构的刚度，还会受到外界不利条件的作用，使内部的钢筋锈蚀，影响结构的正常使用。因此，当结构出现裂缝时，需及时查明裂缝的宽度、走向和深度，以便进一步寻找开裂的原因，采取补强加固措施。应用声波探测判定混凝土裂缝是一种有效的方法。

隧道混凝土衬砌一面外露，一面与围岩接触，只能采用沿面检测法来探测混凝土内部的裂缝。检测前，先在裂缝附近完好的表面处，选择一定的长度作为校准距离。设这段距离为 $2d$，在这段距离的两端安放探头，测出声没能通过 $2d$ 的时间为 t_0。然后将发射与接收探头安放于

裂缝的两侧,并使两个探头至裂缝的距离均为 d,如图 7-7 所示。测得此处的声波传播时间为 t_1。如果裂缝与表面正交,则裂缝深度为:

$$h = d\sqrt{\left(\frac{t_1}{t_0}\right)^2 - 1} \tag{7-14}$$

上述方法假定开裂面与检测的结构表面正交。这一假定并非是开裂的普遍情况,但是符合于混凝土衬砌梁、板、柱等断面不十分大的构件由于受力或收缩产生的裂缝情况。

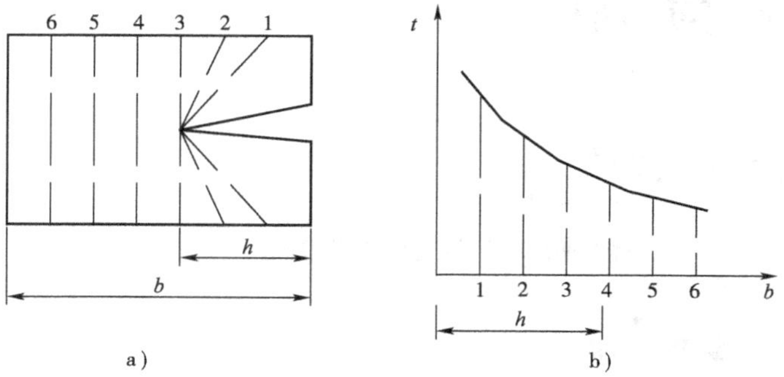

图 7-7 检测裂缝示意图

在检测混凝土的开裂情况时,探测位置应尽量避免贯穿裂缝的横向钢筋,以免声波通过钢筋传播而影响测定精度。此外,在裂缝中有液体或杂物填充时也会产生较大的误差。

本章实训内容:钻芯法检测混凝土强度;回弹法检测混凝土强度。

复习思考题

1. 衬砌混凝土施工质量检查包括哪些方面?
2. 简述回弹法检测混凝土强度的原理与方法。
3. 简述超声波法检测混凝土强度的原理与方法。
4. 简述超声—回弹综合法检测混凝土强度的原理与方法。
5. 简述钻心法检测混凝土强度的方法。
6. 怎样检测混凝土衬砌的裂缝?
7. 怎样检测混凝土衬砌的缺陷?
8. 简述衬砌厚度的方法。

第八章

通风检测

知识目标

1. 施工通风的方式；
2. 隧道通风控制设施与质量检测。

技能目标

1. 会测定粉尘浓度；
2. 会进行瓦斯浓度检测；
3. 会进行CO浓度检测。

隧道通风可分为施工通风和运营通风。施工通风旨在将炮烟、运输车辆排放的废气以及施工过程中产生的粉尘排至洞外，为施工人员输送新鲜空气；运营通风之目的是用洞外的新鲜空气置换被来往车辆废气污染过的洞内空气，提高行车的安全性和舒适性，保护司乘人员和洞内工作人员的身体健康。本章介绍隧道施工过程中通风的检测方法，内容包括粉尘浓度测定、瓦斯检测和一氧化碳检测等。

●第一节　施工通风●

隧道施工通风的目的是送进新鲜空气，冲淡、排出有害气体和降低粉尘浓度，以改善劳动条件，从而保证施工安全、洞内工作人员身体健康和提高施工生产效率。

一、施工通风方式的选择

施工通风方式应根据施工方法、设备条件、通风长度和工作面多少来确定。一般常见的通风方式见表8-1所列。

施工通风种类及适用条件　　表8-1

通风种类	适用条件	优缺点
自然通风	300m以下，岩层不产生有害气体的短隧道及导坑凿通后的隧道	(1)利用洞内外温差及气压差，以造成的自然风流循环，不需要机械通风设备； (2)受气候影响大

续上表

通风种类	适用条件	优缺点
风管通风	3000m 以下隧道,并可配合巷道使用	(1)向工作面送入新鲜空气或吸出污浊空气,使用比较普通和方便; (2)管道直径大,运输不方便; (3)管路达到一定长度后,必须增加风机串联补充动力消耗
巷道通风	有平行导坑的长隧道	(1)通风设备简单,随着坑道掘进只需将局扇向前移动,不必增加风机; (2)能供应比较大的风量,向各工作面送风,较风管通风容易; (3)空气随风道循环,供给的空气中混有污浊气体

二、风量计算

施工通风量应根据下述条件分别计算,取其最大值。

1. 按洞内同时工作的最多人数及采用内燃机作业计算需要风量

$$Q_f = K_f \cdot P_{max} \cdot q_g + l_i \cdot Q_1 \tag{8-1}$$

式中:K_f——风量备用系数,一般采用 1.10~1.15;

P_{max}——洞内同时工作最多人数;

q_g——每人需要的新鲜空气。长大隧道为 $3m^3/mm$;一般隧道为 $2\sim3m^3/min$;一般坑道为 $1\sim2m^3/min$;

l_i——洞内同时使用的内燃机作业的千瓦数;

Q_1——洞内使用内燃机械时,1kW 的需风量应不少于 $3m^3/min$。

2. 按爆破后有害气体计算通风量

爆破后稀释有害气体到许可浓度以下所需的风量可按下式计算:

$$Q_H = 100 \cdot E \cdot b_e/(e' \cdot t) \tag{8-2}$$

式中:E——同时爆破的炸药量(t);

b_e——炸药爆破后所产生的一氧化碳,使用硝铵炸药时为 $0.04m^3$;

e'——允许有害气体的浓度,一般为 0.02;

t——规定通风时间(min)。

3. 按最小风速计算通风量

$$Q_u \geqslant v_f \cdot F \tag{8-3}$$

式中:v_f——最小风速(m/s),见表 8-2 所列;

F——坑道最大断面积(m^2)。

坑道内允许风速(m/s) 表 8-2

正常温度	最小风速	最大风速	导坑内风速
不超过 +25℃	0.15	6.0	保持不小于 0.25

如隧道内有瓦斯,施工通风须保证将瓦斯稀释到允许浓度以下。上述各种情况确定的通风量,应取其中最大值选择通风设备。

根据施工风量计算选择通风管的大小和通风机的容量和布置方式。目前隧道施工通风设备选用大容量、大马力,同时配置大直径的风管。例如,1m 直径的出风口,配置 1m 直径的通风软管或硬管(铁皮加工)。由于通风设备马力大、风管直径大,通风的方式一般只采用吸出式,爆破完了,很快将烟及尘吸出。比小马力通风机配置小直径及小风管(直径为 60cm),采用不同的通风方式(吸出式和吸入式)混合使用的通风效果好得多。

●第二节　粉尘浓度测定●

山岭公路隧道所穿过的地层地质条件千变万化,施工中产生的粉尘危害性很大。一般的粉尘能引起职业病,危害职工的身体健康,特殊情况下在煤层内掘进时产生的煤尘还有爆炸危险,严重威胁着隧道的施工安全。随着隧道机械化施工水平的提高,粉尘的发生量也将不断增加,因此,必须重视粉尘检测与防治工作,改善劳动条件,确保施工安全。我国《公路隧道施工技术规范》(JTJ 042—94)规定:隧道施工中含10%以上游离二氧化硅的粉尘,每立方米空气中不得大于2mg;含10%以下游离二氧化硅的矿物性粉尘,每立方米空气中不得大于4mg。我国常采用质量法测定粉尘浓度,目前普遍采用滤膜测尘法。

一、滤膜测尘法的原理

用抽气装置抽取一定量的含尘空气,使其通过装有滤膜的采样器,滤膜将粉尘截留,然后根据滤膜所增加的质量和通过的空气量计算出粉尘的浓度。

二、主要器材

1. 滤膜

滤膜是用超细合成纤维制成的网状薄膜,孔隙细小,表面呈细绒状,具有电荷性、憎水性、耐酸碱等特点,还有阻尘率高、阻力小、质量轻等优点。

滤膜有直径为75mm和40mm两种规格。当粉尘浓度高于200mg/m^{3}时,用直径75mm的滤膜;当粉尘浓度低于200mg/m^{3}时,用直径40mm的滤膜。

2. 采样器

采样器是由采样滤斗和滤膜夹两部分构成的,如图8-1所示。

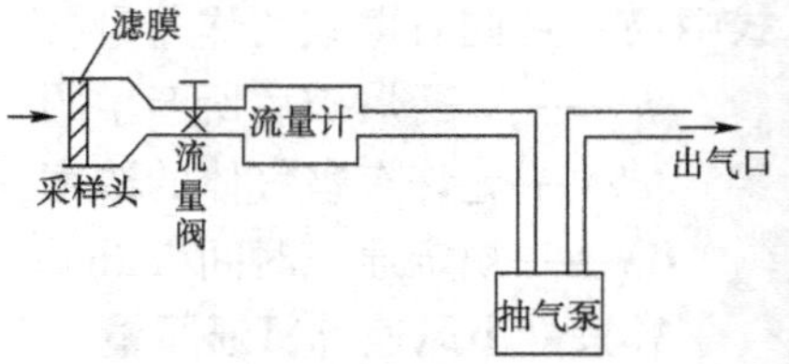

图8-1　采样器工作原理

3. 抽气装置

近几年,电动测尘仪得到广泛应用。它是以微型电池或蓄电池为动力,采用密闭触点开关,带动小型电动抽气机抽取含尘空气,使其通过装有滤膜的采样器及流量计,进行粉尘测定。

三、粉尘浓度测定过程

1. 准备滤膜

将待用滤膜置于玻璃干燥器中干燥,然后用镊子将其两面的衬纸取下,置于分析天平或扭力天平上称量，记下初值；再把称好的滤膜装入滤膜夹（直径 40mm 的滤膜平铺夹紧，直径 75mm 的滤膜折成漏斗形夹紧），把已装好的滤膜夹编号后放在样品盒内，以备采样。

2. 采样

掘进工作面可在风筒出口后面距工作面 4 ~6m 处采样，其他作业点一般在工作面上方采样。采样器进风口要迎着风流，距地板高度为 1.3 ~1.5m。

采样时间应在测点粉尘浓度稳定以后，一般在作业开始半小时后进行。

为保证测尘的准确性，便于对比，要求在同一测点相同的流量下，同时采集两个样品。

四、计　　算

一般情况下，采样后的滤膜放在实验室干燥箱中放置 30min 后便可称重。如果在滤膜表面发现水珠，应放在干燥箱干燥，每隔 30min 称重一次，直到相邻两次质量差不超过 0.2mg 为止（计算时取其中最低的值）。然后按下式计算出粉尘浓度：

$$G = \frac{(m_2 - m_1)}{Q \cdot T} \tag{8-4}$$

式中：G——粉尘浓度（mg/m^3）；

m_1——采样前滤膜质量（mg）；

m_2——采样后滤膜质量（mg）；

Q——流量计读数（m^3/min）；

T——采样时间（min）。

两个平行样品分别计算之后，其偏差小于 20% 时，方属合格；若不小于 20%，则需重测。平行样品的偏差值按下式计算：

$$P = 2\Delta G/(G_1 + G_2) \times 100\% \tag{8-5}$$

式中：ΔG——平行样品计算结果之差（mg/m^3）；

G_1、G_2——两个平行样品计算结果（mg/m^3）。

合格的两个平行样品，用它们的计算结果平均值作为测点的粉尘浓度。

滤膜测尘的准确性比较高，能够比较正确地反映粉尘状况，所以我国目前普遍采用这一方法。但是，这种测尘方法操作程序多，需要时间较长，不能当时得出测定结果，因而还不能起到及时指导现场防尘工作的作用，同时也影响测尘工作的普遍开展。为了简化测尘过程，迅速获得测尘结果，国内外都在研究各种快速测尘仪器，如光电测尘仪、静电测尘仪、β 射线测尘仪、全体粉尘采样器（由工人携带于身上，小流量长时间连续采样）等。我国煤炭系统研制的 ACG-1 型煤尘测定仪、ACH-1 型呼吸性粉尘测定仪、ACS-1 型水泥粉尘测定仪，均属光电型。这些新型测尘仪器的推广和应用将会极大地促进我国的防尘劳动保护工作。

• 第三节　瓦 斯 检 测 •

隧道在掘进中有时穿过煤系地层，煤系地层经常富含瓦斯。瓦斯是多种可燃可爆气体的总称，其主要成分是甲烷（CH_4）（在后面的叙述中，都用甲烷（CH_4）代表瓦斯）。瓦斯爆炸是含有瓦斯与助燃成分的混合气体在火源引燃下，瞬间完成燃烧反应，形成高温高压产物的过程。

由于反应过程很快,与时间成反比的功率就很大,所形成的瞬间压力对掘进中的隧道有很大的破坏力,对人员生命安全有很大威胁。因此,在隧道施工中必须对瓦斯进行严格检测。《公路隧道施工技术规范》(JTJ 042—94)规定:甲烷(CH_4)按体积计不得大于0.5%;否则必须按煤炭工业部现行的《煤矿安全规程》有关规定办理。

一、催化型瓦斯测量仪

在瓦斯和其他可燃性气体的检测中,最常用的是载体催化型的仪器,它使用的载体催化元件(以下简称元件)是一种热敏式瓦斯传感器。由于它具有体积小(典型尺寸为一个长3mm,直径1.2mm的圆柱体)、质量轻(每个元件重7mg)、构造简单、使用方便、消耗功率小、性能稳定等一系列优点,成为目前国内外自动检测瓦斯的主要传感器。

元件的构造如图8-2所示。铂丝螺旋圈是元件的骨架,又是一个热敏电阻,通过一定电流后铂丝被加热,元件温度升高。载体的作用是使催化剂有良好的分散度,提供足够的反应面积。通常使用的是K型氧化铝(Al_2O_3),经过良好处理的K型氧化铝(Al_2O_3)是坚硬的多孔状材料,它具有每克几十平方米的比表面积。常用的催化剂是铂、钯、钍等铂族元素。

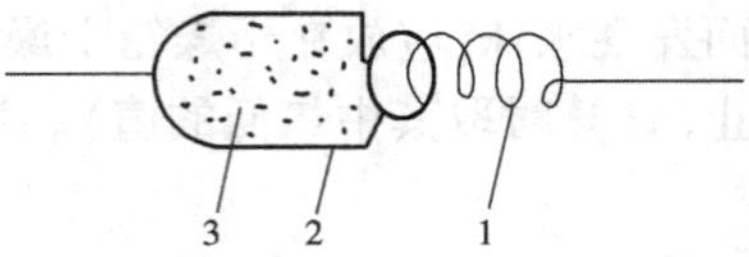

图8-2 载体催化元件

1-铂丝螺旋圈;2-载体;3-催化剂

在催化剂的作用下,瓦斯与氧气在较低温度下发生强烈氧化(无焰燃烧),反应的化学方程式为:

$$CH_4+2O_2 \xrightarrow{\text{催化}} CO_2+2H_2O+Q$$

根据催化理论,反应过程是由于催化剂P_t、P_d的存在,降低了瓦斯(CH_4)和氧(O_2)发生链反应的活化能,在催化剂表面的活化中心附近,被吸附的CH_4分子内部结构离开了稳定状态而活化裂解,加速链反应的进行。CH_4与O_2在P_t、P_d催化下的反应是一种多相反应,在这种反应中,气体在催化剂表面上的吸附与否与活化程度和催化反应密切相关。金属催化剂的吸附能力取决于金属和气体分子结构以及吸附条件。另外,催化剂的分散度对化学反应也有重要影响。

利用载体催化元件测量瓦斯浓度的原理如图8-3所示。这是一个简单的测量电桥,催化元件T_1(黑元件)为工作元件,没有浸渍催化剂的元件T_2(白元件)为补偿元件。无瓦斯时,通过W_2的调整,可使电桥处于平衡状态,此时在工作电流加热下,元件温度为500℃左右。当有瓦斯时,瓦斯与氧气在工作元件表面发生反应,放出反应热Q。反应热被元件吸收引起温度升高。由于铂丝是电阻温度系数很高的热敏材料,元件的温度增量ΔT将引起电阻增量ΔR,从而使电桥不平衡,产生一个与瓦斯浓度成正比的输出信号。利用这个原理可以检测瓦斯浓度。如果把获得的信号放大传送到远处,就可以实现瓦斯浓度的遥测。

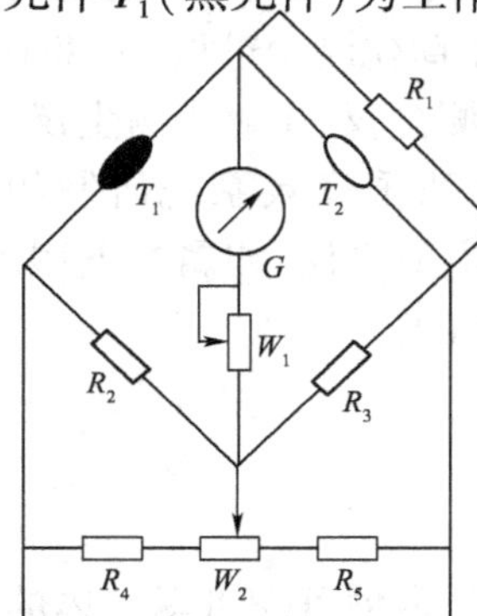

图8-3 测量电桥

催化型瓦斯测量仪使用纯铂丝元件或载体催化元件作为传感器检测瓦斯浓度。不论是哪种元件,携带型瓦斯测量仪又分为两类:一类是由桥路输出直接推动电表指示;另一类是测量电桥的输出信号经过电子线路放大后,推动电表指示或推动数字显示电路指示瓦斯浓度。经放大后的信号还可以与声光显示单元连接，给出专门的停限指示或声光警报信号。

还有一类仪器，它们介于携带型测量仪与固定式连续检测仪器之间。这类仪器用表头指示或者数字显示瓦斯浓度，并将检测信号经放大整形后推动警报电路，当瓦斯超限时给出声光警报信号。抚顺煤矿安全仪器厂生产的 AQJ-9 型瓦斯指示警报器就职属于这类仪器。这类仪器使用蓄电池供电，经过一次充电，一般可连续工作 8h。

由于在隧道掘进中人员比较分散，工作地点变动频繁，便携式瓦斯检测仪表具有十分重要的作用。为了适应不同条件，需要性能各异规格不同的各式仪器仪表，它们各有特点，满足不同的要求。从技术上讲，不论哪种便携式仪器都必须保证 3 个基本方面的性能：第一，必须有性能稳定、功耗小的瓦斯传感元件。目前使用的都是低功耗的载体催化元件。第二，应有适于长期隧道内工作、性能可靠的较先进的电路设计。为了保证质量，减少耗电，一般都采用尽可能完整的大规模专用集成电路。第三，要有结构合理、体积小、质量轻的外壳及仪器的其他机械零件。使用低功耗传感元件可以使仪器除反应气室外，整机其他部分设计成为本质安全型。此外，便携式检测仪器还要解决好电池问题。

二、光干涉瓦斯检定器

与催化型瓦斯测量仪不同的另一类型的瓦斯测量仪器是光干涉瓦斯检定器。仪器内部的光学系统如图 8-4 所示。由光源发出的光经过聚光镜之后到达平面镜，在 0 点分为两部分：一部分反射，一部分折射。第一部分光束穿经平面透镜过气室的侧室，经折光镜将其折回穿过另侧的小室后又回到平面镜，折射入平面镜后在其后表面（镀反射膜）反射，于 0′点穿出平面镜向反射镜前进，经偏折后进入望远镜。第二部分光束折射入平面镜后在其后表面反射，然后穿过气室中央小室回到平面镜（如图 8-4 中虚线所示），于 0′点反射后与第一部分光束会合，一并进入望远镜。两束光在物镜的焦平面上产生白光特有的干涉现象：干涉条纹中央为黑纹，两旁为彩纹。人眼通过目镜进行观测。

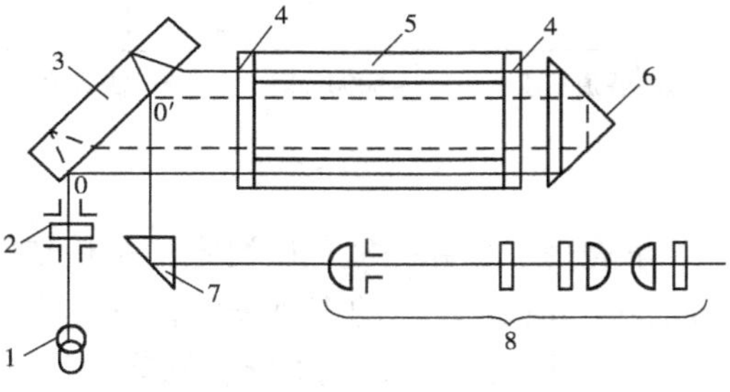

图 8-4 光干涉瓦斯检定器工作原理

1-光源；2-透镜；3-平面镜；4-平面透镜；5-气室；6-折光镜；7-反射镜；8-望远镜

当气室各小室内充进相同的气体时，两列光波所经过的光程一定。如在一支光路中改变气体的化学成分或温度、压力等，则因折射率起了变化，光程及光程差也就随之变化，所看到的干涉条纹便会移动。光通过的路程是固定的，根据条纹移动的大小可测知气体折射率的变化。如使两通路的温度、压力相同，当被测气体的化学成分已知时，则可作定量分析，测出被测气体的浓度。这就是光干涉检定器的工作原理。

为了避免隧道内二氧化碳和水蒸气对测量精度的影响，采用装有钠石灰的吸收管来吸收二氧化碳，用装有氯化钙的吸收管来吸收水蒸气。

在气室中两侧的部分称为空气室，充有新鲜空气；中间的部分称为气样室，使用时吸入被测气样。空气室与气样室不相通。

• 第四节　一氧化碳检测 •

一氧化碳是无色、无臭、无味的气体，对空气的相对密度为0.97，故能均匀地散布于空气中，不用专门的仪器不易察觉。一氧化碳微溶于水，一般化学性不活泼，但浓度在13%～75%时能引起爆炸。一氧化碳毒性极强，当空气中CO浓度超过0.4%时，在很短时间内人就会失去知觉，抢救不及时就会中毒死亡。隧道在修建中可能会遇到一氧化碳，运营后汽车废气中有一氧化碳，为此必须重视对一氧化碳的检测，并采用机械通风稀释隧道中一氧化碳，保证施工安全和司乘人员的健康。鉴于一氧化碳的危害性，我国《公路隧道施工技术规范》(JTJ 042—94)和《公路隧道通风照明设计规范》(JTJ 026.1—1999)分别对一氧化碳浓度作了规定：

(1)对于施工隧道，一氧化碳一般情况下不大于30mg/m^3；特殊情况下，施工人员必须进入工作面时，浓度可为100mg/m^3，但工作时间不得超过30min。

(2)对于运营隧道，采用全横向通风方式与半横向通风方式时，一氧化碳浓度按表8-3取值；采用纵向通风方式时，一氧化碳浓度按表8-3所列各值提高50ppm取值；交通阻滞时，阻滞段的平均一氧化碳浓度可取300ppm，经历时间不超过20min；人车混合通行的隧道，一氧化碳浓度按表8-4取值。

汽车专用隧道一氧化碳浓度 δ　表8-3

隧道长度(m)	≤1000	≥3000
δ(ppm)	250	200

注：隧道长度为1000～3000m时，可按插值法取值。

人车混用隧道一氧化碳浓度 δ　表8-4

隧道长度(m)	≤1000	≥2000
δ(ppm)	150	100

注：隧道长度为1000～2000m时，可按插值法取值。

一、检　知　管

早先用于矿井一氧化碳测定的是检知管，有比色式与比长式两种。检知管是一支直径4～6mm、长150mm左右的密封玻璃管，管内装有易与一氧化碳发生反应的药品。使用时，将检知管封口打开，通过一定容积的吸气球，使一定量的被测气体通过检知管。吸入气体中的一氧化碳与药品作用，白色的药品颜色迅速变化。

比色式检知管是根据管内药品与一氧化碳作用后颜色的变化，来判断一氧化碳浓度的。仪器备有一块标准比色板，上面标有与各种颜色相对应的一氧化碳浓度。检知管吸入气体后，对比检知管与标准比色板的颜色，找出与检知管颜色最接近的标准色条，它所对应的一氧化碳浓度就是被测气样的一氧化碳浓度。

比长式仪器有一块标准浓度板，它是一支按长度标度一氧化碳浓度的尺子。当检知管吸入被测气体后，白色药品由进气端开始变成深黄色，变色的长度与一氧化碳浓度成比例，与标准浓度尺对比，即可确定被测气体中一氧化碳的浓度。

无论是比色式还是比长式检知管，每支检知管只能使用一次。

二、AT_2型一氧化碳测量仪

与检知管不同的另外一种类型的一氧化碳检测仪器，是利用控制电位电化学原理来检测一氧化碳浓度的。现以AT_2型仪器为例来说明这类仪器的检测原理。

AT_2 型一氧化碳测量仪是一种矿用安全火花型携带式检测仪器。

1. 主要技术指标

测量范围:0 ~ 50ppm、0 ~ 500ppm 两个量程。

测量精度:误差小于 ±5% 满度值(20 ±5℃)。

反应时间:反应 90% 值时≤30s。

传感器寿命:1 年,保证使用半年。

2. 检测原理

仪器采用控制电位电化学原理,实现对空气中 CO 浓度的测定。工作原理框图如图 8-5 所示。

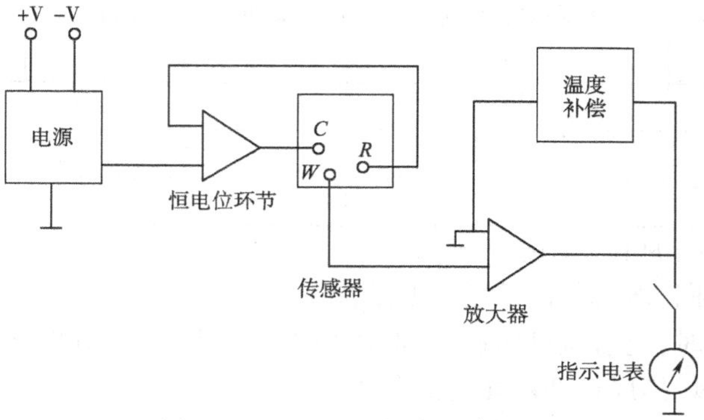

图 8-5 AT_2 型 CO 测量仪工作原理

被测量的 CO 通过传感器聚四氟乙烯薄膜扩散到工作电极 *W*,*W* 电极受到恒电位环节的控制作用,具有一个恒定的电位,CO 在 *W* 电极上发生氧化反应:

$$CO + H_2O \longrightarrow CO_2 + 2H^+ + 2e^-$$

同时在电极 *C* 上发生氧的还原反应为:

$$\frac{1}{2}O_2 + 2H^+ \longrightarrow H_2O$$

总的化学反应式为:

$$CO + \frac{1}{2}O_2 \longrightarrow CO_2$$

图中 *R* 是参考电极,给定一个恒电位。于是,在传感器工作电极 *W* 和电极 *C* 之间,就产生了微电流,其大小与 CO 浓度成比例。该电流经放大后由电表指示出 CO 的浓度值。

仪器的性能主要决定于传感器的性能。目前,为了提高传感器的性能,仍有许多工作需要继续开展,改善密封、防止漏酸就是其中的一项任务。此外,为保证仪器测量精度,使用一段时间之后,要用标准气样校正。

第五节 通风控制设施质量检测

一、通风控制设施

对通风控制设施的要求是:

(1)通风控制设施应具备正常工况条件和火灾工况条件下的通风控制功能。

①正常工况包括正常交通流工况、交通阻塞工况。在正常工况条件下，应根据隧道营运过程中的交通状况适当调整通风量，在保证交通安全的前提下，以最经济的方式为隧道提供满足营运条件的通风量。

②在火灾工况条件下，应有排烟控制功能。

(2)通风控制应设置通风环境检测设施，以便对隧道内废气浓度和通风气流风速等隧道环境数据进行实时监测。

(3)通风环境检测设施设置的数量不宜低于表 8-5 要求。

通风环境检测设施配置数量表(每一个通风分段)　　表 8-5

检测器设施 / 通风方式	一氧化碳检测器(CO)(套)	能见度检测器(VI)(套)	风速风向检测器(WS)(套)
纵向通风	2	2	1
全横向通风	1	1	1
半横向通风	2	2	2

注：通风分段指主线隧道通风中最小的通风工作单元。

根据通风方式不同，通风分段长度一般是指：

①纵向通风方式时，全射流纵向通风：隧道全长为一个分段；洞口集中送风：隧道全长为一个分段；洞口集中排风：排风口两端相应的分段。

②全横向或半横向通风时相应的送风或排风分段在隧道中的长度。

(4)当需要检测洞口外自然风速风向时，可在洞口外增设风速仪。

(5)通风环境检测设施的设置位置宜按下列原则进行：

①VI、CO 检测器宜设置在隧道侧壁壁面或隧道顶部，检测值应能有效地反映每个通风分段的废气分布情况；

②采用全射流方式时，通风环境检测设施应避免设置在射流风机附近，而宜设置在隧道轴线两组风机的中间部位；

③WS 检测器的设置位置离洞口隧道轴线方向的距离应不小于隧道断面当量直径 D_r 的 10 倍，且应避免受汽车行驶气流的影响。

(6)通风环境检测设施应能满足洞内外长期工作的需要。测量范围和精度不应低于下列技术要求：

①VI 测量范围：$K = 0 \sim 25 \times 10^3 m^{-1}$、精度 $\pm 0.1 \times 10^3 m^{-1}$；

②CO 测量范围：$0 \sim 250 \times 10^{-6}$、精度 $\pm 1 \times 10^{-6}$；

③WS 测量范围：$0 \sim 30m/s$、精度 $\pm 0.1m/s$；

③通风环境检测设施的防护等级不低于 IP65。

(7)通风区域控制单元应具有环境数据检测处理、控制风机运转和运转状态的数据反馈功能及记录功能。

通风区域控制单元应符合下列技术要求：

①通风区域控制单元应选用模块化结构，具有良好的扩展性；

②通风区域控制单元应具有模拟量和数字量输入/输出接口；

③通风区域控制单元应具有现场设备控制程序；

④通风区域控制单元应具有故障自诊断功能;

⑤通风区域控制单元的防护等级不低于 IP65。

二、通风设施质量检测

1. 基本要求

(1)通风设备及缆线的数量、型号规格、程式符合设计要求,部件及配件完整。

(2)通风设备安装支架的结构尺寸、预埋件、安装方位、安装间距等符合设计要求,并附抗拔力的检验报告。

(3)通风设备安装牢固、方位正确。

(4)按规范要求连接通风设备的保护线、信号线、电力线,排列规整、无交叉拧绞,经过通电测试,工作状态正常。

(5)隐蔽工程验收记录、分项工程自检和设备调试记录、安装和非安装设备及附(备)件清单、有效的设备检验合格报告或证书等资料齐全。

2. 实测项目(表 8-6)

通风设施实测项目 表 8-6

项次	检查项目	技术要求	检查方法
1	安装误差	符合设计要求	用经纬仪或量尺测量
2	Δ净空高度	符合设计要求	用经纬仪或量尺测量
3	Δ绝缘电阻	强电端子对机壳≥50MΩ	500V 兆欧表测量
4	Δ控制柜安全保护接地电阻	≤4Ω	接地电阻测量仪
5	Δ防雷接地电阻	≤10Ω	接地电阻测量仪
6	Δ风机运转时隧道断面平均风速	符合设计要求	风速仪实测
7	风机全速运转时隧道噪声	符合设计要求	声级计实测
8	响应时间	发送控制命令后至风机启动带动叶轮转动时的时间≤5S,或符合设计要求	实际操作
9	方向可控性	接收手动、自动控制信号改变通风方向	实际操作
10	风速可控性	接收手动、自动控制信号调节通风量	实际操作
11	运行方式	风机具有手动、自动两种运行方式以控制风机的启动、停止、方向和风量	实际操作
12	本地控制模式	自动运行方式下,可以接收多路检测器的控制,控制风机启动、停止与方向、风量	实际操作
13	远程控制模式	自动运行方式下,通过标准串口,接收本地控制器或计算机控制系统的控制,控制风机启动、停止与方向、风量	实际操作

注:带Δ的项目为关键项目。

3. 外观鉴定

(1)通风设备安装稳固、位置正确。

(2)通风设备的电力线、信号线、接地线端头制作规范;按设计要求采取线缆保护措施、布线排列整齐美观、安装固定、标识清楚。

(3)设备表面光泽一致、无划伤、无刻痕、无剥落、无锈蚀。

(4)控制柜内布线整齐、美观、绑扎牢固,接线端头焊(压)结牢固、平滑;编号标识清楚,预留长度适当;柜门开关灵活、出线孔密封措施得当,机箱内无积水、无霉变、无明显尘土,表面无锈蚀。

以上任一项不符合要求时,该项减0.1~1.5分。

复习思考题

1. 简述滤膜测定法的原理与测定过程。
2. 通风控制设施质量检测的基本要求是什么?
3. 通风设施实施项目中哪些为关键项目?如何检测?

第九章

隧道竣(交)工验收检测

知识目标

1. 隧道竣工测量的方法与要求；
2. 隧道竣(交)工验收的基本要求与检测指标。

●第一节　隧道竣工测量●

公路隧道竣工后，应在直线段每50m、曲线地段每20m及需要加测断面处，测绘以路线中线为准的隧道实际净空，标出拱顶标高(高程)、起拱线宽度、行车道路面水平宽度。

公路隧道永久中线点，应在竣工测量后用混凝土包埋金属标志。直线上的永久中线点，每200～250m设置一个；曲线上应在缓和曲线的起终点各设一个；曲线中部，可根据通视条件适当增加。永久中线点设立后，应在隧道边墙上画出标志。

公路隧道洞内水准点每公里应埋设一个，短于1km的公路隧道，应至少设一个BM点，并应在隧道边墙上画出标志。

在隧道竣工后的使用过程中，由于周围所处的地质条件不同，所受外力的影响也不相同，加上隧道各部分开挖及施工顺序有先后，各种衬砌结构建筑物的强度与自重不同等原因，均可使隧道建筑结构物产生沉陷及变形。这种沉陷及变形若超过允许限值时，就会影响隧道建筑物的正常施工及使用，严重时甚至可能导致隧道建筑的破坏。因此，在隧道施工及运营期间必须进行沉陷及变形观测(量测与监控)。

一、隧道施工中变形的观测

隧道施工过程中的变形观测，可在对洞内处所布设三角点、导线点、中线点及水准点的复测工作中，可以及时观测到变形大小及方向。

在坑道开挖、扩大开挖、支撑和衬砌施工过程中，因地质条件不良，可能产生较大的沉陷及变形，两侧岩壁内挤、底部隆起，甚至产生土石坍塌、衬砌断裂、局部地段被推移的现象。一般用观察的方法或检验的方法，从开挖后表面的变形、支撑受力后的情况(棚板弯曲、梁背嵌入板面、横撑嵌入立柱、梁柱压弯开裂等)，可以大致判断变形原因。必要时，可设置变形观测标志，进行观测，取得变形的大小、方向和速度的定量量测数据资料，以便决定采取相应的工程措施和防护措施。

隧道衬砌完成后，在地质不良地段，隧道衬砌结构物可能发生沉陷及位移，应在此变形区设置变形观测点，进行周期性观测。

变形观测标志可设在隧道的顶部、侧壁和底板部位。一般每10~15m在上下左右各设一个测标。若变形程度不很大，也可每50m设标。各测标应按里程统一编号，同时，应在变形区50m以外设立稳固的观测控制点。

二、检测测标高程变形和水平位移的方法

检测测标高程变形，可采用水准测量的方法进行观测计算；检测测标水平位移，可采用准直法和测角法进行观测。

1. 准直法

即是将一排测标都设在一条直线（准直方向线）上，根据测标偏离这条直线的垂直距离的大小，可求出测标的横向位移；根据测标至直线上某控制点水平距离，可以求出测标的纵向位移。这条准直线（方向线）可以用经纬仪或激光准直仪设出，或在某固定两端点间设置细弦线标志，若某些测标不能严格在直线上，可用小测微尺量出测标到弦线的垂距，观察该垂距的变化即可判断位移的变化。

2. 测角法

是采用在固定测站上，观测固定的控制点与测标之间水平角的一种方法。设第一次观测某测标的角值是β_1，第二次观测的角值是β_2，则按二角的差值$(\beta_2-\beta_1)$的符号，即可判断该测标水平位移的左右方向，位移值为：$\frac{\beta_2-\beta_1}{\rho}\times l$，$l$为测站到测标的水平距离。每一次置镜可以观测一排点的水平角。

总之，变形观测是为了掌握测标随时间变化而产生的变形规律，所以应按期进行观测记录和计算；在变形速度较快时，观测周期应短；变形速度减慢时，观测周期可相应增长。但在特殊情况下，如在地震后，应增加观测次数。变形观测后，应将观测数据整理列入记录表内，并输入电脑便于计算和应用，必要时还可对某些测标绘制变形曲线或沉降曲线，以便于进行分析研究变形规律，及时采取相应的工程措施。

• 第二节　隧道竣（交）工验收检测 •

公路工程验收分为交工验收和竣工验收两个阶段。

交工验收是检查施工合同的执行情况，评价工程质量是否符合技术标准及设计要求，是否可以移交下一阶段施工或是否满足通车要求，对各参建单位工作进行初步评价。交工验收由项目法人负责。

竣工验收是综合评价工程建设成果，对工程质量、参建单位和建设项目进行综合评价。竣工验收由交通主管部门按项目管理权限负责。交通部负责国家、部重点公路工程项目中100km以上的高速公路、独立特大型桥梁和特长隧道工程的竣工验收工作；其他公路工程建设项目，由省级人民政府交通主管部门确定的相应交通主管部门负责竣工验收工作。

检查工程实体，审查有关资料，包括主要产品质量的抽（检）测报告，是交工验收的主要工作内容之一，验收合格后，质量监督机构应向交通主管部门提交项目的检测报告。

质量监督机构已按交通部规定的公路工程质量鉴定办法对工程质量检测鉴定合格,并形成工程质量鉴定报告,是公路工程进行竣工验收应具备条件之一。竣工验收委员会负责对工程实体质量及建设情况进行全面检查。按交通部规定的办法对工程质量进行评分,对各参建单位进行综合评价,对建设项目进行综合评价,确定工程质量和建设项目等级,形成工程竣工验收鉴定书。

因此,隧道竣(交)工验收检测是评定项目工程质量、评价各参建单位工作质量的关键工作。

一、隧道竣(交)工验收一般规定

(1)采用钻爆法施工、设计为复合式衬砌的隧道,承包商必须按照设计和施工规范要求的频率和量测项目进行监控量测,用量测信息指导施工并提交系统、完整、真实的量测数据和图表。

(2)隧道洞口的开挖,应按照《公路工程质量检验评定标准》(JTG F80/1—2004)第4章路基土石方工程的标准进行检验评定;洞门和翼墙的浇(砌)筑和洞口边坡、仰坡防护按《公路工程质量检验评定标准》(JTG F80/1—2004)第6章挡土墙、防护及其他砌石工程的相应项目评定。

(3)隧道路面的基层、面层,应按照《公路工程质量检验评定标准》(JTG F80/1—2004)路基、路面的有关标准进行检验评定。

(4)质量保证资料。施工单位应有完整的施工原始记录、试验数据、分项工程自查数据等质量保证资料,并进行整理分析,负责提交齐全、真实和系统的施工资料和图表。工程监理单位负责提交齐全、真实和系统的监理资料。质量保证资料应包括以下6个方面:

①所用原材料、半成品和成品质量检验结果;

②材料配比、拌和加工控制检验和试验数据;

③地基处理、隐蔽工程施工记录和隧道施工监控资料;

④各项质量控制指标的试验记录和质量检验汇总图表;

⑤施工过程中遇到的非正常情况记录及其对工程质量影响分析;

⑥施工过程中如发生质量事故,经处理补救后,达到设计要求的认可证明文件。

隧道工程竣工文件中应包括下列量测资料:

①现场监控量测计划。

②实际测点布置图。

③围岩和支护的位移-时间曲线图、空间关系曲线图以及量测记录汇总表。

④经量测变更设计和改变施工方法地段的信息反馈记录。

⑤现场监控量测说明。

二、隧道总体检测

在进行隧道总体检查时,首先检查其是否满足《公路工程质量检验评定标准》(JTG F80/1—2004)有关隧道施工的基本要求,达到基本要求才进行后续的实测检查。

隧道施工的基本要求是:

(1)洞口设置应符合设计要求。

(2)必须按设计设置洞内外的排水系统,不淤积、不堵塞。

(3)隧道防排水工程施工质量应符合规定要求。

①高速公路、一级公路隧道和设有机电工程的一般公路隧道应符合以下要求:

a. 隧道拱部、墙部、设备洞、车行横通道、人行横通道不渗水;

b. 路面干燥无水;

c. 洞内排水系统不淤积、不堵塞,确保排水通畅;

d. 严寒地区隧道衬砌背后不积水,排水沟不冻结。

②其他公路隧道应符号以下要求:

a. 拱部、边墙不滴水;

b. 路面不冒水、不积水,设备箱洞处不渗水。

c. 洞内排水系统不淤积、不堵塞,确保排水通畅。

d. 严寒地区隧道衬砌背后不积水,路面干燥无水,排水沟不冻结。

满足隧道施工的基本要求后,进行隧道总体实测检查,实测检查项目、方法及频率见表9-1所列。需要注意的是,隧道净高如有一点不合格,那么该分项工程就为不合格。根据《公路工程质量检验评定标准》(JTG F80/1—2004)有关工程质量等级评定的规定,分项工程如为不合格,分部工程、单位工程、合同段和建设项目质量的评定均为不合格。

隧道总体实测项目 表9-1

项次	检查项目	规定值或允许偏差	检查方法和频率	权值
1	车行道(mm)	±10	尺量:每20m(曲线)或50m(直线)检查一次	2
2	净总宽(mm)	不小于设计	尺量:每20m(曲线)或50m(直线)检查一次	2
3	隧道净高(mm)	不小于设计	水准仪:每20m(曲线)或50m(直线)测一个断面,每断面测拱顶和两拱腰3点	3
4	隧道偏位(mm)	20	全站仪或其他测量仪器:每20m(曲线)或50m(直线)检查一处	2
5	路线中心线与隧道中心线的衔接(mm)	20	分别将引道中心线和隧道中心线延长至两侧洞口,比较其平面位置	2
6	边坡、仰坡	不大于设计	坡度板:检查10处	1

复习思考题

1. 隧道竣工测量的内容有哪些?其作用有哪些?
2. 隧道竣(交)工验收一般规定有哪些?
3. 隧道总体实测的关键项目是什么?
4. 隧道施工的基本要求有哪些?

参 考 文 献

[1] 中华人民共和国交通部. JTG D70—2004 公路隧道设计规范[S]. 北京:人民交通出版社,2004.

[2] 中华人民共和国交通部. JTJ 042—94 公路隧道施工技术规范[S]. 北京:人民交通出版社,1994.

[3] 中华人民共和国交通部. JTG/T D71—2004 公路隧道交通工程设计规范[S]. 北京:人民交通出版社,2004.

[4] 中华人民共和国交通部. JTG F80/1,2—2004 公路工程质量检验评标准[S]. 北京:人民交通出版社,2004.

[5] 中华人民共和国国家标准. GB 50204—2002 混凝土结构工程施工质量验收规范[S]. 北京:中国计划出版社,2002.

[6] 中华人民共和国国家标准. GB 50086—2001 锚杆喷射混凝土支护技术规范[S]. 北京:中国计划出版社,2001.

[7] 中华人民共和国交通部. JTG E30—2005 公路工程水泥及水泥混凝土试验规程[S]. 北京:人民交通出版社,1996.

[8] 中华人民共和国交通部. JTJ/T 060—98 公路土工合成材料试验规程[S]. 北京:人民交通出版社,1998.

[9] 中华人民共和国国家标准. GBJ 108—87 地下工程防水技术规范[S]. 北京:中国计划出版社,2000.

[10] 中华人民共和国国家标准. CECS02:88 超声回弹综合法检测混凝土强度技术规程[S]. 北京:中国计划出版社,2001.

[11] 中华人民共和国国家标准. CECS03:88 钻芯法检测混凝土强度技术规程[S]. 北京:中国计划出版社,2001.

[12] 中华人民共和国国家标准. CECS21:2000 超声法检测混凝土缺陷技术规程[S]. 北京:中国计划出版社,2001.

[13] 中华人民共和国行业标准. JGJ/T 23—2001 回弹法检测混凝土抗压强度技术规程[S]. 北京:中国计划出版社,2001.

[14] 吴焕通,等. 隧道施工及组织管理指南. 北京:人民交通出版社,2005.

[15] 陈建勋,等. 隧道工程试验检测技术. 北京:人民交通出版社,2005.

[16] 王建宇. 隧道工程的技术进步. 北京:中国铁道出版社 2004.

[17] 关宝树. 隧道工程施工要点集. 北京:人民交通出版社. 2003.

[18] 鞠建英. 实用地下工程防水手册. 北京:中国计划出版社,2002.
[19] 吴新璇. 混凝土无损检测技术手册. 北京:人民交通出版社,2003.
[20] 徐干成,等. 地下工程支护结构. 北京:中国水利水电出版社,2002.
[21] 李晓红. 随道新奥法及其量测技术. 北京:科技出版社,2002.
[22] 夏才初,等. 地下工程测试理论与监测技术. 上海:同济大学出版社,1999.